직무별 현직자가 말하는

2 차 전 지

직무 바이블

| 2차전지 취업을 위해 꼭 알아야 하는 직무의 모든 것!

직무 선택부터 취업과 이직을 위해 현직자가 알려주는 취업의 지름길

나와 맞는 직무를 찾는 것이 막막할 때

원하는 직무에 맞는 취업 방법을 알고 싶을 때

주위에 조언을 구할 현직자가 없을 때

배연석, 이차준, 공멘토, 렛유인연구소 지음

LEtuiN Books

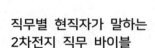

직무별 현직자가 말하는
2차전지 직무 바이블

1판 2쇄 발행	2023년 7월 10일
지은이	배연석, 이차준, 공멘토, 렛유인연구소
펴낸곳	렛유인북스
총괄	송나령
편집	권예린, 김근동
표지디자인	감다정
홈페이지	https://letuin.com
카페	https://cafe.naver.com/letuin
유튜브	취업사이다
대표전화	02-539-1779
대표이메일	letuin@naver.com
ISBN	979-11-92388-10-6 13560

미래를 charge 하는 힘,
배터리 산업의 주역이 되실 분을 찾습니다!

배연석

인류 사회의 지속 가능한 발전 방향의 일환으로 모빌리티의 전동화의 중심에 서있는 배터리 산업은 이제 막 대중으로부터 주목을 받고 급격한 성장을 하고 있습니다. 2차전지 산업의 역사는 생각보다 길지 않습니다. 전통적인 제조업인 자동차 산업은 그 역사만 해도 100년이 훌쩍 넘고 관련된 유관 산업 또한 광범위하게 자동차 산업을 뒷받침하고 있습니다. 하지만, 2차전지 산업은 화학, 기계, 재료 등 복합적인 기술이 종합되어야 개발할 수 있는 제품으로 현재 양산 가능하며, 제대로 된 성능을 발휘하는 배터리를 생산할 수 있는 업체는 그리 많지 않습니다. 2차전지 산업은 크게 한중일 3파전이라 해도 과언이 아닙니다. 중국의 엄청나게 큰 내수시장을 기반으로 성장 중인 CATL, BYD가 중국을 대표하는 배터리 제조사 입니다. 일본의 파나소닉은 2차전지를 최초로 양산한 업체로 현재 미국의 테슬라의 원형 배터리를 주요 상품으로 성장세를 보이고 있습니다. 우리나라에는 LG에너지솔루션, SK온, 삼성SDI가 K배터리 3대장으로 앞서 언급한 중국, 일본 배터리 제조사와 치열한 시장 선점 경쟁을 하고 있는 상황입니다.

배터리 산업은 지금껏 인류가 경험하였던 산업 중에 가장 큰 산업으로 발전할 수밖에 없습니다. 그 이유는 배터리 산업은 '제조업'이지만 에너지를 저장하고 유통하고 재활용한 다는 측면에서 인류에게 에너지를 언제 어디서나 저장하여 휴대할 수 있게 하여, 이동과 생활의 자유를 더 넓혀준다는 점에서 에너지 산업의 가장 중요한 축으로 발전할 것이기 때문입니다.

배터리 산업의 성장의 시발점은 모빌리티의 전동화에 따른 배터리 탑재량 증가입니다. 이전에 개발되었던 배터리는 자동차에 탑재한다 해도 주행거리가 내연기관 대비 현저히 짧고, 수명 또한 짧아 시장성이 전혀 없었습니다. 하지만, 에너지 밀도를 증가시킨 하이니켈 배터리가 개발되고, 최근에는 전고체 배터리 기술까지 실험실에서 성공함에 따라 내연기관 대비 가격 경쟁력도 있으면서 성능 또한 우수한 차량을 제조할 수 있다는 이점으로 모빌리티의 전동화가 급격하게 진전되었습니다. 배터리 산업은 모빌리티를 시작으로 에너지 저장 시스템(ESS)이 각 가정, 산업으로 자리 잡을 때 다시 한번 더 큰 도약을 할 것으로 예상되어 배터리 산업의 성장성은 더 급격해질 것으로 전망되고 있습니다.

취준생인 여러분께서는 선택의 기로에서 어떤 선택을 하실지 질문드리고 싶습니다.

이미 성숙한 산업에서 안정 추구 VS 급격히 성장 중인 산업에서 발전 추구

만약 후자를 선택하실 것이라면 배터리 산업을 강력하게 권해드리고 싶습니다. 본 배터리 관련 취업 자료는 취준생 여러분의 직무 관련 지식을 점검 및 보완하고 부족한 부분은 어떻게 보완해야 할지 그 길잡이가 되어 줄 것입니다. 본 도서를 통해 배터리 관련된 산업 동향, 원리, 미래뿐만 아니라 2차전지 산업과 함께 도전하여 성장하고자 하는 용기도 함께 얻으셨으면 한다는 말과 함께 취업 성공을 진심으로 응원하겠습니다.

프롤로그
2

성큼 다가온 전기차의 시대,
가장 강력한 호황을 맞이할 배터리 셀

이차준

2020년대 전기차 시장은 한 치의 의심 없이 폭발적인 성장이 예고되어 있습니다. 이에 따라 관련 산업의 기업들은 그 과실을 따기 위해 분주히 준비하고 있습니다. 실제로도 우리는 테슬라, 현대 아이오닉, 기아 EV 등 길거리에서 파란색 번호판을 장착한 전기차를 쉽게 찾아볼 수 있게 되었습니다. 그렇다면 전기차 시장에서 가장 수혜를 받는 산업은 무엇일까요? 바로 배터리 셀 산업입니다.

전기차 원가에서 배터리가 차지하는 비중은 약 40%에 달할 정도이므로 전기차에서 배터리는 굉장히 중요하다고 할 수 있습니다. 그리고 자동차에 있어서 가장 중요한 주행 거리, 출력은 대부분 배터리의 성능이 결정합니다. 배터리는 보통 팩, 모듈, 셀로 나뉘는데, 이 중에서도 현재 전 세계에서 소수의 업체만이 대량 생산을 할 수 있는 부품이 바로 '셀'입니다. 다행히 우리나라는 10년이 넘는 오랜 기간 기술을 갈고닦아 황금기를 맞고 있는 기업(LG에너지솔루션, 삼성SDI, SK온)이 세 군데나 있습니다.

셀 개발은 가히 배터리 회사에서 가장 중요한 핵심 부서 중 하나라고 할 수 있으며, 전기차 시장이 무르익을수록 셀 개발 엔지니어는 더욱더 중요해지고 있습니다. 셀 개발이란 고객(완성차 업체)과 소통 및 셀 설계를 통한 회사 내 기술 트렌드를 주도하며 회사 내외적으로 방향성을 제시할 수 있는 멋진 일입니다. 이 책을 통해 여러분들이 셀 개발 직무에 대해 조금 더 구체적으로 알게 되어 진로를 결정하는 데 조금이나마 도움이 되기를 희망하며, 추가로 취업 전략에도 좋은 팁이 되었으면 합니다.

프롤로그
3

경쟁력 있는 지원자가 될 수 있습니다!

공멘토

저는 저의 장점을 가장 잘 활용할 수 있고, '성장'하는 산업에서 일하고 싶다는 생각으로 2차전지 산업으로 뛰어들었습니다. 2차전지의 인지도가 덜 한 시점에 입사했지만, 개인적인 조사를 통해 해당 산업이 앞으로 가장 유망한 분야가 될 것이라고 확신했습니다.

최근 들어 2차전지 산업이 더 주목받으며, 회사가 정말 성장하고 있다는 것을 피부로 느낍니다. 이에 저 또한 힘입어 매일 성장하고 있고, 매일 기대하는 마음으로 업무에 임하고 있습니다.

여러분 또한 자신의 강점을 잘 살려 이 유망한 산업에서 무궁한 성장을 꿈꾸셨으면 좋겠습니다. 저 또한 특별한 배터리 관련 경험 없는 상태에서 지원했지만, 스스로 공부하고 그 지식을 나의 경험에 잘 녹여내어 합격할 수 있었습니다.

이 책을 읽기 시작한 여러분 또한 노력으로 충분히 경쟁력 있는 지원자가 될 수 있습니다. '부족하다', '늦었다'라고 생각하여 좌절하지 말고, 해당 도서에 담겨있는 지식을 통해 '차별성' 있는 지원자가 되어주시길 바랍니다.

CONTENTS

PART 1

2차전지 산업 알아보기

PART 2

현직자가 말하는 2차전지 직무

'현직자가 말하는 2차전지 직무'에 포함된 현직자들의 리얼 Story

01 저자와 직무 소개
02 현직자와 함께 보는 채용 공고
03 주요 업무 TOP 3
04 현직자 일과 엿보기
05 연차별, 직급별 업무
06 직무에 필요한 역량

07 현직자가 말하는 자소서 팁
08 현직자가 말하는 면접 팁
09 미리 알아두면 좋은 정보
10 현직자가 많이 쓰는 용어
11 현직자가 말하는 경험담
12 취업 고민 해결소(FAQ)

*직무별로 내용순서가 다소 상이할 수 있습니다.

PART
3

현직자 인터뷰

'현직자 인터뷰'에 포함된 현직자들의 솔직 Interview

01 자기소개
02 직무 & 업무 소개
03 취업 준비 꿀팁
04 현업 미리보기
05 마지막 한마디

PART 01
2차전지 산업 알아보기

Chapter

01

직무의 중요성

취업의 핵심, '직무'

1 신입 채용 시 가장 중요한 것은 '직무관련성'

　지난 2021년 고용노동부와 한국고용정보원이 매출액 상위 500대 기업을 대상으로 취업준비생이 궁금해 하는 사항을 조사했습니다. 이미 제목에서도 알 수 있지만, 조사 결과에 따르면 신입채용 시 입사지원서와 면접에서 가장 중요한 요소로 '직무 관련성'이 뽑혔습니다. 입사지원서에서는 '전공의 직무관련성'이 주요 고려 요소라는 응답이 무려 47.3%, 면접에서도 '직무관련 경험'이 37.9%로 조사되었습니다.

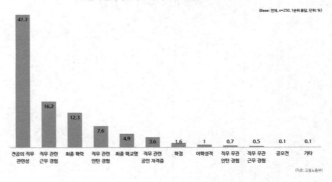

신입직 입사지원서 평가 시 중요하다고 판단하는 요소

(Base: 전체, n=250, 1순위 응답, 단위: %)

전공의 직무 관련성	직무 관련 근무 경험	최종 학력	직무 관련 인턴 경험	최종 학교명	직무 관련 공인 자격증	학점	어학성적	직무 무관 인턴 경험	직무 무관 근무 경험	공모전	기타
47.3	16.2	12.3	7.6	4.9	3.6	1.6	1	0.7	0.5	0.1	0.1

(자료: 고용노동부)

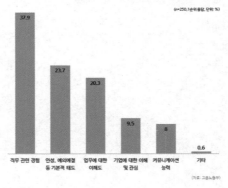

신입직 면접시 중요하다고 판단하는 요소

(n=250, 1순위 응답, 단위: %)

직무 관련 경험	인성, 예의매절 등 기본적 태도	업무에 대한 이해도	기업에 대한 이해 및 관심	커뮤니케이션 능력	기타
37.9	23.7	20.3	9.5	8	0.6

(자료: 고용노동부)

경력직 또한 입사지원서에서 '직무 관련 프로젝트 · 업무경험 여부'가 48.9%, 면접에서는 '직무 관련 전문성'이 76.5%로 신입직보다 더 직무 능력을 채용 시 가장 중요하게 보는 요소로 조사되었습니다.

이 수치를 보았을 때, 여러분은 어떤 생각이 들었나요? 수시 채용이 점점 확대되면서 직무가 점점 중요해지고 있다는 등의 이야기를 많이 들었을 텐데, 이렇게 수치로 보니 더 명확하게 체감할 수 있는 것 같습니다. 1위로 선정된 내용 외에 '직무 관련 근무 경험', '직무 관련 인턴 경험', '직무 관련 자격증', '업무에 대한 이해도' 또한 결국은 직무에 대한 내용으로, 신입과 경력 상관없이 '직무'는 채용 시 기업이 보는 가장 중요한 요소가 되었습니다.

| 참고 | 고용노동부 보도자료 원문 |

(500대) 기업의 청년 채용 인식조사 결과 발표

보도일 2021-11-12

– 신입, 경력직을 불문하고 직무 적합성과 직무능력을 최우선 고려
– 채용 결정요인으로 봉사활동, 공모전, 어학연수 등 단순 스펙은 우선순위가 낮은 요인으로 나타남

고용노동부(장관 안경덕)와 한국고용정보원(원장 나영돈)은 매출액 상위 500대 기업을 대상으로 8월 4부터 9월 17일까지 채용 결정요인 등 취업준비생이 궁금해하는 사항을 조사해 결과를 발표했다.

이번 조사는 지난 10월 28일 발표된 "취업준비생 애로 경감 방안"의 후속 조치로, 기업의 채용정보를 제공하여 취준생이 효율적으로 취업 준비 방향을 설정하도록 돕기 위한 목적으로 실시됐다. 조사 결과는 취업준비생이 성공적인 취업 준비 방향을 설정할 수 있도록 고용센터, 대학일자리센터 등에서 취업.진로 상담 시 적극적으로 활용되도록 할 예정이다.

신입 채용 시 입사지원서와 면접에서 가장 중요한 요소는 직무 관련성
(입사지원서: 전공 직무관련성 47.3%, 면접: 직무관련 경험 37.9%)

조사 결과에 따르면, 신입 채용 시 가장 중요하게 고려하는 요소는 입사지원서에서는 전공의 직무관련성(47.3%)이었고, 면접에서도 직무관련 경험(37.9%)으로 나타나 직무와의 관련성이 채용의 가장 중요한 기준으로 나타났다.

입사지원서에서 중요하다고 판단하는 요소는 '전공의 직무 관련성' 47.3%, '직무 관련 근무 경험' 16.2%, '최종 학력' 12.3% 순으로 나타났다. 한편, 면접에서 중요한 요소는 '직무 관련 경험' 37.9%, '인성, 예의 등 기본적 태도' 23.7%, '업무에 대한 이해도' 20.3% 순으로 나타났다. 반면, 채용 결정 시 우선순위가 낮은 평가 요소로는 '봉사활동'이 30.3%로 가장 높았고, 다음으로는 '아르바이트' 14.1%, '공모전' 12.9%, '어학연수' 11.3% 순으로 나타났다.

경력직 채용 시 입사지원서와 면접에서 가장 중요한 요소는 직무능력
(입사지원서: 직무관련 프로젝트 등 경험 48.9%, 면접: 직무 전문성 38.4%)

경력직 선발 시 가장 중요하게 고려하는 요소는 입사지원서에서는 직무 관련 프로젝트.업무경험 여부(48.9%)였고, 면접에서도 직무 관련 전문성(76.5%)으로 나타나 직무능력이 채용의 가장 중요한 기준으로 나타났다.

구체적으로 살펴보면, 입사지원서 평가에서 중요하다고 판단하는 요소는 '직무 관련 프로젝트·업무경험 여부' 48.9%, '직무 관련 경력 기간' 25.3%, '전공의 직무 관련성' 14.1% 순으로 나타났다. 한편, 면접에서 중요한 요소로 '직무 관련 전문성'을 꼽은 기업이 76.5%로 압도적으로 높은 것으로 나타났다. 반면, 채용 결정 시 우선순위가 낮은 요소로는 '봉사활동'이 38.4%로 가장 높았고, 다음으로 '공모전' 18.2%, '어학연수' 10.4%, '직무 무관 공인 자격증' 8.4% 순으로 나타났다.

탈락했던 기업에 재지원할 경우, 스스로의 피드백과 달라진 점에 대한 노력, 탈락 이후 개선을 위한 노력이 중요한 것으로 나타남

이전에 필기 또는 면접에서 탈락 경험이 있는 지원자가 다시 해당 기업에 지원하는 경우, 이를 파악한다는 기업은 전체 250개 기업 중 63.6%에 해당하는 159개 기업으로 나타났다. 탈락 이력을 파악하는 159개 기업 중 대다수에 해당하는 119개 기업은 탈락 후 재지원하는 것 자체가 채용에 미치는 영향은 '무관'하다고 응답했다.

다만, 해당 기업에 탈락한 이력 자체가 향후 재지원 시 부정적인 영향을 미칠 수 있다고 생각해 불안한 취준생들은 '탈락사유에 대한 스스로의 피드백 및 달라진 점 노력'(52.2%), '탈락 이후 개선을 위한 노력'(51.6%), '소신있는 재지원 사유'(46.5%) 등을 준비하면 도움이 될 것이라고 조언했다.

고용노동부는 이번 조사를 통해 기업이 단순 스펙인 어학성적, 공모전 등보다 직무능력을 중시하는 경향을 실증적으로 확인하였고, 이를 반영해 취업준비생을 위한 다양한 직무체험 기회를 확충할 예정이다. 또한, 인성.예의 등 기본 태도는 여전히 중요하므로 모의 면접을 통한 맞춤형 피드백을 받을 수 있는 기회를 확대할 계획이다.

고용노동부는 이번 조사에 대해 채용의 양 당사자인 기업과 취업준비생의 의견을 수렴*한 결과, 조사의 취지와 필요성을 적극 공감했음을 고려하여, 앞으로도 청년들이 궁금한 업종, 내용을 반영해 조사대상과 항목을 다변화하여 계속 조사해나갈 예정이다.

권창준 청년고용정책관은 "채용경향 변화 속에서 어떻게 취업준비를 해야 할지 막막했을 취업준비생에게 이번 조사가 앞으로의 취업 준비 방향을 잡는 데에 도움을 주는 내비게이션으로 기능하기를 기대한다."라고 하면서, 아울러, "탈락 이후에도 피드백과 노력을 통해 충분히 합격할 수 있는 만큼 청년들이 취업 성공까지 힘낼 수 있도록 다양한 취업지원 프로그램을 통해 끝까지 응원하겠다."라고 말했다.

　　연구를 수행한 이요행 한국고용정보원 연구위원은 "조사 결과에서 보듯이 기업들의 1순위 채용 기준은 지원자의 직무적합성인 것으로 나타났다."라면서, "취업준비생들은 희망하는 직무를 조기에 결정하고 해당 직무와 관련되는 경험과 자격을 갖추기 위한 노력을 꾸준히 해나가는 것이 필요하다."라고 조언했다.

2 취업준비생의 영원한 적 '직무'

그렇다면 기업들이 직무에 대해 이렇게 중요하게 생각하고 있는데, 취업준비생인 여러분은 직무에 대해 얼마큼 알고 준비하고 있나요? 대부분은 어떤 직무를 선택할지 막막해 아직 정하지 못하거나 정했더라도 정말 이 직무가 나에게 맞는 직무인지 고민이 있을 것이라고 생각합니다.

렛유인 자체 조사에 따르면 "취업을 준비하면서 가장 어려운 점은 무엇인가요?"라는 질문에 약 33%가 '직무에 대한 구체적인 이해'라고 답했습니다. 그 외 대답으로 '직무에 대한 정보 부족', '직무 경험', '무엇을 해야 될지 모르겠다', '무엇이 부족한지 모르겠다', '현직자들의 생각과 자소서 연결 방법' 등이 있었습니다. 이를 합치면 취업준비생의 과반수가 '직무'로 인해 취업 준비에 어려움을 겪고 있음을 알 수 있습니다.

취업준비생들이 직무로 인해 취업 준비에 어려움을 느끼는 이유를 짐작하자면, 취업을 원하는 산업에 어떤 직무들이 있고, 각각 어떤 일들을 하는지 제대로 알지 못하기 때문이라고 생각합니다. 또한 인터넷 상에 많은 현직자들이 있다지만, 직접 만날 수 있는 기회는 적은데 인터넷에 있는 내용은 너무 광범위하고 신뢰성을 파악하기 어려운 내용들이 많다는 이유도 있을 것입니다.

이렇게 직무로 인해 어려움을 겪고 있는 취업준비생들을 위해 단 1권으로 여러 직무를 비교하며 나에게 맞는 직무를 찾을 수 있고, 여러 현직자들의 이야기를 들으며 만날 수 있으며, 직접 경험해보지 않아도 책으로 간접 경험을 할 수 있도록 하기 위해 이 도서를 만들게 되었습니다. 『2차전지 직무 바이블』은 셀 개발, 모듈/팩 개발, 공정기술까지 3명의 현직자들이 직접 본인의 직무에 대해 A부터 Z까지 상세하게 기술해놓았으며, 그 외 평가 및 분석, 품질 직무는 짧지만 깊이 있는 내용의 인터뷰로 총 5명의 현직자들이 집필하였습니다.

다만, 이 책은 단순히 여러분들이 취업하는 그 순간만을 위해 직무를 설명해놓은 책은 아닙니다. 정말 현실적이고 사실적인 현직자들의 이야기를 통해 해당 직무에 대한 정확한 이해와 더불어 내가 이 직무를 선택했을 때 나의 5년 뒤, 10년 뒤 커리어는 어떻게 쌓을 수 있을지 도움을 주고자 하는 것이 이 책의 목적입니다.

현직자들 또한 이러한 마음으로 진심을 담아 여러분에게 많은 이야기를 해주고자 노력하였습니다. 다만 현직자이다 보니 본명이나 얼굴, 근무 중인 회사명에 대해 공개하지 않고 집필한 점은 여러분께 양해를 구하고 싶습니다. 그만큼 솔직하고 과감하게 이야기를 풀어놓았으니 이 책이 취업준비생 여러분들에게 많은 도움이 되었으면 하는 바입니다.

이 책을 읽으면서 추가되었으면 하는 직무나 내용이 있다면 아래 링크를 통해 설문지 제출해주시면 감사드리겠습니다. 더 좋은 도서를 위해 다음 개정판에서 담을 수 있도록 하겠습니다.

설문지 제출하러 가기 ☞

현직자가 말하는
2차전지 산업과 직무

들어가기 앞서서

이번 챕터에서는 빠르게 성장하고 있는 2차전지의 기본 개념, 산업 동향을 살펴보고 2차전지 산업에 취업하기 위해선 어떤 전략을 가져야 하는지 제시하는 것으로 마무리하여, 산업 전반에 대한 이해와 함께 취업 로드맵을 함께 그려보도록 하겠습니다.

01 현직자가 말하는 2차전지 산업

1 2차전지 산업의 이해

1. 2차전지 산업의 정의

(1) 2차전지 산업, 어디까지 알고 있니?

2차전지는 에너지를 화학에너지 형태로 저장하였다가 필요에 따라 전기 에너지로 변환하여 사용할 수 있는 매개체로, 인류에게 에너지의 이동 가능성과 휴대성을 제공하는 기계요소입니다. 19세기 납축전지에서 출발하여 현재 삼원계 배터리로 발전된 2차전지는 전지의 화학 조성이 변화하면서 고용량·고밀도화 되었고, 작게는 휴대폰 배터리에서 현재는 차를 구동할 수 있는 대형 배터리와 가정용 및 산업용 ESS까지 그 사용범위가 점차 넓어지고 있습니다. 2차전지는 전통적인 납축전지에 비해 메모리 효과가 없어서 수명 안정성이 우수하고, 리튬 이온을 전지 화학 반응에 사용하여 높은 전위차를 가질 수 있어 용량이 우수한 장점이 있습니다. 반면, 금속 중 가장 가벼운 리튬이지만 반응성 또한 폭발적이기 때문에 외부 충격이나 배터리 내부 단락이 발생할 시에 화재 위험성이 높은 기술적인 불안정성이 존재합니다. 하지만 배터리 산업이 점차 성장함에 따라 화재 위험성을 배터리 근원적으로 차단한 전고체 배터리가 개발되는 등 문제점을 해결하며 산업은 점차 발전하고 있는 추세입니다.

요즘 가장 뜨거운 산업 중 하나인 전기차를 구동시키는 동력원이 바로 '배터리'입니다. 반대로 얘기하자면 배터리 산업이 빠르게 성장할 수 있는 이유 또한 전기차입니다. 기존에 2차전지가 많이 사용되는 휴대용 단말 기기의 경우 보급 대수는 많지만 1인당 배터리 사용 용량이 작기 때문에 산업적인 측면에서는 산업의 성장성에 제한이 있었습니다. 하지만 전기차를 구동시키기 위한 배터리는 엄청난 용량이 들어가야 되기 때문에 배터리 산업의 발전 속도에 그야말로 날개를 달게 해주었습니다.

배터리가 점차 대형화, 고밀도화 됨에 따라 배터리의 안정적인 구동을 위한 시스템 또한 구성되어야 하기 때문에 배터리 셀 기술뿐만 아니라 시스템 기술력이 중요해지고 있습니다. 따라서 배터리는 전기, 화학, 제어, 기계 기술이 종합적으로 어우러져 완성되는 종합 예술품이라고 할 수 있습니다.

(2) 2차전지의 기본 개념

먼저 2차전지의 기본 개념에 대해 함께 공부해보겠습니다. 2차전지란, 1차전지와 달리 여러 번 충·방전할 수 있는 배터리로 조금 더 구체적으로는 가역적인 화학 반응으로 에너지를 저장 및 사용할 수 있는 전지입니다. 그렇다면 어떤 원리로 에너지를 저장하는지 알아보겠습니다.

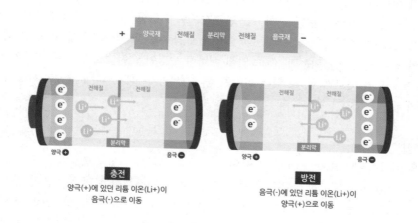

[그림 2-1] 2차전지 구조 및 충/방전 모식도

리튬이온배터리는 리튬 이온이 양극재와 음극재 사이를 이동하는 화학적 반응을 통해 전기를 만들어냅니다. 양극의 리튬 이온이 음극으로 이동하며 배터리가 충전되고 음극의 리튬 이온이 양극으로 돌아가며 에너지가 방출, 방전되는 것입니다. 이때 양극과 음극 사이에서 리튬 이온의 이동 통로 역할을 해주는 전해질과 양극과 음극이 서로 닿지 않게 해주는 분리막이 필요합니다. 일반적으로 리튬이온배터리의 4가지 구성 요소라고 하면 이 양극재, 음극재, 전해질, 분리막을 말합니다.

① 양극재

리튬이온배터리에서 리튬이 들어가는 공간이 바로 양극재입니다. 리튬 이온이 사는 집에 비유할 수 있죠. 리튬은 전자를 잃고 양이온이 되려는 경향이 강해서 양극 소재로 적합합니다. 단, 원소 상태의 리튬은 불안정하기 때문에 리튬과 산소를 결합한 리튬 산화물 형태로 양극에 사용됩니다. 양극재는 배터리의 성능에서 중요한 '용량'과 '전압'과 관련된 소재인데요. 양극재의 리튬 비중이 높을수록 배터리 용량이 커지며, 배터리 전압은 양극의 전위차에 의해 결정되므로 양극의 구조에 따른 전위값이 전압에 큰 영향을 줍니다. 최근에는 고성능 양극재의 수요가 늘면서 NCA (니켈·코발트·알루미늄), NCMA(니켈·코발트·망간·알루미늄) 등 다양한 양극재가 개발되고 있습니다.

② 음극재

음극재는 양극에서 나온 리튬 이온을 저장 및 방출하며 외부 회로를 통해 전류가 흐르게 하는 역할을 합니다. 배터리가 충전 상태일 때 리튬 이온은 음극에 존재하는데, 이때 양극과 음극을 도선으로 이어주면 리튬 이온은 전해질을 통해 양극으로 이동하고 리튬 이온과 분리된 전자는 도선을 따라 이동하며 전기를 발생시킵니다. 집에서 나온 리튬 이온이 일을 하며 만든 전기라고 생각할 수 있습니다. 음극재는 많은 이온을 안정적으로 저장할 수 있는 흑연이 주로 사용됩니다. 하지만 리튬 이온을 저장하고 방출되는 과정이 반복될수록 흑연의 구조가 변화하며 저장할 수 있는 이온의 양이 줄어들게 되는데, 이로 인해 배터리 수명이 줄어들게 됩니다. 음극재 역시 용량이 크고 충전 속도를 빠르게 할 수 있는 실리콘 음극재 등 차세대 음극재 개발이 활발하게 진행되고 있습니다.

③ 전해질

전해질은 배터리 내부의 양극과 음극 사이에서 리튬 이온이 원활하게 이동하도록 돕는 매개체입니다. 리튬 이온이 출퇴근하기 위한 이동 수단인 것이죠. 전해질은 리튬 이온의 원활한 이동을 위해 이온 전도도가 높은 물질이어야 하며, 안전을 위해 전기화학적 안정성, 발화점이 높아야 합니다. 또한 전자의 경우 출입을 막아 외부 도선으로만 이동하도록 만들어야 하죠. 현재로서는 이러한 역할을 할 수 있는 최선의 선택으로 액체 전해질이 널리 사용되고 있는데요. 안전성과 성능이 더 뛰어난 고체나 젤 형태 전해질에 대한 연구도 활발히 진행되고 있습니다.

④ 분리막

워라밸을 위해 집에서의 휴식과 회사에서의 일은 확실히 분리해야 하듯, 분리막은 양극과 음극의 물리적 접촉을 차단하는 역할을 합니다. 분리막에는 미세한 구멍이 있어 리튬 이온이 이동할 수 있도록 되어 있습니다. 즉 양극과 음극 간의 접촉은 막고 이온은 이동이 가능해야 하는 것입니다. 분리막은 안전을 위해 높은 전기절연성과 열 안정성이 요구되며, 일정 이상의 온도에서는 자동으로 이온의 이동을 막는 기능도 갖춰야 합니다. 현재 분리막에는 폴리에틸렌(PE)과 폴리프로필렌(PP)이 널리 쓰이고 있는데, 배터리 소형화를 위해 분리막을 얇게 만들기 위한 연구 또한 이뤄지고 있습니다.

(3) 전기자동차용 2차전지

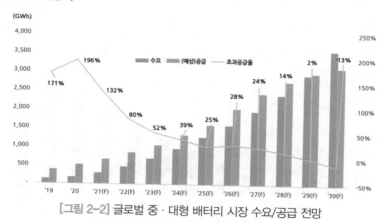

[그림 2-2] 글로벌 중·대형 배터리 시장 수요/공급 전망

위 그림은 중·대형 배터리 시장 수요·공급 전망입니다. 2020년 글로벌 배터리 출하량은 221GWh로 집계되었으며, 연평균 32% 성장하여 2030년에는 3,600GWh에 이를 전망입니다. 용도별로는 전기차용의 비중이 '20년 65%에서 '30년 89%로 확대되어 전기차용 배터리 수요가 시장 성장을 주도할 것으로 예상됩니다. 중·대형 배터리(전기차 ESS에 사용) 시장 수요는 165GWh (2020년)에서 3,568GWh(2030년)까지 연평균 36%의 성장이 전망되며, 공급은 489GWh (2020년)에서 3,112GWh(2030년)로 연평균 20% 증가될 것으로 전망됩니다. 2020년은 중국 시장 내 공급 과잉으로 인해 세계적인 초과 공급 상황이나, 2030년에는 공급 부족이 예상될 만큼 전기차용 배터리가 배터리 산업을 이끌어 나갈 만큼 산업 내 수주 볼륨이 지배적입니다.

완성차 제조사들이 전기차 플랫폼을 구축하고 배터리 전문 제조사와 합작사 설립을 시도하고 있습니다. 완성차 제조사들은 배터리 자체 생산까지 목표하고 있으나, 단기간 내 단독 사업화는 어려울 전망인데 이는 이미 양산 체계를 갖춘 배터리 제조사에 비해 단가 면에서 불리하고 기술적 난이도와 대규모 설비자금 소요 등으로 신규 진입 어렵기 때문입니다.

2. 2차전지 산업 동향

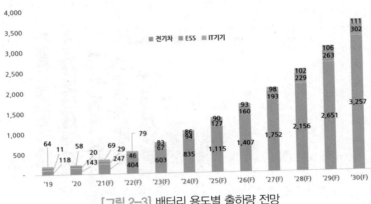

[그림 2-3] 배터리 용도별 출하량 전망

최근 주요 선진국을 중심으로 탄소 배출량, 연비 등 자동차에 대한 글로벌 환경규제가 본격화되고 있습니다. EU는 신차의 CO_2 발생량을 제한하고 있으며, 미국은 연비 규제 강화 및 전기차에 대한 연방보조금 대상을 확대하는 등 전기차 보급 확대 정책을 시행 중입니다. 이에 전기차에 사용되는 2차전지 시장은 '30년까지 연평균 30% 이상의 고성장을 예상하고 있습니다. 현재 전기차용 배터리 시장은 한·중·일에 집중되어 3개국의 6개사가 글로벌 시장의 약 77%를 점유하고 있습니다. 2차전지 산업의 특정 국가 기업 의존도를 저감하기 위해 주요 수요국은 징벌세를 통한 현지 생산 유도(미국), 권역 내 배터리 공급 체인 구축 시도(유럽) 등 자국 내 산업을 보호하기 위한 조치를 취하고 있습니다. 또한 완성차 제조사들도 배터리 제조사와의 협업 등을 통해 배터리 산업의 신규 진입을 모색 중입니다. 기술적으로는 전기차의 주요 성능(주행거리, 수명, 충전 속도 등)을 향상시키기 위한 4대 소재(양극재, 음극재, 분리막, 전해질) 기술이 고도화되는 동시에 완성차 제조사들의 전기차 플랫폼 구축에 따른 완성차별 독자적인 기술 표준이 강화되는 추세입니다. 또한 기존 배터리 시스템보다 안정성이 높은 전고체전지 기술 대비가 본격화되는 등 기술 진보가 가속화되고 있습니다. 배터리 기술 고도화 및 기술 표준 강화에 따라 완성차 제조사와 배터리 업계 간 활발한 협업이 이어질 전망입니다. 또한 기존 배터리 제조사들이 활발한 증설 및 밸류 체인 확장을 통한 기술 가격 경쟁력 격차 유지에 적극적으로 나서고 있어, 향후 시장 주도권 경쟁이 가속화될 것으로 전망됩니다.

(1) 전기차 보급 확대

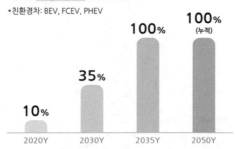

유럽 친환경차 보급 계획

*친환경차: BEV, FCEV, PHEV

- 10% (2020Y)
- 35% (2030Y)
- 100% (2035Y)
- 100% (누적) (2050Y)

[그림 2-4] 유럽 친환경차 보급 계획

PART 01

2차전지 산업
알아보기

Chapter 02

현직자가 말하는
2차전지 산업과 직무

전기차에 대한 시장의 관심도는 매우 뜨겁습니다. 올해 2월경에 국내 최대 전기차 배터리 회사인 LG에너지솔루션의 상장 소식에 공모주를 받기 위해서 1경이 넘는 자본이 전 세계적으로 몰릴 만큼 전기차 시장에 대한 시장의 관심도는 가히 폭발적입니다. 전기차에 대한 세계적인 관심과 기대가 상상 속의 1경이라는 금액을 출현하게 한 것입니다. 시가 총액 또한 단숨에 국내 2위로 올라설 만큼 시장의 자본이 모이는 곳 또한 전기차 산업이라 할 수 있습니다. 그렇다면 왜 이렇게 전 세계는 전기차에 대해 열광하는 것일까요? 그 이유는 세계 각국이 탄소중립 달성을 위해 전기차를 온실가스 감축 방안의 핵심 과제로 삼았기 때문입니다.

유럽에서는 2030년까지 판매되는 신차의 35%를 전기차와 같은 친환경차로 구성하기로 했고 2035년부터는 내연기관 신차의 판매를 금지하기로 했습니다. 미국 역시 2030년까지 50만 개 이상의 전기차 충전소를 설치하고 전기차 판매 비중도 50%로 확대할 계획입니다. 그리고 우리나라의 경우에도 2035년까지 내연기관 자동차 신규등록을 금지하겠다는 파격적인 공약이 나올 만큼 내연기관 차량의 전동화에 대해 진심인 것을 알 수 있습니다. 이렇듯이 전기차 시장의 전망은 밝은 것을 넘어서 확실한 미래로 자리 잡은 상황이라 할 수 있습니다.

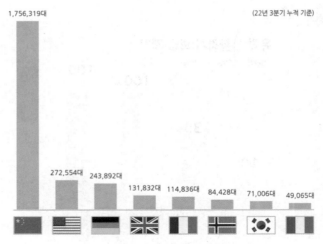

1,756,319대   (22년 3분기 누적 기준)

272,554대   243,892대
                        131,832대   114,836대
                                                84,428대   71,006대   49,065대

[그림 2-5] 국가별 전기차 판매량

　　이러한 밝은 전망에 맞추어 현재 소비자들도 전기차에 대한 선호도가 꾸준하게 증가하고 있습니다. 친환경 전기차 전시회인 'EV TREND KOREA 2022' 사무국이 실시한 설문조사에 의하면 전기차의 구매 의사에 긍정적인 답변을 한 경우가 95% (1994명)으로 나타났고 3년 이내에 구입하겠다고 한 답변자도 59% (1244명)로 전년 대비 33% 증가한 것으로 나타났습니다. 현재는 물론 내연 기관차가 더 많은 비율을 차지하고 있지만 친환경 전기차의 비율은 점점 더 늘어갈 것으로 보입니다. 이렇듯 전기차 전망이 긍정적인 상황에 발맞춰, 국내 및 해외에서도 전기차 미래 방향성에 대해 적극적인 모습을 보이고 있습니다. 국내 현대기아 자동차에서는 올해 전비 성능 및 차량의 공기 저항을 크게 개선한 전기차인 아이오닉 6를 출시했으며, 전 세계 전기차 시장 1위를 차지하고 있는 테슬라의 경우 CELL TO BODY 컨셉이 적용된 최초의 양산차량인 모델 Y 2022 버전을 출시하였습니다.

[그림 2-6] HKMC 아이오닉 6와 Tesla 모델 Y

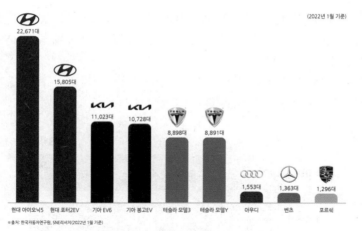

(2022년 1월 기준)

22,671대

15,805대

11,023대

10,728대

8,898대

8,891대

1,553대

1,363대

1,296대

현대 아이오닉5 현대 포터2EV 기아 EV6 기아 봉고EV 테슬라 모델3 테슬라 모델Y 아우디 벤츠 포르쉐

※출처: 한국자동차연구원, SNE리서치(2022년 1월 기준)

[그림 2-7] 한국에서의 전기차 판매량

(2) 배터리 제조사 경쟁 구도

전기차 및 배터리의 차세대 기술 경쟁도 갈수록 치열해지고 있습니다. 코로나19와 러시아의 우크라이나 침공으로 차량용 반도체·리튬·니켈 등 원료 공급 지연이 계속되고, ESG 흐름의 가속화로 환경파괴와 인권침해를 하지 않는 지속 가능한 재료 및 공급망에 대한 요구가 커지고 있습니다. 국내 전기차·배터리 기업들은 어떤 전략으로 미래를 대비하고 있을까요? 이슈&임팩트데이터연구소 IM.Lab은 전기차·배터리 시가총액 상위 5개 기업의 지속 가능한 공급망과 임팩트를 살펴봤습니다. 2021년 3분기 기준, 글로벌 전기차 배터리 사용 규모는 중국의 CATL이 5만 7837대로 1위이며, LG에너지솔루션이 4만 2152대로 2위로 나타납니다. SK이노베이션(7887대)과 삼성SDI(3607대)가 중국 기업들과의 경쟁 속에서 성장세를 보이고 있습니다. 전기차용 배터리 점유율은 중국이 48.3%로 가장 높고 한국이 27.2%로 2위, 일본이 3위(17%)입니다.

국내 전기차·배터리 산업은 1991년 현대차가 출시한 국내 최초 '쏘나타 전기차', 1998년 LG에너지솔루션과 SK이노베이션의 리튬이온 배터리 개발에서 시작됩니다. 2002년 LG에너지솔루션의 배터리를 탑재한 전기자동차가 세계적인 자동차 경주대회(Pikes Peak International Auto Rally)에서 2년 연속 우승을 차지했습니다. 삼성 SDI와 SK이노베이션은 독일 보쉬, 다임러그룹 등과 계약을 맺으며 전기차 배터리 사업을 확장하기 시작했습니다.

기아자동차는 2011년 최초 양산형 전기차 레이EV를 출시했고 현대자동차는 2013년 세계 최초 수소 전기차(Tuscan)를 양산했습니다. 그 이후로 아이오닉, 코나EV, 수소전기차 넥쏘 FCEV, 쏘울EV, 니로EV 등 두 기업의 전기차 모델이 지속적으로 개발 및 출시됐습니다.

전기차 수요가 늘면서 삼성SDI, SK이노베이션의 전기차 배터리 생산 공장 증설이 이어졌으며, LG에너지솔루션은 2016년 미국항공우주국(NASA)의 탐사용 우주복에 리튬이온 배터리를 공급하는 업체로 선정되기도 했습니다.

2020년대에 들어서는 국내외 다양한 기업과의 합작법인 설립과 정부 기관 등과 협약 등을 통해 친환경 모빌리티 생태계를 확장해나가는 모습입니다.

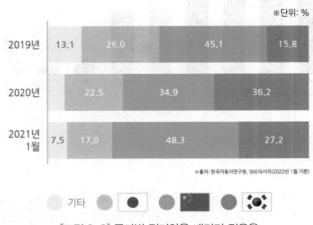

[그림 2-8] 국가별 전기차용 배터리 점유율

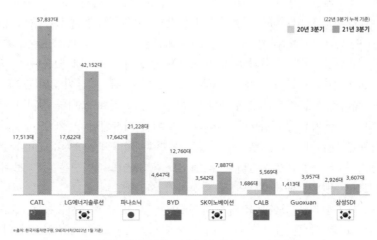

[그림 2-9] 전기차 · 배터리 기업 Top 8 판매량

삼성SDI는 리튬이온 2차전지 시장 선도와 국내외 밸류체인 전반의 협력 체계를, SK이노베이션은 차세대 배터리 개발과 친환경 문제 해결 전략을 고민하고 있습니다. LG에너지솔루션은 배터리 재활용/재사용과 배터리 생애주기 관리를 통한 가치 창출에 주목하는 것으로 나타났습니다.

[그림 2-10] 유럽 내 배터리 셀, 소재 생산설비 구축 현황

(3) 배터리 포장 형태에 따른 산업 발전 방향

전기차 배터리는 전기차의 속도 및 운행 거리를 결정하는 핵심 역할을 하며 양극재, 음극재, 분리막, 전해액(전해질) 등으로 구성되어 있습니다. 이러한 구성 요소를 담는 형태에 따라 전기차 배터리는 각형, 원통형, 파우치형으로 나뉘며, 각기 다른 특성을 가지고 있습니다.

전기차의 심장인 전기차 배터리의 형태와 특성에 대해 알아보도록 하겠습니다. 납작하고 각진 상자 모양의 '각형 배터리'는 알루미늄 캔으로 둘러싸여 있기 때문에 외부 충격에 강해 내구성이 뛰어나고 안전합니다. 그러나 에너지 밀도가 상대적으로 낮습니다. 일반적으로 양극재와 음극재, 분리막 등 전기차 배터리 요소를 쌓은 뒤 돌돌 말아 만든 '젤리롤'을 알루미늄 캔에 넣고 전해액을 주입해 만드는데, 케이스는 사각이지만 젤리롤은 모서리 부분이 원형이어서 내부 공간 활용 측면에서 불리합니다. 또한 알루미늄 캔을 사용해 무겁고 제조 공정도 상대적으로 복잡하다는 단점도 있습니다.

'원통형 배터리'는 일상생활에서 흔히 사용하는 건전지와 비슷한 금속 원기둥 모양을 갖추고 있으며 외관이 견고합니다. 가장 전통적인 형태로 사이즈가 규격화돼 있어 생산 비용이 저렴합니다. 안정적인 수급이 가능한 점도 장점으로 볼 수 있습니다. 그러나 부피당 에너지 밀도가 높은 반면, 다른 형태에 비해 용량이 상대적으로 작아 원통형 배터리를 전기차에 장착하기 위해선 여러 개의 배터리를 하나로 묶어야 합니다. 즉 원통형 배터리의 개별 가격은 저렴하더라도 전기차 배터리로 만들기 위한 배터리 시스템 구축 비용이 많이 든다고 할 수 있습니다.

'파우치형 배터리'는 주머니와 비슷한 형태로, 필름 주머니에 배터리를 담았다고 생각하면 됩니다. 가장 큰 장점은 에너지 밀도가 높아 주행거리가 길다는 점입니다. 각형, 원통형 배터리와 달리 Winding 형태의 젤리롤을 사용하지 않고 소재를 층층이 쌓아 올려 내부 공간을 빈틈없이 꽉 채울 수 있으며, 이로 인해 배터리 내부 공간 효율이 개선되면서 에너지 용량도 커졌습니다. 외관이 단단하지 않아 다양한 사이즈와 모양으로 제작 가능하고 구부리거나 접을 수도 있어 활용도가 높습니다. 이 같은 장점으로 전기차 업체가 요구하는 다양한 형태의 배터리를 만들 수 있으며 무게 또한 상대적으로 가볍습니다. 단점은 각형이나 원통형에 비해 케이스가 단단하지 않아서 모듈이나 팩으로 만들 때 이를 커버할 수 있는 기술이 필요하다는 것입니다.

이와 같이 전기차에 탑재되는 배터리는 포장 형태에 따라 그 장단점이 분명하다는 것을 알아보았습니다. 앞으로 어떤 포장 형태의 배터리가 전기차 시장을 주도할지도 관심 있게 지켜보면 좋을 것이라 생각합니다.

⟨표 2-1⟩ 배터리 포장 형태에 따른 탑재량 및 비중

(단위: GWh)

배터리 유형	2018		2019		2020	
	탑재량	비중	탑재량	비중	탑재량	비중
원통형	29.0	29.0%	32.0	27.1%	33.2	23.0%
파우치형	14.4	14.4%	18.9	16.0%	40.0	27.8%
각형	56.6	56.6%	67.1	56.8%	70.8	49.2%
총계	100.0	100.0%	118.0	100.0%	144.0	100.0%

※자료: SNE리서치

2 뉴스로 보는 2차전지 산업 이슈

배터리 분야는 현재 가장 빠르게 발전하고 있는 분야 중에 하나입니다. 그렇기에 내가 지원하고자 하는 분야가 어떻게 성장하고 있는지, 어떤 새로운 정보와 기술이 있는지 파악하는 것이 질문에 대한 답변을 풍부하게 만들 수 있습니다. 지원자 입장에서 필요하다고 생각되는 7가지 주제를 정해보았습니다. 배터리 업계가 어떤 분야에서 집중 하고 있으며 이에 따라 나는 어떻게 나의 답변을 더 다양하게 준비할 수 있을지 아래 7가지 메인 주제와 함께 고민해보시길 바랍니다.

1. 안전성 제일, Safety first

최근 화재 사건이 다수 발생하여 안전성에 대한 이슈가 거듭 언급되고 있습니다. 이 때문에 배터리 업체는 화재가 발생한 배터리에 대해 리콜을 단행하였고, 화재가 일어나지 않은 배터리에 대해서도 사전 리콜을 진행하였습니다. 배터리는 충격에 약하여 화재에서 자유로울 수 없습니다. 생산 조건을 최대한 맞춰 에너지밀도와 안전성 사이의 조화를 추구해야 합니다. 이전까지는 에너지밀도를 최대한으로 끌어 올려 안전성이 조금 떨어지더라도 더 오래갈 수 있는 배터리를 만드는 것이 목표였다면, 최근에는 트렌드가 바뀌었습니다. 에너지 밀도보다 안전성 이슈가 없는 배터리를 목표로 하는 것이 새로운 지향점이 되었습니다.

참고

LG에너지솔루션, 현대차 코나EV 리콜[1]

현대자동차와 LG에너지솔루션이 최근 잇단 화재로 논란이 된 코나 전기차(EV) 등 전기차 3종 8만2천 대에 대한 리콜 비용을 3대 7로 분담하기로 최종 합의했습니다. 배터리관리시스템(BMS) 업데이트 리콜을 포함하면 코나 EV 화재로 인한 리콜에 드는 전체 비용은 최대 1조 4천억 원에 달할 것으로 추정됩니다.

LG에너지솔루션, ESS 배터리 리콜 4000억 수준[2]

LG에너지솔루션이 ESS(에너지저장장치) 산업의 신뢰 회복 및 사회적 책무를 다하기 위해 자발적인 배터리 교체를 진행합니다. 교체 대상은 2017년 4월부터 2018년 9월까지 ESS 배터리 전용 생산 라인에서 생산된 ESS용 배터리입니다. 중국에서 초기 생산된 ESS 전용 전극에서 일부 공정 문제로 인한 잠재적인 리스크가 발견됐고, 해당 리스크가 가혹한 외부환경과 결합되면 화재를 유발할 가능성이 있다고 판단했기 때문입니다.

---

1 참고기사: "현대차–LG에너지, 1.4조 코나EV 리콜비용 3대 7로 분담한다(종합2보)," 연합뉴스, 2021년 03월 04일
2 참고기사: "LG에너지솔루션, ESS배터리 리콜에 4000억 투입." 한경산업. 2021년 05월 26일

2. 치열한 선점 싸움

배터리 시장에서 LG에너지솔루션과 SK이노베이션은 1~2위를 다투고 있으며, 삼성 SDI를 합하여 빠른 속도로 투자하고 성장하는 기업이라고 할 수 있습니다. 그만큼 배터리 업계가 현재 치열한 경쟁을 하는 상황인데, 그 과도기가 딱 지금이라고 보시면 될 것 같습니다. 최근에 있었던 LG에너지솔루션과 SK이노베이션 소송만 봐도 아주 치열하게 싸움하는 것을 볼 수 있는데, 반도체 기업과 다르게 왜 배터리 기업에서 이러한 물고 뜯기를 하는지 생각해 볼 수 있습니다. 반도체는 이미 이러한 경쟁을 치렀고, 이를 통해 현재 삼성전자와 TSMC가 독주하고 있습니다. 과도기를 통해 더 큰 힘을 얻고 시장을 지배하는 기업이 더 크게 성장할 수 있음을 알 수 있죠.

LG에너지솔루션의 가장 큰 강점 중 하나가 오래된 연구와 경험에 의한 기술력으로 이미 선점한 시장이 크다는 점입니다. 배터리는 한 달 전에 필요한 물량을 그때그때 사는 개념이 아니라 1~2년 전부터 원하는 배터리를 주문하는 방식이기 때문에, 시장 선점의 여부를 통해 경쟁력이 있고 없음을 나타낼 수 있습니다. 특히 이번 SK이노베이션 소송의 판결 결과를 통해 선점 시장의 중요성을 다시 한 번 느낄 수 있습니다.

중국에 밀린 한국 배터리. 중국 전기차 시장의 급속한 팽창으로 CATL이 올해 전기차용 배터리 사용량 1위[3]

(단위: GWh)

순위	제조사명	2021. 1~8	2022. 1~8	성장률	2021 점유율	2022 점유율
1	CATL	47.6	102.2	114.7%	29.6%	35.5%
2	LG에너지솔루션	35.8	39.4	10.0%	22.3%	13.7%
3	BYD	12.5	36.5	192.3%	7.8%	12.7%
4	Panasonic	22.8	24.0	5.3%	14.1%	8.3%
5	SK On	9.2	18.4	99.2%	5.7%	6.4%
6	삼성SDI	8.9	14.2	59.7%	5.5%	4.9%
7	CALB	4.8	11.6	141.2%	3.0%	4.0%
8	Guoxuan	3.3	8.4	153.6%	2.1%	2.9%
9	Sunwoda	0.7	4.9	587.5%	0.4%	1.7%
10	SVOLT	1.5	3.9	155.5%	0.9%	1.3%
	기타	13.9	24.3	75.4%	8.6%	8.4%
	합계	160.9	287.6	78.7%	100.0%	100.0%

* 전기차 판매량이 집계되지 않은 일부 국가가 있으며, 2021년 자료는 집계되지 않은 국가 자료를 제외함.

(출처: 2022년 9월 Global EVs and Battery Monthly Tracker, SNE리서치)

[그림 2-11] 연간 누적 글로벌 전기차용 배터리 사용량

2021년 4월 3일 SNE리서치에 따르면 중국 배터리 제조사 CATL은 올해 1/4분기 전기차용 배터리 사용량 15.1GWh를 기록해, 점유율 1위(31.5%)에 이름을 올렸습니다. 이 회사는 작년 같은 기간 점유율 17.0%(3.6GWh)로, 일본 파나소닉과 LG에너지솔루션에 이은 3위를 기록한 바 있습니다. 작년 1위 파나소닉은 점유율 16.7%(8.0GWh)를 기록, 3위로 내려앉았고, LG에너지솔루션은 20.5%로 2위를 수성했습니다. 삼성SDI와 SK이노베이션은 각각 5위와 6위를 기록, 한국계 제조 3사 모두 상위 10위권을 유지했습니다.

LG-SK 2년 배터리 분쟁 종지부 합의금 2조 원 역대 최대[4]

합의 내용은 2019년 4월 LG에너지솔루션이 SK이노베이션을 상대로 미국 국제무역위원회 ITC에 영업비밀 침해 분쟁을 제기한 지 2년 만에 모든 분쟁을 끝내는 것입니다.

먼저 SK이노베이션이 LG에너지솔루션에 총액 2조 원의 배상금을 지급하기로 했으며 지급 방식은 현금 1조 원, 로열티 1조 원입니다. 또한 양사는 국내외에서 진행한 관련 분쟁을 취하하고, 앞으로 10년간 추가 쟁송을 하지 않기로 합의했습니다.

---

3 참고기사: "중국에 밀린 韓日 배터리..LG엔솔, 1분기 점유율 2위 수성." 파이낸셜뉴스. 2021년 05월 03일 수정, 2022년 11월 07일 접속. https://www.fnnews.com/news/202105030944073097.

4 참고기사: "LG-SK 2년 배터리 분쟁 종지부…합의금 2조 원 역대 최대." SBS뉴스. 2021년 04월 11일 수정, 2022년 11월 07일 접속. https://news.sbs.co.kr/news/endPage.do?news_id=N1006275920.

3. 수요 과다, 공급 부족

2차 전지 산업은 수요가 많아 배터리를 요구하는 회사는 많지만, 그 수요에 맞춰 공급할 수 있는 회사가 부족한 상황입니다. 이에 따라 각 업체의 요구 공급량과 배터리의 스펙(원하는 형태, 크기 등)을 맞출 수 있는 기업이 자연스레 높은 경쟁력을 갖게 됩니다. 국내에서는 LG에너지솔루션이 유일하게 유럽(폴란드) 시장에 진출하여 공장을 가지고 있으며, 중국과 미국에도 공장을 소유하고 있습니다. LG에너지솔루션이 2차 배터리 업계에서 높은 경쟁력 점수를 받는 이유는 지속적인 설비 투자로 수요자의 요구사항을 충족시킬 수 있는 가장 이상적인 기업이기 때문입니다.

> **참고**
>
> ### 공급 부족이 만든 갑·을 역전[5]
>
> 실제 자동차 업체들에 배터리의 안정적 공급은 생존을 위한 필수 조건이 되었습니다. 전기차를 만들어 팔고 싶어도, 배터리를 제때 공급받지 못하면 생산라인 자체가 멈춰 서기 때문입니다. 이로 인하여 전기차 인기의 실제 수혜자는 자동차 업체가 아니라 이들에게 전기차용 배터리를 생산하는 기업들이란 지적이 나오고 있습니다. 전기차용 배터리 공급이 수요를 따르지 못하고 있기 때문입니다. 과거 글로벌 자동차 기업들을 거래처로 확보하기 위해 배터리 업체 간 출혈경쟁까지 벌어졌던 상황과는 정반대가 되었다고 볼 수 있습니다.
>
>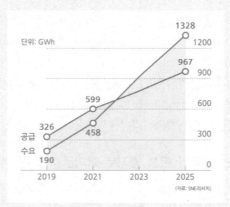
>
> [그림 2-12] 글로벌 전기차용 배터리 시장 전망

---

5 참고기사: "진짜 갑은 '테슬라'가 아니야…공급 부족이 만든 갑·을 역전." 중앙일보. 2020년 06월 04일 수정, 2022년 11월 07일 접속, https://www.joongang.co.kr/article/23793365#home.

4. 장기공급 및 사후관리의 long cycle 비즈니스

예를 들어, 개발 초기에 자동차 회사와 협업을 통해 프로젝트에 사용될 배터리를 장기공급 계약하여 시장을 선점한다면 해당 시장에서 큰 경쟁력을 갖게 될 수 있습니다. 한번 계약을 성사하면 장기계약으로 이어지게 되기 때문입니다(이를 '락인효과'라고 합니다). 더불어 기존 계약에서 다른 회사로 계약을 틀어버리면 장기적으로 공급에서 밀릴 수 있기에, 초기에 공급처 유지는 매우 중요한 요소 중 하나입니다. 그러므로 이전부터 시장을 점유한 기업이 더 경쟁력을 가지고 시장을 선도할 수 있습니다.

또한 배터리의 특성상 지속적인 사후관리가 필요합니다. 배터리의 각 셀(Cell) 성능이 저하하면 빠르게 해당 셀을 바꿔야 전체 배터리의 성능과 수명을 유지할 수 있습니다. 그리하여 테슬라(Tesla) 같은 클라이언트가 LG에너지솔루션과 한번 계약을 체결하게 되면 기업가치가 크게 상승하게 되는 것입니다. 이러한 계약 체결을 위해 기본적으로 저가 소재 개발, 원가 경쟁력, 에너지 밀도, 안정성, 양산 능력 및 제조 기술력을 함께 갖춰야 합니다. LG에너지솔루션은 독보적 배터리 R&D, 2차전지 특허 17,000개와 270만대 이상의 전기차에 배터리를 공급을 통해 안정성, 신뢰성, 양산 포트폴리오를 보여주고 있습니다.

5. 5G, 자율주행과의 연동

4차 산업혁명 시대에 접어들며 5G, 초연결, 완전 자율주행이 이슈가 되고 있습니다. 전기차가 언급되면 빠질 수 없는 게 자율주행입니다. 휘발유 엔진을 사용할 때는 전혀 이슈가 되지 않았던 자율주행이 전기차로 넘어오는 과정에서 화두가 된 것은 단지 시간상의 우연은 아닙니다. 자율주행 기술에는 전기에너지 공급이 매우 중요해지기 때문입니다. 자율주행이 갖춰지기 위해서는 주변에서 엄청난 양의 데이터를 얻어야 하고, 그 데이터를 자동차 안의 컴퓨터가 계산해야 비로소 자율적으로 주행할 수 있게 됩니다. 그 많은 데이터를 소화하려면 빠른 데이터 Processing 능력과 큰 에너지 소모가 요구됩니다. 내연기관은 전기에너지를 공급하는 공학적인 측면에서 자율주행 기술을 도입하기에 에너지 손실이 크기 때문에 부적합했습니다. 하지만 전기 자동차로 넘어오면서 이러한 부분이 해소되어 전 세계가 더욱 자율주행 실현에 힘을 쓰고 있는 것입니다. 내부 부품 수가 이전에 비해 적고 내구성이 좋으며, 고장 빈도가 낮은 것 또한 전기차의 큰 장점 중 하나입니다.

6. 전지 대여 시스템, 폐배터리 활용

배터리는 전기차 단가의 40% 이상 비중을 차지하는 고가 제품입니다. 그만큼 구매 후 관리 및 보수가 매우 중요합니다. 사용함에 따라 수명이 저하하는 배터리 특성상 과충전/과방전으로 인한 부풀림(swelling) 현상이 일어나면 화재의 위험 또한 잇따를 수 있습니다. 이러한 문제를 방지하기 위해 중국 전기차 회사 'NIO'에서는 차 껍데기를 팔고 전지는 대여 형태로 구매 후 관리까지 맡아주는 시스템을 추진하고 있습니다.

교체하고 남은 폐배터리의 경우 남은 성능에 따라 다양한 용도로 활용할 수 있습니다. 모듈에서 문제가 있는 개별 셀(Cell)을 교체하여 재사용하기도 하며, 충전 인프라 확충을 위해 충전소 설치에 사용하기도 합니다. 전기차 시장을 조금 더 빨리 활성화하기 위해서는 (특히 한국에서) 충전소 인프라를 빨리 구축해야 하는데, 이 또한 폐배터리 활용으로 상황이 개선될 것으로 전망하고 있습니다.

LG에너지솔루션–GM JV, 미국 배터리 재활용 업체와 폐배터리 재활용 계약[6]

LG에너지솔루션과 미국 완성차업체인 GM의 합작법인인 '얼티엄셀즈'(Ultium Cells)가 북미 최대 배터리 재활용 업체인 '리–사이클'(Li–Cycle)과 배터리 제조 과정에서 발생하는 폐배터리의 재활용 계약을 체결하였습니다.

LG에너지솔루션은 셀 제조 과정에서 발생하는 폐배터리의 코발트 · 니켈 · 리튬 · 흑연 · 구리 · 망간 · 알루미늄 등 다양한 배터리 원재료를 재활용할 수 있게 되었습니다. 이들 원재료는 95%가 새로운 배터리 셀의 생산과 관련 산업에 재활용이 가능합니다. 현대자동차, 현대글로비스, KST모빌리티 등과 전기 택시 배터리 대여 · 사용 후 배터리 활용 실증 사업을 위한 업무협약(MOU)을 체결하면서 전기차에서 수명이 다한 배터리를 ESS로 만들어 활용하는 작업을 시작했습니다.

또한 LG에너지솔루션은 배터리 재사용에서 한 단계 더 나아가서 재사용한 폐배터리를 더 이상 사용할 수 없을 때 분해 · 정련 · 제련 등의 과정을 통해 배터리 제조에 필요한 메탈을 뽑아낸다는 계획을 수립 중에 있습니다.

[그림 2–13] 전기 택시 배터리 대여 · 사용 후 배터리 활용 실증 사업을 위한 업무협약(MOU)

SK이노베이션 배터리 처리 친환경 기술

SK이노베이션은 배터리 재활용에 친환경을 가미했습니다. 배터리 금속 재활용 기술은 SK이노베이션이 세계에서 처음으로 개발한 독자 기술로 사용 후 배터리에서 회수된 리튬이 NCM811 등과 같이 하이 니켈 양극재 제조에 직접 활용될 수 있도록 리튬을 수산화리튬 형태로 우선 추출한 후, NCM 금속을 추출하는 형태입니다.

이에 글로벌 폐배터리 재활용 시장은 2019년 기준 15억달러(1조6500억원)에서 2030년 181억달러(약 20조원) 규모로 10배 이상 성장할 것으로 예상됩니다.

---

6 참고기사: "LG에너지솔루션, 폐배터리 선순환체계 구축 '드라이브'." 뉴데일리경제. 2021년 05월 13일 수정, 2022년 11월 07일 접속, https://biz.newdaily.co.kr/site/data/html/2021/05/13/2021051300019.html.

7. 차세대 배터리에 배팅

현재까지 배터리는 2가지 체제로 굳혀져 있습니다. NCMA 배터리와 LFP 배터리가 그 2가지입니다. 하지만 해당 배터리는 아직 기술적 문제가 있으며, 화재에 대한 안전성, 무게, 가격, 에너지밀도 등 특정 측면에서 장단점을 가지고 있습니다. 이러한 배터리의 장단점을 극복할 차세대 배터리에 대해 모든 회사가 연구하고 있으며, 2025년~2030년에는 지금 사용하는 배터리와는 전혀 다른 배터리가 주력 시장에서 사용될 것으로 보입니다. 하지만 어떤 배터리가 가장 상용화 가능성이 있는지, 어떤 배터리가 안전성이나 에너지밀도 면에서 가장 경쟁력 있는지는 아직 아무도 모릅니다. 그렇기에 각 회사가 몰두하고 있는 차세대 배터리의 형태도 다릅니다. 특히 삼성 SDI 같은 경우에는 타 회사처럼 공격적으로 공장을 늘리거나 하는 모습을 보이지 않는데, 이것은 오히려 차세대 배터리 연구에 몰두하여 해당 연구를 우선으로 마쳐 차세대 배터리 시장을 선점하려는 의도라고 볼 수도 있습니다.

> **참고**
>
> ### 삼성SDI, 개발 늘리며 '전고체' 집중 모드
>
> 전고체 배터리는 전해질이 액체가 아닌 고체 상태의 배터리로 화재 위험 등을 대폭 낮춰 안전성을 높이면서 배터리 용량도 높일 수 있어 기존 리튬이온 배터리에 비해 에너지 밀도가 높다는 특징이 있습니다. 여기에 폭발이나 화재의 위험성이 사라지기 때문에 안전성과 관련된 부품들을 줄이고 그 자리에 배터리의 용량을 늘릴 수 있는 활물질을 채울 수 있습니다. 이를 전기차에 적용하면 1회 충전으로 이동할 수 있는 거리가 늘어나게 됩니다.
>
>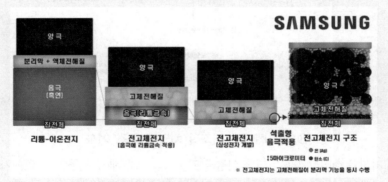
>
> [그림 2-14] 전고체 배터리 (출처: 삼성뉴스룸)
>
> ### SK이노베이션 리튬 메탈 전지
>
> SK그룹이 투자한 솔리드에너지시스템(솔리드에너지)은 차세대 배터리로 꼽히는 리튬메탈 배터리를 개발하는 업체입니다. 리튬메탈 배터리는 현재 보편화된 리튬이온 배터리보다 용량과 성능이 월등한 것으로 알려져 배터리 부피와 무게는 크게 줄이고 주행 거리는 2배 이상 크게 늘릴 수 있는 것으로 전해집니다.

[그림 2-15] 리튬메탈 배터리 (출처: SKinno News)

LG에너지솔루션 리튬황, 전고체 배터리[7]

최승돈 LG에너지솔루션 자동차전지개발센터장은 28일 전자신문사 주최로 열린 '배터리 데이 2021' 기조연설에서 2025년부터 리튬황 배터리와 전고체 배터리를 상용화할 계획이라고 밝혔습니다. 마찬가지로 리튬황 배터리는 2025년, 전고체 배터리는 2025년부터 2027년까지를 각각 상용화 목표 시점으로 제시했습니다.

LG에너지솔루션의 리튬황 배터리의 전기차 적용 검토 배경은 무게와 가격 경쟁력 때문입니다. 황은 풍부한 자원이기에 배터리 제조 단가를 낮출 수 있습니다. 또한 무게당 에너지 밀도도 리튬이온보다 1.5배 이상 높아 배터리 성능 향상도 동시에 가능합니다.

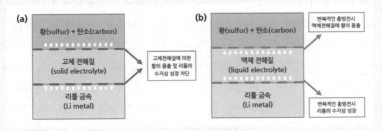

[그림 2-16] 전고체 리튬황 배터리[8]

---

7 참고기사: "[배터리 데이 2021] LG엔솔 "차세대 '리튬황 · 전고체 배터리' 2025년부터 출격"." 전자신문. 2021년 04월 29일 수정, 2022년 11월 07일 접속, https://www.etnews.com/20210428000200.

8 출처: 창원대학교 산학협력단, "전고체 리튬-황 전지 제조 방법 및 이에 의해 제조된 전고체 리튬-황 전지", 2016., Patent No. 10-1671219

02 취업 준비 방법과 직무소개

1 채용에 필요한 중요 지식

1. 2차전지 기본 개념 습득 및 학습 방법

배터리는 전기차의 핵심 부품이지만 배터리의 기본 단위인 셀부터 셀을 포장한 모듈, 전기차에 탑재되는 단위인 팩까지 어떤 구조로 이루어져 있는지는 학교에서 배우기 어렵습니다. 또한, 배터리 산업은 국가에서 지정한 핵심 과학 기술 산업으로 보안이 철저하여 구체적인 설계안이나 모델을 직접 볼 수 없습니다.

이번 섹션에서는 배터리 산업에 진출하기 위해 어느 정도의 지식을 가져야 하고 어떻게 지식을 습득할 수 있는지 알아보도록 하겠습니다.

(1) 배터리 구조: 셀부터 모듈, 팩까지

먼저 배터리 산업에서는 전기차용 고전압 배터리가 주 사업으로 자리 잡고 있습니다. 전기차용 배터리 이외에서 에너지 저장 장치(ESS)용 배터리나 저전압 축전지 배터리 등 다른 사업 분야도 존재하지만 현재 많은 취준생분들이 목표로 하는 기업은 전기차용 배터리와 관련된 산업입니다. 그렇다면 전기차 배터리의 구조는 어떻게 구성되어 있는지부터 알아보겠습니다.

배터리가 차량에 탑재되어 구동되기 위해서는 작은 단위에서부터 패키징되어 시스템과 연결되어야 합니다. 포장이 끝난 전지 기능을 수행할 수 있는 배터리 단위를 '셀'이라고 합니다. 셀은 원통형, 각형, 파우치형 포장이 끝난 음극, 양극, 분리막, 케이스로 구성되어 전지 기능이 부여된 부품으로 배터리 시스템을 설계하는 데 있어 가장 기본 단위라고 할 수 있습니다.

다음은 다수의 셀이 패키징된 모듈입니다. 모듈은 셀만 적재하여 팩을 구성할 수 없고 셀을 관리할 수 있는 단위로 구분하기 위해 일정 개수의 셀을 포장한 것으로 생각하면 됩니다.

마지막으로 자동차에 장착되는 팩은 차량의 언더 커버 아래로 차량과 체결되어 전기차 시스템과 연결되는 배터리 시스템의 가장 상위 개념입니다. 팩은 셀 뿐만 아니라 배터리 열관리를 위한 냉각 구동계, 온도 및 전압 거동을 모니터링하는 BMS 등 다양한 하위 시스템으로 구성됩니다.

(2) 배터리 구조 학습방법

배터리 시스템을 공부하기 위해 구글 스칼라를 통한 논문 검색을 적극 활용할 것을 추천합니다. 대다수의 논문이 영어로 적혀 있어서 가독성이 떨어지긴 하지만 연구 동향이나 구동 원리 등을 파악하는 데에는 더할 나위 없이 좋은 자료입니다. 논문은 배터리 업계의 '전문가'들이 결과를 정리하였기 때문에 배터리가 어떤 문제점이 가지고 있고 어떤 방향으로 해결하는지도 학습하기 좋습니다. 저 같은 경우엔 취업 전에도 배터리 연구를 하나씩 공부하다가 현업에 와서도 상세한 원리나 분석이 필요할 경우 논문을 적극적으로 활용하여 근거 자료로 사용하고 있습니다. 처음에 논문을 읽고 어떻게 정리할지 모르겠다면 주변에 대학원 선배나 교수님을 한번 찾아뵙고 방법을 스스로 찾아가는 것을 권합니다.

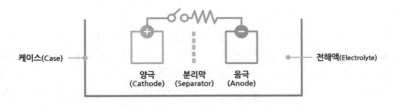

양극(Cathode)	방전 시, 리튬(Li) 이온이 전자를 받아 환원되는 전극
음극(Anode)	방전 시, 리튬(Li) 이온이 전자를 방출해 산화되는 전극
전해액(Electrolyte)	양극, 음극의 전기화학 반응이 원활하도록 리튬(Li) 이온 이동이 일어나게 하는 매개체 (탄소(Carbon)는 흑연으로, 유기용제는 유기용매로 이동이 일어나게 함)
분리막(Separator)	양극, 음극 전기적 단락 방지를 위한 격리막
케이스(Case)	전지구성 요소를 보호하고 있는 외장재 (각형, 원통형, 파우치형)

[그림 2-17] 리튬 이온 전지 구성 요소

배터리 산업에 진출하기로 결정했다면 이젠 어디로 갈지 고민해야 합니다. 배터리 산업은 기본적으로 제조업이기 때문에 이공계열 전공자를 월등히 많이 채용합니다. 하지만 이공계열뿐만 아니라 경영지원, 마케팅, 구매 등 많은 사무직도 채용하고 있습니다. 또한 배터리 산업은 신사업에 속하기 때문에 국내뿐만 아니라 해외 사이트 근무도 많습니다. SK온, LG에너지솔루션을 기준으로 국내 근무지는 크게 서울에 위치한 본사, 대전에 위치한 연구소, 그리고 생산 사이트인 오창, 서산이 있습니다. 각 근무지에 따른 업무를 하나씩 알아보겠습니다.

1. 본사

본사 직무는 크게 두 가지 카테고리로 나눌 수 있습니다. 배터리를 만들어 수익성을 낼 수 있다는 선행검토조직, 실제 배터리를 판매하면서 수익을 벌어들이는 액션조직으로 구분할 수 있습니다. 전자의 조직은 상품기획&전략, 경영기획과 수익성을 검토하는 재경 조직으로 구분할 수 있으며, 후자의 조직은 마케팅, 홍보, 인사/총무/노무, 영업/서비스 직무로 범주화할 수 있습니다. 선행검토조직은 실제 배터리 개발과 밀접한 관계에 있기 때문에 연구소나 공장 담당자와 협업하는 경우가 상당히 많이 있습니다. 따라서 선행조직에서 근무하는 인원들은 회사의 개발 스펙에 대한 이해도가 높아야 업무를 수월하게 진행할 수 있다는 특징이 있습니다.

참고 **공대생들도 본사 직무에 지원할 수 있나요?**

본사 채용을 유심히 확인하다 보면 전공 무관이라는 직무를 볼 수 있습니다. 그러나 이 중에서도 공대생이 지원했을 때 유리한 직무가 있습니다. 대표적인 직무가 바로 상품전략 직무입니다. Job Description을 보면 상품전략 직무는 시장조사나 소비자 예측 등 시장 예측을 하는 업무도 존재하지만, 연구소 조직인 디자인/설계 부문과도 협업을 통해서 상품기획서를 작성해야 하는 업무도 메인 업무에 해당합니다. 즉 엔지니어링 지식을 기반으로 비엔지니어들에게 이해할 수 있도록 설명하는 것도 상품전략 직무 내에 필요한 업무이기 때문에 대학교 프로젝트나 공모전에서 어떤 과제를 리딩해 본 경험이 있다면 해당 직무에 지원할 수 있습니다.

또한 부품구매 직무도 엔지니어링 지식 기반으로 내용을 검토하기 때문에 공대생이 더 유리합니다. 자신이 가지고 있는 강점과 전공에 제한이 없다는 두 가지 측면을 고려한다면 자동차 산업 내에서는 공대생이 본사에서 근무할 수 있는 확률이 존재합니다.

---

2. R&D

연구 개발 직군은 크게 셀 개발과 시스템 개발로 분류됩니다. 셀 개발은 화학, 재료 공학 전공자가 다수를 이루고 있습니다. 셀의 레시피를 변경하여 성분 조합에 따른 에너지 밀도 증대, 수명 사이클 특성 개선 등의 선행 셀 개발 업무, 고객사가 요청한 셀 개발 등의 양산 셀 개발 업무 등을 수행합니다.

시스템 개발은 셀을 스태킹하여 제작한 모듈 설계부터 다수의 모듈로 구성된 팩 개발 업무를 수행합니다. 모듈 단위에서는 케이스, 버스바, 셀 내 적층 구조 등을 설계하며, 팩 개발에서는 모듈 배치, 고전압 단자대 배치, BMS 구성 등을 설계하게 됩니다.

3. 구매

구매 직무는 연구소와 공장에서 만들고 싶은 차량의 형태를 각 협력사에서 부품 단위로 잘 공급할 수 있도록 회사와 협력사 간의 중간 커뮤니케이션을 하는 조직입니다. 물론 직접 연구소 엔지니어 또는 공장 엔지니어와 협력사 담당자가 직접 소통도 하지만, 구체적인 자재 입수, 계약 처리 등 많은 인자를 고려해야 하기 때문에 이 조직이 존재하게 되었습니다.

공정거래를 위반하지 않기 위해서 특정 협력사의 독과점을 막아야 하고, 경쟁 입찰 시스템을 통해 같은 부품도 조금 더 싼 가격에 낙찰할 수 있는 구조도 회사의 경쟁력을 키우는 데 중요한 프로세스입니다. 또한 국내 협력사와 외국 협력사를 비교&분석하기 위해서는 회사 내부 판단기준도 수립이 필요하고, 실제 업체로 실사도 필요하기 때문에 상당히 많은 리소스가 투입됩니다.

또한 부품들을 제작하기 위해서는 안정적인 원자재 공급처를 확보해야 하는데, 중장기적인 계획이 없다면 협력사에서 즉각 대응이 거의 불가능한 상황입니다. 하나의 예시가 바로 양극재 소재 가격 변동입니다. 최근 들어 글로벌 인플레이션 등으로 원소재 값의 가격 변동성이 매우 커졌습니다. 원소재를 납품받아 배터리를 생산하는 배터리사들은 이러한 원자재 가격 변동성에 매우 민감할 수밖에 없습니다. 부품구매팀에서는 해당 리스크를 최소화하는 방안을 지속적으로 검토하고 보완 및 수정하는 작업을 끊임없이 수행합니다. 추가로 해외업체가 선정되는 경우에는 부품의 이동 수단 및 통관 등 고려할 인자가 추가되기 때문에, 해당 리스크들도 미리 검토하여 사전에 이슈를 차단하는 역할도 수행합니다.

4. 생산기술 / 생산관리

생산기술 엔지니어가 가장 관리를 많이 하는 것은 부품을 제작하는 스펙이 확정이 되면, 해당 부품을 균일하고 동일한 스펙으로 만들어내는 것입니다. 그것이 바로 공장에 존재하는 금형입니다. 또한 인접 공정의 레시피나 작업순서 변경으로도 최종 산출물의 품질 편차가 굉장히 달라지는 결과도 초래될 수 있습니다. 생산기술 엔지니어는 일정한 수준의 품질로 동일한 자동차를 만들어내는 최적의 조건과 최소의 리드타임을 고려하여 생산성을 향상시키는 데 주력합니다. 하지만 투자할 수 있는 돈은 한정적이기 때문에, 합리적인 자원 안에서 최고의 효과를 낼 수 있도록 공정

통합, 부품 구조 개선을 통한 원가 절감 등 장비뿐만 아니라 설계 스펙 변경도 제안하여 앞서 이야기했던 목표를 달성하는 데 의견을 제시할 수 있습니다.

생산관리 엔지니어는 위와 같은 현상을 사전에 점검하고 공장에서 발생할 수 있는 이슈(품질 저하, 공장 셧다운, 자원 부족 등)를 유동적으로 대처할 수 있는 플랜을 제시하는 것이 주된 업무입니다. 대부분 생산관리 직무는 계획된 생산량에 최대한 근접하게 생산하는 것을 주된 업무로 생각하는 분들이 많은데, 이는 실제로 업무에 속하지도 않을 만큼 마이너한 업무입니다. 위에서 설명했던 Risk Management (원인 파악 – 해결방안 수립 – 담당자 설정 – 진행상황 체크 – 대처 완료)에 많은 시간과 노력을 투자합니다. 따라서 생산관리 엔지니어는 모두를 리드할 수 있는 능력과 문제해결능력이 뛰어난 사람을 선호합니다.

5. 품질

품질 직무의 미션은 아주 간단합니다. 불량률 0%를 목표로 하지만, 불량이 발생할 수밖에 없는 것이 바로 제조업이자 배터리 산업입니다. 불량률을 최소화하는 것은 사전에 불량이 나오는 것을 방지하는 것이며, 이를 수행하기 위해서는 연구소에서 개발되는 차량의 스펙을 결정하는 것부터 관여하게 됩니다. 그 후에도 예측하지 못한 문제가 발생하면, 해당 부품을 강건화하기 위한 방안을 제시하고 이를 반드시 적용할 수 있도록 관련 설계자와 평가자와의 마찰을 피할 수가 없습니다.

따라서 품질직무 엔지니어는 어떤 한 부품의 전문가가 되는 것이 필수적입니다. 아는 것이 많아야 부품 수준을 상향할 수 있는 방안을 제시할 수 있고 이를 적용할 수 있도록 논리적으로 유관부서를 설득하는 것이 중요하기 때문입니다. 6-sigma 등 품질을 안정화할 수 있는 지표를 찾아내는 인사이트도 물론 중요하지만, 부품에 대한 깊은 이해와 제품의 품질 이슈 발생 포인트를 명확하게 이해하고 있어야 해당 업무를 잘 수행할 수 있습니다.

3 학년별 취업 로드맵

취업 준비에 앞서 본인의 꿈이 무엇인지 한번 떠올려 보는 것을 추천합니다. 막상 취업 준비를 시작하다 보면 진정 내가 꿈꾸던 삶이 맞는 것인지 생각할 수 있는 시간이 없고 취업이 되어 근무하면서 상상과 현실에 괴리가 생길 때 퇴사, 이직을 하는 경우를 많이 보았습니다. 꿈이라고 해서 거창한 것이 아닙니다. 2차전지 산업에 종사하는 것을 목표로 삼았던 저는 유치하지만 취업을 준비하면서 대학원생 시절 제 자리에 이런 메모를 남겨두며 의지가 약해지거나 불안할 때 마음을 다 잡았습니다.

"세상을 움직이는 최고의 배터리 시스템 개발 연구원"

저는 개인적인 저의 취업도 물론 중요했지만, 어쩌면 내연 기관의 종말과 화석 연료로 인해 변해가는 세상을 바꿔볼 수 있는 그런 일을 업으로 할 수 있다는 것에 가슴이 두근거렸습니다. 중국의 CATL, 미국의 TESLA가 경쟁사이고 다임러 벤츠, 폭스바겐, 포르쉐, 페라리가 고객사이며, 세계 곳곳에 있는 자동차 회사, 생산 사이트에서 회의하고 문제들을 해결하는 것을 일로 할 수 있다는 것에 취업 준비를 한다는 압박감도 있었지만 기대감이 더 컸습니다. 현업에 와서도 제가 생각하던 일을 할 수 있다는 것에 회사를 정말 즐겁게 다니고 있고 매일 도전할 수 있는 것에 감사하며 회사 생활을 하고 있습니다. 여러분들도 취업 준비할 때부터 본인의 의지를 다져주고 취업 이후에 회사 생활의 원동력이 될 수 있는 본인의 멋진 꿈을 먼저 그려 보고 취업 준비를 하는 것을 추천합니다. 그렇다면 본격적으로 취업 로드맵에 대한 이야기를 시작하겠습니다.

취업이라는 것은 스펙만 좋다고 해서 취업에 성공하는 것이 아니며, 평소에 말을 잘한다고 해서 면접장에서도 말을 잘할 수 있는 가능성이 높지 않습니다. 그만큼 힘들고 긴장되는 프로세스이기 때문에, 자신의 역량을 제때 발휘하기가 쉽지 않습니다.

기업은 점점 직무역량을 갖춘 사람을 선호하고 있고 대학교에서는 직무역량을 갖추는 방법에 대해서는 알려주지 않습니다. 하지만 학점은 그 사람의 성실도를 평가하는 지표라고 하니까 시험은 잘 봐야 하는 아이러니한 현실입니다. 이런 혼란스러운 상황에서도 결국 외부 정보를 통해 취업에 성공하는 팁을 얻어야 한다는 의미입니다. 제가 다시 대학교로 돌아간다면 학년별로 취업에 도움이 될 만한 내용을 1~2개씩 강조하고자 합니다.

1. 공통 (취업준비생 포함)

(1) 학점

결론부터 먼저 말하고 시작하겠습니다. 학점 중요합니다.

학점은 회사에서 학교 생활 동안의 성실도를 판단할 수 있는 가장 좋은 지표입니다. 학점이 높다고 하여 해당 학과의 전문성이 있다고 판단하지 않습니다. 다만 성적은 챙기면서 학교 생활을 했다는 것을 보여 줄 수 있습니다. 특히 진출하고자 하는 산업과 관련된 전공 수업을 듣는 것은 해당 분야에 관심을 어필하기 좋은 수단입니다. 2차전지 산업에 종사하고 싶다 하면서 2차전지의 기본 구성 요소나 원리도 모르는 지원자를 채용하고 싶은 면접관은 없습니다. 학교에 다니고 있다면 재수강을 해서라도 기본적인 학점은 만들어 두는 것을 권고합니다.

(2) 어학

어학성적이 현업에서 사용하는 어학 실력과 동일하다고 할 수 없지만, 높은 어학 성적은 지원자가 현업에서도 어학 능력을 사용할 수 있다고 주장할 수 있는 가장 쉬운 수단입니다. 공학계열 직무도 더 이상 낮은 어학 성적으로는 취업 시장 문을 뚫기 쉽지 않아졌습니다. 저 같은 경우는 중국 시장이 큰 2차전지 산업 특성상 중국어가 좋은 도구가 될 것을 판단하여 중국어를 꾸준히 공부하였고 어학 시험 등급을 취득하여 취업 시 유용하게 잘 활용하였습니다. 제2외국어까지 준비하기 쉽지 않겠지만, 영어는 확실하게 준비하는 것을 추천합니다. 제가 생각하기엔 어학 성적은 기본 요건 정도라고 생각하지만, 남들 하는 만큼 못하면 마이너스 요인으로 작용되기 때문에 준비해야 합니다.

2. 1~2학년

저학년인 1~2학년엔 구체적인 취업 준비를 하는 것보다 어떤 산업이 있는지 관심을 가지고 다양한 경험을 하는 것을 추천합니다. 저는 후배들에게 어학연수나, 공장 견학, 교환 학생 등등 여러 가지 루트를 통해 세상의 견문을 최대한 많이 넓힐 것을 추천합니다. 그 이유는 본인이 하고 싶은 일, 꿈을 정하기 위해선 그만큼 많은 것을 직접 보고 느껴야 한다고 생각하기 때문입니다. 따라서 저학년 때는 학점은 챙기면서 학교에서 하는 다양한 활동에 참가하며 산업체에 발을 많이 들여 보고 많이 질문하고 조사해 보는 것을 추천합니다. 또한 1~2학년 때 조별 과제를 하면서 여러 사람들과 함께 일할 때 갈등을 경험해 보고, 해결 방법을 고민하는 시간을 가지기 바랍니다. 본인만의 인간관계, 업무 스타일이 어떤지도 파악하기 좋은 시기입니다.

3. 3학년

3학년은 자신의 주 전공수업만 수강하고 과제 제출하며 시험을 보는 것도 버거운 시점이 됩니다. 따라서 자신의 학점을 최대한 올릴 수 있도록 학업에 집중해야 합니다. 추가로 시간이 남는다면, 프로젝트성 공모전, 학부연구생 또는 다른 전공 사람들과 어울릴 수 있는 대외활동 참여하여 자신의 경험을 넓혀 야합니다. 취업 시장은 생각보다 다양한 경험과 정보로 성공하는 경우가 많기 때문에, 나라는 사람을 부각시키기 위한 방법을 고민하는 것이 제일 중요합니다. 면접관들은 매일 비슷한 소재를 듣기 때문에, 흥미로운 소재에 관심을 가질 확률이 높습니다.

4. 4학년 1학기

실제 업무 경험을 쌓을 수 있는 인턴의 기회를 최대한 찾아야 합니다. 최근 취업 시장은 중고 신입의 신입 채용 지원율이 점점 높아지고 있기 때문에, 나와 경쟁하는 상대는 어떤 회사에서 근무한 경험을 토대로 채용에 임하는 사람입니다. 그만큼 취업에 간절한 사람이 많다는 것을 염두에 두고, 4학년 1학기부터 지원할 수 있는 채용공고를 많이 찾아보고 지원해보는 것이 좋습니다. 지원하면서 탈락할 수는 있지만, 그동안 자신의 자기소개서를 작성하는 습관도 점검해볼 수 있습니다. 또한 면접에서는 자신의 좋지 못한 발화 습관을 되돌아볼 수 있는 좋은 경험이 될 가능성이 높습니다. 3학년 때 바빠서 공모전 또는 학부 연구생을 경험하지 못했다면 이 기간을 활용하여 경험하는 것도 좋습니다.

5. 취업준비생(4학년 2학기)

이제는 학교 수업에서 자유로워지고 온전히 취업 준비에만 몰두할 수 있는 상황입니다. 그래서 취업 시즌이 끝나는 시점부터 바로 시작해야 합니다. 예를 들어 6월에 상반기 채용이 끝났다면 7월부터 바로 하반기 취업 준비를 시작해야 합니다. 그 이유는 회사들이 수시 채용으로 전환하면서 7월에도 바로 공고가 올라오는 경우가 많기 때문입니다.

가장 중요한 것은 지원할 산업군, 산업군별 지원할 직무, 자소서 작성 전략을 미리 세우는 것입니다. 해당 직무를 파악하는 데에도 상당한 시간이 소요될 뿐만 아니라, 갑자기 예상치 못하게 1주일에 3개 이상의 자기소개서를 작성해야 하는 경우도 생깁니다. 그렇게 되면 해당 회사와 직무 정보를 충분히 학습하지 못하고 취업 전형을 시작하게 됩니다. 시간이 없어서 자기소개서를 꼼꼼하게 작성하지 못했다는 결과가 나와서는 안 됩니다.

삼성이나 SK 등 적성검사를 시행하는 회사들도 있기 때문에 해당 인적성 시험은 시험일로부터 2달 전에 대비를 시작하는 것이 좋습니다. 취약한 영역에서 고득점을 얻기 위해서는 상당히 많은 시간이 소요됩니다. 서류 합격하고 나서 주어진 시간 내에 인적성 시험을 준비하여 합격할 수는 있겠지만, 오래전부터 준비해도 탈락할 수 있는 것이 인적성 시험입니다. 그만큼 변수가 많기 때문에 미리 준비하는 습관을 들여야 합니다.

좋은 회사를 취업한다는 것은 그만큼 기쁜 일이지만, 그 합격을 맞이하기 위해서는 많은 노력이 필요할 수도 있습니다. 경쟁이 심화되는 채용 시장에서 합격이라는 결과를 얻기 위해서는 미리 준비해야 합니다.

목표하는 곳에서 생각하던 꿈을 이루길 진심으로 응원하겠습니다. 파이팅!

지금 나의 전공, 스펙으로 어떤 직무를 선택해야 할까…?

합격 가능성이 높은 직무를 추천해드려요!

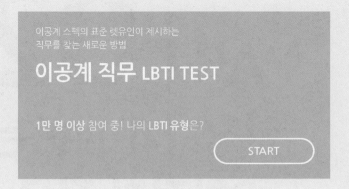

이공계 스펙의 표준 렛유인이 제시하는
직무를 찾는 새로운 방법

이공계 직무 LBTI TEST

1만 명 이상 참여 중! 나의 LBTI 유형은?

START

전공, 수강과목, 자격증, 보유 수료증, 인턴 경험 등
현재의 상황에서 가장 적합한 직무를 제시해드려요!
추가로 합격자와 비교를 통한 **직무 적합도와 스펙 차이**까지
합격을 위한 가장 빠른 직무선정을 도와드립니다!

지금 나의 상황을 입력하고
합격 가능성이 높은 직무선정부터
필요한 스펙까지 확인해보세요!

PART 02
현직자가 말하는
2차전지 직무

Cell 개발

들어가기 앞서서

전기차에서 배터리 셀은 가장 중요한 부품으로, 전기차의 심장이라고도 할 수 있습니다. 이번 챕터에서는 배터리 셀 개발팀 엔지니어들의 주요 업무와 평소 일과, 연차별로 하는 일에 대해 소개하고, 셀 개발 엔지니어가 되기 위해 필요한 역량과 이를 어떻게 준비해야 하는지에 대해 알아보도록 하겠습니다.

01 저자와 직무 소개

1 저자 소개

이차준

신소재공학과 학사 졸업

現 2차전지 셀 메이커 대기업 자동차전지 Cell 개발팀 10년차
 1) 소형 Cell 개발팀(3년): 노트북용 배터리 셀 개발
 2) 자동차 Cell 개발팀(7년): HEV / ESS / PHEV 셀 개발 경험 다수

안녕하세요. 이차준입니다. 저는 대학교에서 신소재공학부를 학사로 졸업한 후 바로 국내 2차전지[1] 셀 메이커(SK, LG, 삼성 中 1)에 취업하여 한 회사에서만 10년간 재직하였습니다. 이력을 보면 굉장히 단순해 보이지만, 나름 고난과 역경, 많은 고충을 겪으며 벌써 10년 차 엔지니어에 접어들었습니다. 이젠 주위를 둘러보면 저보다 낮은 연차의 후배들이 많이 보여 '아, 나도 회사 정말 오래 다녔구나'라고 속으로 느끼면서 회사에 다니고 있습니다.

> 2차전지는 셀, 모듈, 팩으로 구성되어 있는데, 그중 셀을 만드는 회사를 셀 메이커라고 합니다.

[그림 1-1] 2차전지 기업 (출처: Invest chosun)

1 [10. 현직자가 많이 쓰는 용어] 1번 참고

지금은 2차전지가 전 세계적으로 주목받고 있고 유망한 분야라는 데 아무도 의심하지 않습니다. 하지만 불과 2020년 전까지만 해도 회사 내부에서 조차 '과연 전기차 시대가 올까?'라는 의심을 했습니다. 그래서 이렇게 많은 관심을 받는 지금의 시기가 감개무량하고, 과거의 제 선택과 힘든 시기를 이겨낸 보람을 느끼고 있습니다. 오랫동안 한 회사만을 경험하여 다른 회사와의 분위기 등을 비교하며 다양한 이야기를 여러분에게 전달할 수 있을지 모르겠지만, 어려운 시기 그리고 현재의 좋은 시기의 경험을 토대로 2차전지 셀 메이커 회사들이 어떻게 변화하고 있는지 또 앞으로는 어떻게 변할지에 대해 더 깊고 자세하게 알려 줄 수 있을 것으로 생각합니다.

2 2차전지를 선택한 이유

제가 취업을 고민하던 대략 10년 전으로 돌아가 생각해 보면 저는 참 단순하게 2차전지 분야를 선택했던 것 같습니다. 제가 전공한 학과에서는 보통 반도체나 철강 분야로 취업하는 것이 대세였고 일반적이었습니다. 하지만 전 왠지 모르게 남들과 다른 길을 가고 싶다는 생각에 전기화학 전공 시간에 배운 2차전지에 관심을 기울이게 되었습니다. 2차전지 관련 정보를 찾아보면 모두 장밋빛 전망들 뿐이었고, 금방이라도 전기차의 시대가 도래할 것처럼 보였습니다. 그리고 지금의 저처럼 이렇게 현실적으로 알려주는 선배나 매체도 없었습니다. 하지만 막상 취업하고 보니 회사는 적자로 전환되었고, 분위기도 상당히 좋지 않았습니다. 또한 보수도 다른 대기업에 취업한 친구들보다 좋지 못했습니다. 그제야 제가 어리석었다는 생각이 들었지만, 제 선택에 믿음을 갖고 회사에 적응하고 일을 배워 나갔습니다.

> 물론 그 당시에 경제가 불황을 겪는 시기라 거의 모든 회사가 좋지 않았습니다.

[그림 1-2] 소형전지와 중대형전지 (출처: 삼성SDI)

저는 운이 좋게도 IT용 소형전지 셀 개발과 자동차용 중대형전지 셀 개발 경험을 모두 갖고 있습니다. 처음 취업을 하고 업무를 배정받았을 때, 스마트 폰 산업이 한창 발전하던 시기였기에 IT 분야에 흥미를 느껴 소형전지 셀 개 발팀 업무를 하고 싶다고 어필하였고, 다행히 원하는 부서로 배정받았습니다. 그로부터 3년간 노 트북용 배터리 셀 개발팀에서 근무하였고, 좋은 기회가 생겨 중대형 배터리 셀 개발팀으로 자리를 옮겨 현재까지 7년간 근무하고 있습니다. 중대형 개발팀에서는 HEV(Hybrid Electric Vehicle) 배터리, ESS(Energy Storage System) 배터리, PHEV(Plug In Hybrid) 배터리 등의 프로젝트 에 다수 참여하여 경험을 쌓았습니다.

> 회사 내부에도 둘 다 경험을 해 본 사람은 많지 않습니다.

2차전지 분야에 취업을 희망하는 분들 중에 IT용 소형전지 분야로 가고 싶은 분은 많이 없을 것이라고 생각하지만, 두 팀의 업무 성격이 어떻게 다른지 비교해 보면 각 팀의 업무를 더욱 심층 적으로 이해할 수 있을 것입니다.

IT용 소형전지와 자동차용 중대형전지 셀 개발 업무의 가장 큰 차이점은 제품 개발주기입니다. 핸드폰은 보통 1년에 한 번씩 신제품이 출시되고, 자동차는 보통 3~4년에 한 번씩 신제품이 출시 됩니다. 배터리 또한 같은 주기를 가지고 개발되죠. 소형전지는 개발주기가 짧다 보니 더 압축적 으로 빠르게 제품 개발 프로세스를 경험할 수 있습니다. 또한 프로세스가 자동차보다 더 간소하여 자동차 배터리 대비 업무의 세분화 및 분업화가 덜하고 한 사람이 더 다양한 업무를 경험할 수 있습니다.

4 자동차용 중대형전지 셀 개발

전기차용 배터리 셀 개발 엔지니어는 고객의 니즈와 회사에서 구현이 가능한 현 수준의 기술을 파악하여 셀을 설계하는 일을 합니다. 저는 연차가 쌓여 회사에서 능력을 어느 정도 인정받아 한 프로젝트의 리더가 되어 제품 개발을 이끌어 나가고 있습니다.

> 10년 차에 리더가 되는 건 회사 내부에서도 좀 빠른 편이긴 합니다. 보통 책임 연구원 4~5년 차인 12~13년 차에 리더가 되곤 합니다.

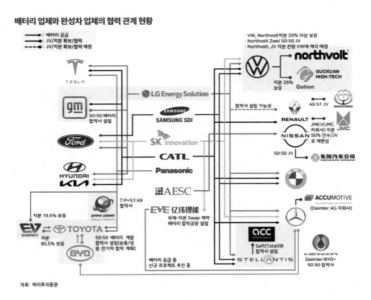

[그림 1-3] 복잡하게 얽혀 있는 자동차 회사와 2차전지 업체들
(출처: 하이투자증권, 리포트 「수요와의 전쟁 배터리 전성시대」)

셀 개발 엔지니어는 고객의 의견을 참고해 회사 내부에 전달해야 하고, 회사 내부의 개발팀과 기술팀, 품질팀 등 모두의 의견을 전달받아 고객에게 실현 가능한 수준의 기술을 오픈하고 고객의 니즈를 모두 만족할 수 없다는 것을 설득해 나가야 합니다. 그렇다 보니 참석해야 할 회의가 많아 매일 매일 정신없는 하루를 보내고 있습니다. 그래도 능력 있는 동료들과 후배들 덕분에 수없이 많은 일을 처리해 나가고 있습니다. 이렇게 바쁜 와중에도 이 업무가 매력 있다고 생각하는 이유는 고객을 만나며 회사 외부의 시장 상황과 트렌드가 어떻게 변화하고 있는지, 회사 내부의 기술 트렌드는 어떤 방향으로 흘러가는지 등을 모두 파악할 수 있기 때문입니다.

물론 다른 직무에 있는 분들도 멋진 일을 하지만, 고객과 직접 부딪히지 않고 내부적인 업무만 하게 되면 전기차 시장과 고객의 기조 변화 등을 직접 경험하며 파악하기 힘듭니다. 저는 이 업무를 수행하면서 자연스럽게 자동차 시장에 대해 관심을 가지게 되었고, 현재도 자동차 업계 관련 뉴스나 영상 등을 보며 흐름을 읽기 위해 노력하고 있습니다. 물론 여러 가지 상황을 신경 써야 한다는 점 때문에 스트레스를 많이 받지만, 그만큼 스스로 성장하고 있다는 느낌도 많이 받기 때문에 이 업무에 만족하고 있습니다.

부수적으로 보통 상대해야 하는 고객(완성차 업체)이 미국이나 유럽에 있는 업체들입니다. 고객들과 영어로 소통해야 하기 때문에 영어를 사용하는 경우가 정말 많습니다. 그리고 가끔 고객에게 직접 찾아가서 회의나 워크샵을 하는 경우가 있기 때문에 미국, 유럽 등의 선진국으로 출장을 가기도 합니다.

비싼 여행지를 공적으로 가볼 수 있는 좋은 기회입니다!

MEMO

02 현직자와 함께 보는 채용공고

회사별 직무 소개

제가 취업할 당시를 떠올려 보면 지원하는 회사에서 직무별로 어떤 업무를 하는지 설명하는 자료들을 제공하기는 했지만, 구체적인 설명이 없어 가슴에 딱히 와닿지는 않았던 것 같습니다. 그래서 현직자가 직접 직무에 대해서 구체적으로 설명해 주면 좋을 것 같다고 생각했었는데, 제가 직접 독자분들께 도움을 줄 수 있게 되어 영광이라고 생각합니다.

직무소개

소재 / Cell 개발

- 유/무기 소재 합성 및 분석, 금속/고분자 재료 물성연구 등
- 차세대 전지기술, 전지소재 및 공정기술 등

Pack / BMS 개발

- 기구설계, 구조설계, 최적설계, 공정설계 등
- 배터리 제어 알고리즘, 전지보호 회로 SW/HW 개발, 전장부품 개발 등

시스템개발 / 시뮬레이션 / 분석

- 배터리 시스템 요구사항 분석 및 설계, 표준 시스템 개발 및 최적화 등
- Material Informatics, 알고리즘 개발, 계산화학 등
- 유/무기분석, 형상분석, 이미지분석, 표면분석 등

[그림 1-4] 셀 개발 직무소개 (출처: LG에너지솔루션)

국내 대기업 셀 개발팀 직무소개를 한번 보도록 하겠습니다. 일단 셀 개발팀이 하는 역할을 이해하기 위해서는 다른 부서의 업무도 어느 정도 이해해야 합니다.

연구소에서는 셀에 투입될 주요 소재(양극활물질[2], 음극활물질[3], 분리막[4], 전해액[5])를 연구하고 셀 개발팀에 추천합니다. 그럼 셀 개발팀은 이 소재들의 최적 조합을 찾아내어 고객의 니즈에 맞는 제품을 설계합니다. 설계를 검토할 때는 양산성이 어느 정도 확보가 가능한지도 확인해야 합니다. 그 후 기술팀에 설계를 이관하고 기술팀은 최종 양산성을 검증합니다. 그리고 고객사와 소통하며 고객의 니즈를 실시간으로 파악하고 신기술에 반영하기도 합니다.

> 양극활물질, 음극활물질, 분리막, 전해액을 통틀어 4대소재라고도 합니다.

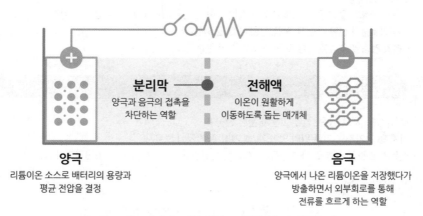

양극
리튬이온 소스로 배터리의 용량과 평균 전압을 결정

분리막 — 양극과 음극의 접촉을 차단하는 역할

전해액 이온이 원활하게 이동하도록 돕는 매개체

음극
양극에서 나온 리튬이온을 저장했다가 방출하면서 외부회로를 통해 전류를 흐르게 하는 역할

[그림 1-5] 2차전지 4대소재와 그 역할 (출처: 삼성SDI)

셀 개발 직무가 매력적인 이유는 사내에서 트렌드를 이끌어 가는 일을 하기 때문입니다. 위에서 설명한 일을 하는 셀 개발팀은 회사 내에서 개발하고 있는 신기술을 사업부 내에서 가장 먼저 접하는 부서이기도 하고, 고객들의 니즈를 제일 빨리 파악할 수 있는 팀이기도 합니다.

그럼 셀 개발에 대한 직무가 어떻게 정의되어 있는지 삼성SDI와 LG에너지솔루션의 채용공고를 통해 알아보도록 하겠습니다.

---

2 [10. 현직자가 많이 쓰는 용어] 2번 참고
3 [10. 현직자가 많이 쓰는 용어] 3번 참고
4 [10. 현직자가 많이 쓰는 용어] 4번 참고
5 [10. 현직자가 많이 쓰는 용어] 5번 참고

채용공고 소재/셀 개발

전지/전자재료 제품과 제품별 성능에 따른 핵심소재 및 차세대 혁신 소재를 개발하는 직무

주요 업무

- **전지 소재개발**
  - 고용량, 고효율, 급속 충전 등 성능 구현을 위한 4대 소재(양극, 음극, 전해질, 분리막) 개발
  - 차세대 전지 신규 소재 및 요소기술 개발
- **전지 기종개발**
  - 구조 안정화 및 고용량, 고효율 등 제품별 성능 구현을 위한 극판 조성 및 구조 설계
  - 차세대 전지 신규 극판 및 제품 선행 개발 및 검증
  - 전지 제품별 특성에 따른 요구 성능 도출 및 구현

자격 요건

- 화학/화공, 재료/금속, 섬유/고분자 관련 전공자
- 전지 및 전자재료 기본 원리 및 소재/셀 개발 관련 지식 보유자
- 직무와 연관된 경험 및 자격 보유자 (프로젝트/경진대회, 논문/특허, 기사/산업기사 등)

[그림 1-6] 셀 개발 채용공고 ① (출처: 삼성SDI)

채용공고 소재 / Cell 개발

주요 업무	자격 요건
• 유/무기 소재 합성 및 분석, 금속/고분자 재료 물성연구 등 • 차세대 전지기술, 전지소재 및 공정기술 등	• 화학/화학공학, 고분자공학, 신소재공학, 금속/재료공학, 기계공학, 전기전자공학, 산업공학 등

필요 역량
• Cell/소재개발을 위한 전기화학적 지식 및 전공 전문성 필요

[그림 1-7] 셀 개발 채용공고 ② (출처: LG에너지솔루션)

크게 보면 회사별로 내용이 다르지 않습니다. 또한 셀 개발은 소재 개발과 엮어 같이 채용한다는 것을 알 수 있습니다. 하지만 현직자의 입장에서 보는 대기업의 Job Description은 여전히 불친절한 것 같습니다. 물론 위 내용에서 거짓을 적어 놓은 건 없지만, 일을 전혀 해 보지 않은 입장에서는 이해하기가 힘들 것입니다. 그러므로 해당 직무의 Role에 대해서 좀 더 상세히 알아보도록 하겠습니다.

1. 소재/셀 개발 직무의 상세 Role

비교적 더 친절하게 설명된 삼성SDI의 Job Description을 기준으로 전지 분야의 소재/셀 개발 직무의 Role에 대해 더 자세히 알아보도록 하겠습니다.

(1) 전지 소재개발

채용공고 소재/셀 개발

전지 소재개발
• 고용량, 고효율, 급속 충전 등 성능 구현을 위한 4대 소재(양극, 음극, 전해질, 분리막) 개발 • 차세대 전지 신규 소재 및 요소기술 개발

[그림 1-8] 전지 소재개발 채용공고 (출처: 삼성SDI)

전지 소재개발은 미래에 사용할 차세대 신규 소재 및 요소기술을 선행 개발하는 업무로, 주로 연구소에서 일하게 됩니다. 길게는 4~5년 뒤, 짧게는 1~2년 뒤에 양산 제품에 투입될 소재들을 개발합니다. 부서는 주로 4대소재(양극, 음극, 전해질, 분리막) 별로 나누어져 있으며, 각 부서가 맡은 소재를 미리 개발하고 검증하여 사업부 전지 기종개발팀에 추천합니다.

(2) 전지 기종개발

전지 기종개발
• 구조 안정화 및 고용량, 고효율 등 제품별 성능 구현을 위한 극판 조성 및 구조 설계 • 차세대 전지 신규 극판 및 제품 선행 개발 및 검증 • 전지 제품별 특성에 따른 요구 성능 도출 및 구현

[그림 1-9] 전지 기종개발 채용공고 (출처: 삼성SDI)

전지 기종개발은 소재개발의 후행단에서 제품을 개발하는 일이라고 할 수 있습니다. 소속은 주로 연구소가 아닌 사업부에 속하기 때문에 사업부 개발팀이라고 칭하기도 합니다. 연구소 소재개발팀에서 추천해 주는 재료들을 조합하여 전지를 설계합니다. 연구소와 협업하여 고객이 원하는 기술을 미리 확보하는 요소기술 개발도 하지만, 현재 확보된 기술을 활용하여 고객이 원하는 제품을 설계하기도 합니다. 이때 고객과의 밀접한 소통이 이루어지며, 아시아나 유럽, 미국 등에 있는 고객과 화상 회의 또는 대면 미팅을 하기도 합니다. 개발팀에서 제품 설계가 완료되면 기술팀으로 이관되어 양산화 작업을 거칩니다.

> 소형사업부 내 셀 개발팀, 중대형사업부 내 셀 개발팀을 보통 회사 내에선 '사업부 개발팀'이라고 합니다.

각 직무의 주요업무는 이어지는 03 주요 업무 TOP 3 부분을 참고해 주세요.

2. Requirement 분석

채용공고 소재/셀 개발

자격 요건
• 화학/화공, 재료/금속, 섬유/고분자 관련 전공자 • 전지 및 전자재료 기본 원리 및 소재/셀 개발 관련 지식 보유자 • 직무와 연관된 경험 및 자격 보유자 (프로젝트/경진대회, 논문/특허, 기사/산업기사 등)

[그림 1-10] 소재/셀 개발 Requirement (출처: 삼성SDI)

전지 소재/기종개발 직무는 업무 특성상 전기화학 또는 재료의 특성 관련 지식이 필요하다 보니 화학을 기초로 하는 전공 이수자에 대한 수요가 절대적입니다. 현업에 있는 분들도 거의 재료, 화학 쪽 전공 출신이 대부분입니다. 다만 전지에 들어가는 부품 설계, 전지 구동 시의 열 해석 등을 하는 분들은 기계 쪽 전공인 분들도 있기는 하지만 소수입니다. 전공 외의 Requirement를 보면 관련 지식 보유자와 관련 경험 및 자격 보유자를 주로 찾고 있습니다.

요즘은 에너지공학과 같은 관련 전공의 졸업자가 많아 2차전지 관련 기초지식을 열심히 공부하고 취업에 임하는 경우가 많습니다. 그래서 2차전지의 기초 원리, 4대소재의 종류와 특성 등의 기초지식은 기본적으로 공부하고, 남들에게 설명할 수 있을 정도로 준비하는 것을 추천합니다.

그리고 관련 경험 및 자격은 사실 학부 연구생 또는 석사 과정을 밟는 것 외에 소재/전지 개발에 관한 공모전이나 외부 프로젝트를 찾기는 어렵습니다. 그래서 Lab실에 들어가 연구한 경험이 없다면 소재/셀 개발에 관한 기초지식을 쌓는 데 집중해야 합니다.

03 주요 업무 TOP 3

최근 자동차 산업의 변화가 빨라짐에 따라 자동차 배터리 셀 개발 산업의 변화 속도 역시 빨라지고 있습니다. 이에 따라 셀 개발 직무를 수행하는 엔지니어들은 속도를 맞추기 위해 성과에 대한 강한 압력을 받고 있죠. 회사 내에서도 연구소와 더불어 회사의 기술을 리딩해야 하는 부서이기 때문에 제품에 새로운 기술을 도입하기 위해 타부서들을 설득해야 할 때도 있고, 타부서로부터 요청사항을 받을 때도 있습니다. 또한 고객과 최접점에 있기 때문에 고객들로부터 해결하기 어려운 과제들을 받아 헤쳐 나가기도 해야 합니다. 이렇게 많은 일과 어려움이 있음에도 변화의 속도에 맞춰야 하기 때문에 셀 개발 직무도 점점 분업화 및 고도화되고 있습니다. 이런 흐름에 따라 셀 개발팀의 주요 업무를 파트별로 크게 세 종류로 나누어 봤습니다. 각 파트는 어떻게 분업화되어 있는지, 각자의 역할은 무엇인지 한 번 살펴보도록 하겠습니다.

1 소재 검증 및 소재 설계

배터리는 기본적으로 수주 사업입니다. 수주 사업이란 고객에게 3~4년 뒤부터 납품할 제품의 물량을 확보하고 제품 개발이 진행된다는 것을 말합니다. 그래서 가끔 인터넷에 '국내 3사의 수주 잔고 100조, 200조'라는 기사를 볼 수 있죠.

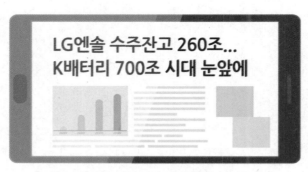

[그림 1-11] 수주 사업 관련 기사 (출처: 머니투데이)

하지만 아무런 근거와 데이터 없이 고객은 배터리 업체에 생산을 맡길 수는 없습니다. 그래서 배터리 업체들은 차세대 제품 수주를 위해 기반 기술을 확보하고 실력을 쌓아 놓아야 합니다. 이를 위한 활동들이 소재 및 극판 설계 업무라고 생각하면 됩니다. 일단 최종 제품 출시를 위한 제품 설계/개발의 대략적인 순서는 아래와 같습니다.

■ **최종 제품 출시를 위한 제품 설계/개발의 대략적인 순서**

소재 설계 → 극판 설계 → 제품/공정 설계 → 양산성 검증 → 양산

■ **부서별 역할 및 업무**

연구소	개발팀	기술팀	제조팀	영업/마케팅
[소재 개발팀] ✓ 소재, 재료 개발 ✓ 협력사와의 협업	**[제품 개발팀]** ✓ 개발된 소재, 재료를 활용하여 최적의 조합으로 제품 개발 ✓ 고객사(자동차 회사) 대응 **[공정 개발팀]** ✓ 최적 조합의 최적 생산 레시피 개발	**[공정 기술팀]** ✓ 개발된 제품의 최대한 효율적인 생산을 위한 레시피 수정 **[생산 기술팀]** ✓ 효율적인 생산을 위한 신규 생산 설비 개발 및 Set up ✓ 신규 공장 Set up	**[제조팀]** ✓ 개발 및 생산 안정화된 제품을 생산 ✓ 최적의 공장 수율 관리	**[영업팀]** ✓ 제조팀에서 생산된 제품 납품 ✓ 고객사의 제품에 대한 요청 해결 **[마케팅팀]** ✓ 고객사에 신제품 제안 및 홍보

[그림 1-12] 2차전지 개발 프로세스 및 각 부서별 역할

연구소에서는 사업부 개발팀에서 적용할 수 있는 4대소재(양극활물질, 음극활물질, 분리막, 전해액)를 미리 개발합니다. 4대소재 내 다수의 후보군은 검증을 마치고 연구소에서는 제품에 적용할 수 있는 소재들을 선별하여 사업부에 추천합니다. 이때부터 사업부 개발팀의 소재 검증 업무가 시작됩니다. 연구소에서 추천하는 소재들의 근거 및 데이터를 면밀히 따져 보고 추려내어 최적의 소재를 선택하고, 실제 셀로 만든 후 연구소에서 검증한 결과대로 나오는지 확인합니다. 이때 풀셀은 보통 30개 정도 만들어서 성능을 평가합니다.

> 보통 개발된 소재들은 IT용으로는 1~2년 후, EV용으로는 3~4년 후부터 양산될 제품에 적용합니다.

> 연구소에서는 보통 코인셀로 소재들을 검증하지만, 사업부에서는 풀셀을 만들어 검증합니다.

이 과정이 어느 정도 진행되고 적용할 소재들의 윤곽이 정해지면, 극판 설계 시 양극활물질/음극활물질을 극판에서 어느 정도의 비율로 적용할지를 판단해야 합니다. 양극/음극 극판은 다음과 같은 구성으로 이루어져 있습니다.

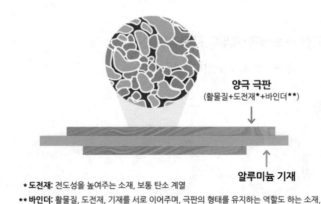

*도전재: 전도성을 높여주는 소재, 보통 탄소 계열
**바인더: 활물질, 도전재, 기재를 서로 이어주며, 극판의 형태를 유지하는 역할도 하는 소재,
　　　　　양극엔 보통 고분자 폴리머 소재, 음극엔 보통 인조 고무가 사용됨

[그림 1-13] 양극의 구성 (출처: 삼성SDI)

이때 활물질, 도전재, 바인더는 각각 몇 퍼센트의 비율로 설계해야 소재 특성이 최대한으로 발현되어 셀의 용도별 요구 성능을 만족할 수 있는지 등을 설계하고 검증하는 과정을 '극판 설계'라고 합니다. 이 과정 또한 여러 번의 실험과 검증 결과들이 필요하기 때문에 보통 1~2년 정도의 기간이 필요합니다. 또한 이 과정에서 분리막과 전해액에 대한 검증도 같이 이루어집니다.

2 제품 설계(수주 전)

이제 최종 소재가 모두 선정된 상태에서 제품을 설계해야 합니다. 4대소재
가 정해지면 셀의 용도에 따라 제품을 설계합니다. 예를 들어 같은 크기의 셀
에 같은 소재를 적용하여 용도별(HEV, PHEV, EV)로 제품을 설계한다고 가
정하면, HEV 셀은 용량이 작더라도 고출력을 요구합니다. EV는 높은 출력보
다는 높은 용량이 우선시되는 설계가 필요합니다. 그러면 같은 소재와 같은 크기의 셀이더라도
셀의 용량을 다르게 설계하여 고객이 원하는 정도의 제품을 설계할 수 있습니다.

> HEV, PHEV, EV를 통틀어 xEV 라고도 합니다.

이때 동시에 이루어져야 하는 일은 해당 제품이 타겟하는 고객의 제품 요구사항을 검토하는
것입니다. 배터리 특성상 한 가지 장점을 취하면 한 가지 성능은 떨어지게 됩니다. 이에 따라 셀
의 설계 요소들을 잘 조합하여 최적의 셀 성능이 나올 수 있게 설계해야 합니다.

이 과정에서 고객과 지속해서 회의하고 소통하며, 고객이 원하는 수준의 요구사항을 만족할
수 있는지를 확인하고 최종 수주를 결정합니다. 경쟁사 대비 신속하게 대응하는 것은 물론이고,
미래에 생산될 제품들의 성능까지 정확하게 예측해야 하므로 많은 데이터가 필요합니다. 그리고
많은 경험이 필요하기 때문에 보통 책임이나 수석 정도의 리더급에서 고객을 대응하고, 사원들은
리더의 결정을 도울 수 있도록 데이터 확인 및 정리, 필요한 실험 등의 활동을 합니다.

3 고객 대응(수주 후)

이제 수주가 확정된 이후 제품을 개발하는 과정입니다. 자동차 회사에 부품
을 공급하기 위해서는 개발 단계별로 샘플을 제출해야 합니다. 이를 단계별로
A, B, C, D 샘플이라고 합니다.

> 샘플 단계를 칭하는 명칭은 제조사별로 다를 수 있습니다.

〈표 1-1〉 개발 단계별 샘플

명칭	내용
A 샘플	프로토타입 셀로써 보통 수주 전 프로모션을 위해 제출
B 샘플	수주 확정 후 테스트 차량으로 직접 만들어 테스트하기 위해 제출
C 샘플	차량 및 셀 설계 확정 후 양산성 테스트를 위해 제출
D 샘플	양산 직전 추가 양산성 검증을 위해 제출(C 샘플로 대체하기도 함)

고객 대응이란 개발 초기부터 최종 양산까지의 단계에서 샘플을 생산하고 준비하며, 고객과 소통하는 업무입니다. 보통 A 샘플에서 D 샘플까지 짧게는 3년, 길게는 4년이라는 시간 동안 고객을 상대합니다. 자동차 회사의 주요 업무 중 하나가 부품 업체들을 관리하는 일이기 때문에 최소 일주일에 한 번은 미팅을 하며 진행 상황을 함께 점검합니다.

> 보통 한국의 셀 메이커들이 상대하는 자동차 회사는 유럽이나 미국에 있는 글로벌 업체이기 때문에 영어로 회의가 진행되며, 영어를 잘하면 취업을 할 때 좋은 점수를 받을 수 있습니다.

처음 프로토타입으로 제출하는 A 샘플은 보통 고객들이 원하는 요구사항을 모두 만족시킬 수 없기 때문에 설계 변경이 필요합니다. 이를 B 샘플에 반영하여 고객의 요구사항을 모두 만족할 수 있는 셀로 만들어야 합니다. 이 과정에서 도저히 만족할 수 없는 부분들은 고객과 협의하여 조정하기도 합니다.

고객 대응은 주로 PL(Project Leader)이 맡아서 진행하는데, PL은 고객과 소통을 잘 해야 할 뿐만 아니라 회사 내부 제품설계, 공정설계, 평가 검증 담당 엔지니어들과도 긴밀히 협력하고 소통해야 합니다. 신입사원이 PL 밑으로 배정받으면 처음에는 주로 회사 내부 엔지니어들과 협력하기 위한 일들을 보조합니다.

MEMO

1 평범한 하루일 때

출근 직전 (06:00~08:00)	오전 업무 (08:00~12:00)	점심 (12:00~13:00)	오후 업무 (13:00~17:00)
• 출근 준비 및 출근 • 아침 식사 • 간단한 업무정리	• 메일 확인 • 요청사항 대응 • 프로젝트 점검 – 회의	• 점심 식사 • 티타임 또는 낮잠	• 고객 대응 회의 • 평가 결과 취합 • 테스트 생산 준비

이 시간표는 주로 고객 대응을 맡는 파트의 업무 시간표입니다. 저는 유럽에 있는 고객을 담당하여 주 3회 고객과 화상 회의를 진행하고 있습니다. 고객 회의는 시차를 고려하여 월, 수, 목 15시~16시에 진행하고 있죠. 고객 대응 파트의 업무는 고객과의 회의를 위주로 업무를 수행합니다.

저는 집에서 회사 셔틀버스를 타고 1시간 정도의 거리에 있는 곳에서 살기 때문에 6시에 기상하여 출근 준비를 합니다. 20분 정도 준비한 후에 집 앞에 있는 버스 정류장에서 6시 30분에 버스를 타고 회사로 갑니다. 도착하자마자 회사 식당에서 아침 식사를 하고, 자리로 와서 어제 있었던 일과 오늘 할 일들을 계획하고 준비합니다.

오전에는 주로 회사 내부의 공정설계 엔지니어 또는 평가검증 엔지니어와 필요한 회의나 메일, 전화를 통해 업무를 진행합니다. 이때 저의 역할은 고객과의 소통 진행 상황을 공유하고 프로젝트 진행 상황을 점검하며, 필요 업무를 요청하는 것입니다. 그리고 추가 테스트가 필요하다고 판단될 때는 파일럿 라인에서의 테스트 생산을 준비합니다.

점심 식사 후에는 주로 고객 대응 회의를 준비합니다. 파트장, 그룹장과 함께 오늘 있을 고객 대응 회의 때는 어떤 것을 얘기하고 어떤 전략으로 대응해야 하는지 등을 간단하게 논의하고, 최종 자료 작성을 점검합니다. 그 후 고객 회의를 1시간 정도 진행하고 어떤 얘기들이 오고 갔는지 간단히 정리하여 팀원들에게 공유합니다.

2 해외 출장을 갈 때

주요 업무 Top 3에는 기술하지 않았지만, 셀 개발팀의 주요 업무 중 하나가 바로 해외 출장입니다. 해외 출장은 '고객과의 워크샵'과 '양산 점검' 두 종류로 나누어집니다.

1. 고객과의 워크샵

출근 직전 (07:00~09:00)	당일 업무 (09:00~18:00)	점심 (12:00~13:00)	저녁 (18:00~22:00)
• 호텔에서 기상 후 조식 및 출근	• 워크샵 진행 (제품 성능, 일정 등에 대한 회의)	• 호텔 또는 회사 내부에서 점심 식사	• 고객과의 저녁 식사

고객과의 워크샵은 주요 개발 단계별로 진행되며, Face to Face로 회의를 진행합니다. 고객사에서 한국을 방문하기도 하고, 직접 출장을 가서 고객을 만나기도 합니다. 고객사가 있는 국가들은 주로 미국 또는 독일이기 때문에 주로 두 국가로 출장을 갑니다. 워크샵은 2~3일 정도 진행되며, 화상 회의로 말하기 어려웠던 부분들을 고객과 깊게 논의하고 고객이 정해 놓은 개발 단계를 마무리합니다. 이는 새로운 단계로 접어들 때 주로 진행합니다.

해외 출장 때는 출장 국가를 여행할 수도 있고, 또 운이 좋으면 고객사를 방문하여 해외 업체는 어떻게 일하는지도 간접적으로 경험할 수도 있습니다. 횟수는 1년에 1~2회 정도입니다.

2. 양산 점검

출근 직전 (06:00~08:00)	오전 업무 (08:00~12:00)	점심 (12:00~13:00)	오후 업무 (13:00~17:00)
• 호텔에서 기상 후 조식 및 출근	• 기술/제조팀과 오전 회의 후 양산 테스트 진행	• 법인 내 식당에서 점심 식사	• 양산테스트 마무리 후 보고서 작성 • 퇴근(필요시 야근)

양산 점검 출장은 주로 C 샘플 단계를 준비할 때 갑니다. 요즘 셀 메이커들의 주요 생산 거점은 미국이나 유럽에 있기 때문에 두 대륙으로 출장을 갑니다. 생산 테스트는 보통 한 달 이상의 기간이 소요되기 때문에 고객 워크샵과 달리 출장 기간이 길죠. 출장 동안 한국에서 설계하고 양산 점검했던 내용을 최종 양산 라인에서 점검합니다. 현장에서의 일과는 한국에서의 일과와 크게 다르지 않습니다.

취업을 준비할 때 가장 스트레스를 받는 부분 중 하나가 영어일 것입니다. 공대생이라면 특히 '회사에서도 필요 없을 것 같은 영어를 대체 왜 요구하는 거지?'라는 의문을 품을 수도 있습니다. 하지만 셀 개발 엔지니어가 되고자 하는 분들에게는 영어 공부를 꼭 열심히 해 놓으라고 말하고 싶습니다. 물론 회사에 들어와서 낮은 직급일 때는 바로 영어를 쓸 일이 드뭅니다. 하지만 예상보다 영어를 써야 하는 일이 빨리 올 수도 있습니다. 참고로 저와 같이 영어로 고객 대응을 하는 후배는 3년 차입니다.

저는 운이 좋게도 회사에서 8년 정도는 영어를 사용할 일이 전혀 없었습니다. 다만 승진을 위해 필요한 영어 시험을 볼 수 있는 정도의 실력만을 어느 정도 유지하고 있었죠. 하지만 제가 영어를 사용하여 고객과 회의를 해야 하는 일은 생각보다 갑자기 찾아왔습니다. 제가 처음 고객 미팅에 참석했을 때 받은 충격이 아직도 생생합니다. 나름 학부생 때 교환학생도 다녀온 터라 어느 정도 자신감이 있었습니다만, 고객이 말하는 70~80%는 알아듣지 못했고, 내가 하고자 하는 말도 당황하여 'Um ~ Uh ~ I'm sorry'만 말하다가 회의가 끝나 땀을 삐질삐질 흘리며 회의실을 나왔습니다. 그때의 창피하고 당황스러웠던 경험을 발판 삼아 계속 부딪히고 공부하여 지금은 큰 어려움 없이 영어로 고객과 회의하고 있습니다.

물론 셀 개발팀에 취업하기 위해 꼭 영어가 필요한 건 아니지만, 이왕 영어를 공부하기로 마음 먹었다면 취업을 위해서가 아닌 미래의 본인을 위해서 열심히 하는 것을 추천합니다.

MEMO

05 연차별, 직급별 업무

   최근 우리나라 대기업에서는 수평적인 업무 체계를 강조함에 따라 직급이 간소화되는 추세입니다. 따라서 회사마다 직급 체계는 크게 차이가 나지 않으며, 그 의미도 점점 무너지고 있습니다. 하지만 배터리 업계에서 더 고차원적인 일을 하기 위해서는 다년간의 경험이 필요하고, 엔지니어로서의 성숙기가 필요합니다. 따라서 연차별로 셀 개발팀에서의 업무를 소개하고자 합니다.

1 신입사원(입사 1~2년 차)

   학사 졸업 후 처음 입사하면 학교에서 아무리 많은 지식을 쌓았다고 하더라도 고객 대응이나 제품, 소재 설계 업무를 바로 진행할 수는 없습니다. 학교에서의 지식은 대부분 학계에서 통용되는 지식과 개념이기 때문에 업계에서 통용되는 것들과 간극이 있습니다. 그리고 셀 개발 업무의 특성상 제품 설계에 관한 판단이 진행된 후 실제 결과를 확인하기까지 짧게는 1개월, 길게는 2~3개월의 시간이 필요합니다. 따라서 많은 경험을 토대로 판단해야 하는 일들이 많습니다.
   처음 입사해서 하는 일은 주로 바로 윗 선배인 사수를 보조하는 일입니다. 예를 들면 테스트 생산에 필요한 자재들을 구매하고 입고시키는 일, 테스트 생산 후 나오는 데이터를 정리하는 일 등을 합니다. 그리고 배터리 셀 소재, 설계, 공정 등에 대한 기초적인 교육을 틈틈이 받으며 업계에서 사용하는 용어, 개념 등에 대한 지식을 쌓고, 미래에 본격적으로 일을 하기 위한 준비 과정을 거칩니다.

2 사원, CL2(입사 3년~8년 차)

1. 하는 일

신입사원의 기간을 거쳐 본격적으로 일을 시작하는 단계입니다. 최근 배터리 업계는 급격하게 성장하여 항상 인력난에 시달리고 있습니다. 그래서 생각보다 빨리 굵직한 업무를 저연차에 시작하는 경우가 많습니다. 예를 들면 제품 설계 업무를 보통 극판, 조립, 평가로 나누는데, 이 중 하나를 맡아 업무를 진행합니다.

만약 극판/조립 업무를 맡으면 PL과 함께 셀 설계를 어떻게 변경할지 논의를 거치고 결정합니다. 설계 변경에 관한 결정을 하면 직접 셀을 생산해 보고 공정에는 문제가 없는지, 실제로 의도하는 대로 결과가 나오는지 확인하는 전반적인 과정들을 챙기게 됩니다. 회사에서 실험을 DOE(Design of Experiment)라고 하는데, 이 과정들을 'DOE Run을 진행한다'라고 표현합니다. 이 과정에서 필요한 자재 준비와 공정에 문제없는지 확인하는 등의 업무를 보통 신입사원들과 함께 진행합니다.

> 보통 선배가 주결정을 하고 본인은 의견을 내는 정도이기 때문에 부담 가질 필요는 없습니다.

또한 평가 업무를 맡으면 제품 평가팀과 협력하여 개발을 담당하고 있는 기종의 평가를 진행합니다. 배터리 셀은 기본적으로 전기적 특성(용량, 출력), 수명 특성(Cycle life, Calendar life), 안전성을 평가합니다. 고객이 원하는 평가 항목을 정리하고 평가하여 데이터를 도출합니다. 그리고 이 결과를 정리하여 PL이 올바른 판단으로 고객을 대응할 수 있게 보조하는 역할을 합니다.

2. 향후 커리어 패스

이때의 커리어패스는 크게 세 가지입니다.

첫째, 업무 선택입니다. 처음에 배정받은 업무가 본인에게 잘 맞는지는 부서장도, 사수도, 심지어 본인도 잘 모릅니다. 따라서 2~3년까지 그 업무를 수행하고 부서장과의 면담을 통해 다른 업무를 선택하여 경험해 볼 수도 있습니다. 셀 개발팀 안에서의 업무 변동은 비교적 유동적이기 때문에 처음 배정받은 업무 외에 다른 업무를 선택하여 변경할 수 있습니다. 예를 들면 고객 대응을 하는 부서에서 제품 설계를 중점으로 하는 부서로 이동하거나 소재 검증 업무로 이동할 수도 있습니다. 하지만 프로젝트의 개발 기간이 보통 3~4년이기 때문에 프로젝트의 개발 단계가 종료되면 자연스럽게 업무가 변경되는 경우가 많습니다.

둘째, 상위 고과를 통한 학위 취득입니다. 회사마다 다르겠지만, 일반적으로 상위 고과를 연속으로 받으면 석사 또는 박사 학위 취득의 기회가 주어집니다. 학위를 진행 중일 때는 보너스를 받진 못하지만, 상위 고과를 받을 수도 있고 학위도 취득할 수 있기 때문에 좋은 기회라고 생각합니다. 또한 회사에서 관리받는 사람이 되기 때문에 학위 취득 후 상위 직책을 갖게 될 수도 있습니다.

셋째, 해외 파견 또는 타업체로의 이직입니다. 고객사가 주로 미국 또는 유럽에 있기 때문에 셀 메이커들은 보통 고객과 더 가까이에서 소통할 수 있는 해외 법인이 있습니다. 해외 법인에 1년간 파견을 나가 고객과 본사와의 소통을 도와주는 역할을 하는 업무를 맡게 될 수도 있습니다. 점점 더 많은 엔지니어가 해외에 파견을 나가는 추세이며, 사원들에게도 기회가 있습니다.

3 책임, CL3(입사 9년~16년 차)

1. 하는 일

상위 직급인 책임은 사원일 때 다년간 쌓은 경험과 지식을 토대로 전체 프로젝트를 리딩하는 PL 업무를 맡거나 사원일 때 하던 일의 연장으로 극판/조립 등의 업무를 리딩하는 위치에 오르게 됩니다. 직접적으로 생산라인이나 연구실에서 진행하는 현장 업무에서 멀어지고, 전체적인 프로젝트의 일정을 관리하는 업무를 맡게 되죠. 개발팀의 업무는 03 주요 업무 TOP 3에서도 설명했듯이 소재 설계/극판 설계, 제품 설계 및 고객 대응으로 나뉩니다. 어떤 업무의 PL을 맡느냐에 따라서 하는 일이 달라지는데, 이를 두 가지로 나눌 수 있습니다.

첫째, 소개 설계/극판 설계 업무입니다. 주로 연구소 및 공정 설계 팀과 협력하여 미래 회사의 먹거리를 책임질 신규 제품의 기반 기술을 설계합니다.

둘째, 제품 설계 및 고객 대응 업무입니다. 고객의 니즈와 회사 기술 수준의 중간점을 찾아서 최적의 제품을 설계하며, 고객과 소통합니다.

위 업무는 모두 혼자 하는 것이 아니고, 4~8명으로 이루어진 팀 단위로 수행합니다. 보통 책임 직급은 다년간의 경험과 지식이 필요한 PL이나 극판/조립 업무 리더, 평가 업무 리더를 맡으며, 각각 실무를 담당할 후배 사원과 함께 일을 합니다.

2. 향후 커리어 패스

책임이라는 직급을 달면 수석 직급과 함께 회사에서 간부로 분류됩니다. 따라서 회사에서 요구하는 것이 많아지고 업무 부담이 가중됩니다. 이때 이것을 견뎌내고 더 많은 업무를 수행해내면 상위 고과를 받고 수석으로 진급할 수 있습니다. 또한 수행하는 업무의 난이도나 중요성이 달라지기 때문에 성과에 따른 보상이 개별적인 수당으로 주어지기도 하고, 연봉 상승으로 이어지기도 합니다. 많은 분이 성과를 이뤄내고 보상을 받기 위해 노력하지만 생각보다 수석으로 진급하는 경우는 많지 않습니다.

또한 성과나 보상을 포기하고 업무에 대한 부담을 줄이기 위해 책임 직급에 머무르는 선택을 하는 분들도 있는데, 본인의 선택에 따라 사내에서 성장을 멈출 수도 있습니다.

4 수석, CL4(입사 17년 차~)

1. 하는 일

일반적으로 입사 후 17년 차 이후의 직급입니다. 사내에서 17년 차라는 것은 온갖 산전수전을 다 겪어 보고 살아남은 백전노장과 같습니다. 책임 직급에서는 보통 PL을 맡지만, 수석 직급에서는 팀 내 소규모 단위인 파트를 리딩하는 파트장을 맡습니다. 파트는 보통 15~30명으로 이루어져 있으며, 여러 개의 프로젝트를 관장합니다. 물론 실제 프로젝트의 업무를 수행하는 것은 PL이 하지만, 여러 개의 프로젝트를 회사의 정책에 맞게 한 방향으로 유도하는 것은 수석급입니다.

2. 향후 커리어 패스

수석이 되면 엄청난 양의 업무와 책임감을 느낍니다. 이를 잘 견뎌내고 좋은 성과를 사내에서 지속해서 보이면 모든 직장인의 꿈인 임원이 될 수 있습니다. 임원이 되기 위해서는 업무 실력은 기본이고, 성과가 좋은 프로젝트를 맡는 운과 여러 명의 부하 직원을 리딩할 수 있는 리더십이 있어야 합니다. '하늘의 별 따기'라는 말이 있듯이 대기업에서 임원이 되는 것은 매우 어려운 일이지만, 그에 대한 보상이 확실하고 모두가 우러러 보는 명예까지 얻게 되니 많은 분이 임원이 되고자 하는 목표를 가집니다.

그러나 임원이 되지 않는다면 수석으로 머물며 퇴직을 준비합니다. 퇴직 후 개인 사업을 준비하며 또 다른 인생을 꿈꾸는 분도 있고, 관련 업종의 회사로 이직을 준비하는 분도 있습니다.

06 직무에 필요한 역량

1 직무 수행을 위해 필요한 인성 역량

1. 대외적으로 알려진 인성 역량

● 삼성그룹

- 열정, 도덕성, 창의, 혁신으로 끊임없는 열정으로 미래에 도전하는 인재

● SK그룹

- 자발적이고 의욕적으로 두뇌를 활용하는 인재
- 스스로 동기부여 하여 높은 목표를 도전하고 기존의 틀을 깨는 과감한 실행을 하는 인재
- 그 과정에서 필요한 역량을 개발하기 위해 노력하여 팀워크를 발휘하는 인재

● LG그룹

- 꿈과 열정을 가지고 세계 최고에 도전하는 인재
- 팀워크를 이루며 자율적이고 창의적으로 일하는 인재
- 고객을 최우선으로 생각하고 끊임없이 혁신하는 인재
- 꾸준히 실력을 배양하여 정정당당하게 경쟁하는 인재

대외적으로 표방하는 각 그룹사의 인재상을 살펴보면 어떤 사람을 원하는지 뚜렷하게 보이지 않습니다. 개인적으로는 모두가 생각하는 상식선에서 필요한 인재상을 써 놓은 것이라고 생각하기 때문에 여러분이 업무를 수행하거나 사람들과 어울려서 생활하는 데 아주 큰 문제가 없다면 신경 쓰지 않아도 될 부분이라고 생각합니다.

2. 현직자가 중요하게 생각하는 인성 역량

사내에서 실제로 선배들이 기본적으로 원하는 후배의 모습을 떠올려 보면 필수 인성 역량을 몇 개의 키워드로 말할 수 있을 것 같습니다.

(1) 책임감

입사 전에는 너무나 당연하고 상식적인 말인 것 같지만, 의외로 입사 후에 같이 업무를 해 보면 책임감 없이 일하는 후배가 많습니다. 예를 들어 업무가 바빠 아침에 일찍 출근해야 하는 상황임에도 불구하고 전날 늦게까지 술을 마시고 늦게 출근하여 선배가 혼자 일을 해야 하는 상황을 만든다거나 본인이 맡은 업무를 대충 해서 나중에 문제가 생기는 상황을 만들기도 합니다. 따라서 자기소개서에 입사 후에도 변하지 않고 책임감 있게 업무를 수행할 수 있다는 점을 어필하면 좋을 것 같습니다.

예를 들면 대학 생활 4년 동안 수업을 하루도 빠지지 않았다든지 오랜 기간 동아리 활동을 하며 동아리 운영에 이바지했다든지 등의 장기간 책임감 있게 어떤 활동을 수행했다는 점을 이야기하면 입사 후에도 끊임없이 책임감을 갖고 일할 수 있다는 점을 어필할 수 있고 좋은 점수를 받을 수 있을 것입니다.

(2) 열정과 주도적인 자세

선배들은 후배에게 어떤 업무를 지시하거나 전달하는 상황에서 눈을 반짝거리며 본인이 꼭 주도적으로 일하고 배우겠다는 열정을 보일 때 매우 흐뭇합니다. 물론 본인이 하던 업무를 후배에게 믿고 맡기는 것은 선배가 혼자 업무를 하는 것보다 더 어려운 일입니다. 10분이면 끝날 일이 가르치다 보면 시간이 2배, 3배 걸릴 수도 있기 때문입니다. 그런데 후배가 전혀 배우려는 의지도, 열정도 보이지 않는다면 선배는 가르쳐 줄 마음이 생기지 않을 것이고, 그냥 본인이 업무를 모두 처리해 버리고 말 것입니다.

일단 처음 입사했을 때는 무슨 일이든 빨리 배워서 선배의 도움 없이 혼자 처리할 수 있는 능력을 키워 선배의 짐을 덜어 주겠다는 열정을 보여야 선배도 신이 나서 하나라도 더 알려 주려는 노력을 할 것입니다. 열정적인 자세는 학교에 다닐 때 전공 공부 또는 동아리 활동 등을 열심한 것과 같이 본인에게 주어진 임무를 얼마나 열정적으로 그리고 주도적으로 임했는지를 보여준다면 좋은 점수를 받을 수 있을 것입니다.

(3) 문제해결능력

취업을 위해 어필해야 할 가장 중요한 능력이라고 생각합니다. 회사 생활은 본인 앞에 끝도 없이 닥칠 문제들을 매일 매일 해결해 나가는 생활 그 자체라고 볼 수 있습니다. 그런데 문제해결능력이 부족하면 회사 생활 자체가 힘들 것입니다. 아니, 인생을 살아가는 것 자체가 힘들 수 있습니다. 그래서 본인의 문제해결능력을 어필하는 것은 취업 후 회사 생활을 얼마나 잘 할 수 있는지에 대해 이야기하는 것과 같다고 볼 수 있습니다.

문제해결능력의 경우 본인이 인생에서 겪은 어려운 문제들을 어떤 방식과 어떤 가치관으로 대하고 해결해 왔는지를 예를 들어 설명한다면 좋은 점수를 받을 수 있을 것입니다. 그렇다고 너무 거창하게 생각할 필요는 없고, 일상 중에 가장 곤란했거나 당황스러웠던 경험을 예로 들어 본인에게 닥친 문제를 어떻게 해결했는지 보여주면 됩니다.

(4) 호기심과 도전 정신

앞선 세 개 항목은 어떤 직무에 지원하더라도 중요하게 여겨지는 기본적인 인성 역량입니다. 앞서 소개한 항목을 제외하고 제가 생각하는 개발 직무의 업무를 수행함에 있어서 가장 중요한 인성 역량은 호기심과 도전 정신입니다. 개발이라는 직무 자체가 항상 새로운 기술을 탐구하고, 도입하고, 실패하고, 원인을 분석하여 다시 그 기술을 가다듬어 도전하고 실패하는 일의 연속이라고 볼 수 있습니다. 어렵고 지루하고 때로는 고통스러운 이 과정은 새로운 영역에 대한 호기심과 도전 정신이 없다면 이겨내기 힘들 것입니다. 예를 들어 배터리의 신기술이나 새로운 소재에 대한 호기심과 관심이 없는데, 회사의 정책과 흐름에 맞춰 이를 도입하고 도전해야 한다면 이 과정은 본인에게 지루하고 고통스럽기만 할 것입니다. 하지만 새로운 지식과 일에 대해 열려 있는 자세와 도전하려는 자세를 가지고 있다면 개발 직무와 딱 어울리는 인재라고 할 수 있습니다.

그럼 호기심과 도전 정신은 어떻게 어필하는 것이 좋을까요? 당연히 배터리에 대해 항상 관심과 호기심을 가지고 있다는 점을 어필하면 좋습니다. 또한 관심과 호기심을 넘어, 실제로 궁금증을 해결하기 위해 무언가에 도전해 보았다는 경험까지 있으면 금상첨화입니다. 따라서 취업하기까지 시간이 많이 남아 있다면 매일 뉴스를 보거나 기초지식 관련 블로그, 유튜브 등을 보며 배터리 관련 지식을 조금씩 쌓는 것을 추천합니다.

하지만 취업하기까지 남은 시간이 별로 없어서 배터리에 대한 지식을 쌓는 것이 힘들다면 본인이 가장 좋아하는 분야에 대해 얼마나 깊게 파고 들었는지를 보여줌으로써 좋은 점수를 받을 수 있을 것입니다. 예를 들면 한 장르나 한 아티스트의 음악을 너무 좋아해서 이에 대해 남들보다 더 많이 알고 있고, 더 많이 듣고 본 경험을 사실대로 보여준다면 이를 통해 지원자의 호기심과 도전 정신을 잘 보여줄 수 있을 것이라고 생각합니다.

2 직무 수행을 위해 필요한 전공 역량

사실 재료공학과는 배터리와 관련한 전공 수업이 적을 수 있습니다. 요즘에는 에너지공학과 같이 배터리를 전문으로 하는 학과도 많기 때문에 관련 수업 외에도 2차전지 관련 기초지식을 습득하기 위한 추가적인 노력이 필요합니다.

1. 관련 전공 수업

당장 취업에 도움이 될 수 있을 만한 수업은 재료공학개론, 전기화학 정도가 있습니다.

첫째로 재료공학개론은 셀 설계를 위한 소재를 이해하는 데 있어서 기초적인 지식을 배울 수 있는 수업입니다. 실제로 원자구조, 재료의 열적 특성 측정 방법, 기계적 특성 측정 방법 등의 내용은 개발팀 내 소재를 이해해야 하는 업무를 수행할 때 여러분의 든든한 기초지식이 될 것입니다.

둘째로 전기화학입니다. 배터리의 기본 원리는 화학 물질의 산화-환원으로 발생하는 전기적 특성입니다. 배터리 업계 취업을 위해서는 필수로 수강해야 할 과목 중 하나입니다. 이 수업을 통해 산화-환원의 메커니즘에 대해 깊게 이해한다면 취업 후 일을 할 때 많은 도움이 될 것입니다.

2. 2차전지 관련 기초지식

면접 시 2차전지에 관련한 전공 내용도 중요하지만, 직접적으로 연관된 2차전지 기초지식에 얼마나 관심을 갖고 공부했는지도 중요하게 보는 요소 중 하나입니다. 실제로 2차전지 업체 취업에 대한 학생들의 관심이 높아지다 보니 경쟁률도 점점 높아지는 추세입니다. 이에 따라 관련 지식에 관심을 갖고 준비하는 지원자들이 늘고 있습니다. 그래서 기초적인 상식과 지식은 최대한 많이 쌓는 것이 좋습니다. 면접에서도 '양극활물질에 대해서 설명하시오', '코팅 공정에서 고려해야 할 Parameter에 대해서 설명하시오'와 같은 질문들이 출제되기도 합니다. 이 정도 수준의 질문이 나오는 것은 그만큼 2차전지에 대해 관심을 갖고 공부를 많이 한 지원자들이 많다는 뜻이기도 합니다. 따라서 2차전지의 작동 원리에 대한 내용은 기본이고, 4대소재 각각의 종류 및 특징, 셀 설계 시 고려해야 할 설계 및 공정 Parameter 등에 대한 지식 및 상식은 기본적으로 면접관에게 설명할 수 있을 정도로 준비하는 것이 좋습니다.

3. 2차전지 관련 프로젝트 또는 석사 과정

사실 구하기도, 다루기도 어려운 소재들로 구성된 셀의 특성상 셀 관련 외부 프로젝트를 찾기는 어렵습니다. 따라서 학사로 취업을 준비하는 분들은 관련 전공을 최대한 수강하고, 위에 설명한 바와 같이 2차전지 셀 관련 기초지식을 쌓는 것이 좋습니다. 아니면 2차전지 관련 전공으로 석사 과정을 밟는 방법도 있습니다.

> 그래도 모듈/팩 분야는 회로나 소프트웨어 쪽으로 자동차나 스마트그리드 등과 같은 관련 프로젝트 참여로 경험을 쌓기는 훨씬 수월합니다.

3 필수는 아니지만 있으면 도움이 되는 역량

개발팀에서는 유럽이나 미국에 있는 고객사와 소통하고 만날 일이 많기 때문에 외국인과 영어로 소통할 수 있는 인재를 선호합니다. 물론 제목과 같이 영어 소통 실력이 필수는 아닙니다. 다만 능통한 영어 실력을 어필한다면 다른 지원자와 비교했을 때 더 좋은 점수를 받을 수 있을 것입니다. 영어 실력의 근거는 객관적인 점수로 보여 줄 수 있는 오픽이나 토익스피킹의 상위 점수를 보여 주는 것이 제일 좋고, 영어 실력 대비 시험 점수가 낮다면 영어로 외국인과 장시간 소통해 본 경험, 외국인과 함께 수업 중 프로젝트를 진행한 경험 등을 어필하는 것이 좋습니다.

MEMO

자기소개서를 작성할 때 가장 중요한 점은 하고 싶은 일에 대해 명확하게 기술하고, 이를 위해 어떤 준비를 했는지를 기술하는 것입니다. 본인이 지원한 회사의 산업에 대해서 왜 관심을 가졌고, 그 산업에 종사하기 위해서 무엇을 준비해 왔는지를 보여야 합니다. 이때는 구체적인 예를 들어서 기술하는 것이 좋습니다. 예를 들어 아래와 같이 작성해 보는 것입니다.

평소에 어떤 회사의 자동차를 좋아하고 최근 그 회사에서 나온 전기차가 마음에 들어 꼭 그 전기차에 들어가는 배터리를 꼭 설계해 보고 싶었습니다. 그래서 저는 해당 전기차의 배터리를 개발하고 공급하는 A 회사에 관심을 갖고 취업을 준비하게 되었습니다. 배터리 셀의 원리에 대해 깊이 이해하기 위해서 학교에서는 '전기화학' 수업을 수강했고, 차근차근 배터리에 대해서 관심을 가지며 개인적으로 공부도 했습니다. '배터리 기초', '배터리의 4대소재' 등의 책을 구입해 공부하기도 했고, 졸업 논문으로 '양극활물질 NCA 소성 방법'을 주제로 선정하여 연구하고 작성하기도 했습니다. 이러한 준비들을 통해 A 회사에 지원한 누구보다도 배터리의 기초에 대해서 더 많이 안다고 생각하고 배터리 셀 개발 업무에 가장 빨리 많은 도움을 드릴 수 있을 것으로 생각합니다.

소재/셀 개발 업무의 특성상 계속해서 새로운 트렌드를 접하고 학습하며, 회사의 기술 수준을 발전시키는 데 기여해야 합니다. 때로는 유관부서로부터 수많은 의심과 도전을 받으며 신기술을 개발하고, 양산 제품에 적용할 수 있도록 설득해야 합니다. 따라서 소재/셀 개발 직무에 지원할 때는 지원자가 호기심이 많고 인내심 또는 끈기가 강하다는 점을 어필하는 것이 좋습니다.

예를 들어 '어떤 프로젝트를 진행할 때 해당 업무나 목표가 지원자가 모르는 분야의 지식을 필요로 하는 일들이 많았는데, 그 미지의 분야를 스스로 개척하기 위해 관련 서적, 영상, 논문과 같은 자료들을 꾸준히 찾아본 결과 부딪힌 문제에 대해 슬기롭게 해결할 수 있었다'라는 에피소드를 작성하는 것이 가장 좋은 것 같습니다. 다만 이런 경험을 하기는 힘들기 때문에 내가 좋아하는 분야에 대해서 관련 분야에 관심있는 사람들과 정기적인 모임을 가졌다거나 관련 서적이나 잡지 또는 영상 자료 내용을 꾸준히 습득하고 있다는 것을 통해 지원자는 호기심이 많고, 그 호기심 채우기 위해 행동하는 사람이라는 것을 어필할 수 있을 것입니다. 이런 분야가 전기차 또는 배터리라면 더할 나위 없이 좋겠죠?

MEMO

08 현직자가 말하는 면접 팁

1 직무 면접

기술 면접을 위해서는 배터리 관련 기초지식을 공부하는 것이 좋습니다. 배터리의 기본 원리와 기본 공정은 물론이고, 기초 4대소재(양극활물질, 음극활물질, 분리막, 전해액)의 종류 및 원리, 특성에 대한 기초지식은 충분히 공부하는 것이 좋습니다. 특히 셀 개발을 지원한 경우에는 배터리의 기본 원리와 기초 4대소재를 공부하고 가는 것이 좋습니다. 관련 지식에 대해 많이 아는 것이야말로 본인이 이 산업과 회사에 대해 얼마나 많은 관심과 열정을 갖고 취업을 준비해 왔는지를 보여 줄 수 있는 지표이기 때문입니다. 참고로 공부는 상대방에게 쭉 펼쳐서 설명해 줄 수 있을 정도로 하는 것이 좋습니다. 아래에 양극활물질을 예로 들어서 설명해 보겠습니다.

양극활물질은 구조에 따라 크게 층상(Layer) 구조, 올리빈(Olivine) 구조, 스피넬(Spinel) 구조로 나눌 수 있습니다. 최근 생산되는 배터리 셀에는 층상 구조와 올리빈 구조의 양극활물질이 주로 사용되고 있습니다. 층상 구조는 LCO[6]를 기본으로 Co와 Ni 함량에 따라 NCM[7], NCA[8]로 파생됩니다. 이 중 한국의 셀 메이커들은 NCM, NCA를 주로 사용합니다. NCM, NCA는 Co 함량이 낮고, Ni 함량이 높아서 에너지 밀도 대비 가격이 저렴하고 용량과 출력이 다른 양극활물질 대비 높다는 장점을 가지고 있습니다. 다만 소재 특성상 안정성이 떨어져 셀의 안전성에 영향을 미친다는 단점이 있습니다. 올리빈 구조는 Fe과 PO_4로 구성된 양극활물질입니다. LFP[9]라고도 불리며, 중국에서 생산되는 셀의 대부분이 이 활물질을 사용하고 있습니다.

이 정도로 소재에 대한 종류와 특성 등을 말로 설명할 수 있다면 직무 면접에서의 합격은 떼놓은 당상일 것입니다.

---

6 [10. 현직자가 많이 쓰는 용어] 6번 참고
7 [10. 현직자가 많이 쓰는 용어] 7번 참고
8 [10. 현직자가 많이 쓰는 용어] 8번 참고
9 [10. 현직자가 많이 쓰는 용어] 9번 참고

2 임원 면접

직무 면접이 지원자가 회사에서 일을 얼마나 잘 할 수 있을지를 확인하는 면접이라면, 임원 면접은 지원자가 회사라는 조직에 얼마나 잘 융화될 수 있고, 회사 이익에 얼마나 오래 기여할 수 있는 직원이 될 수 있는지를 확인하는 면접이라고 할 수 있습니다. 본인의 장점은 직무 면접에서 어필하고 임원 면접에서는 겸손함을 어필해야 합니다. 물론 자신감 있고 명확하게 본인이 취업 후 하고 싶은 일에 대해 이야기하면 좋지만, 너무 과하면 오히려 선배들에게는 부담스러울 수 있기 때문에 마이너스가 될 수 있습니다. 특히 배터리 셀 개발의 특성상 지식보다는 경험이 더 중요할 때가 많기 때문에 밑에서부터 차근차근 오랫동안 경험을 쌓아 나갈 사람을 선호합니다. 따라서 지원자는 본인이 큰 비전을 갖고 해당 회사에 취업하기 위해 많은 것들을 준비했으며 잠재력 또한 뛰어나지만, 당장 선배들에게 도움이 될 수 있도록 작은 일부터 시작해 경험을 착실하게 쌓아 나갈 겸손한 인재라는 것을 보여주는 것이 좋습니다.

09 미리 알아두면 좋은 정보

1 취업 준비가 처음인데, 어떤 것부터 준비하면 좋을까?

수없이 많은 고민 끝에 셀 개발이라는 직무에 지원하기로 결심했다면 자격증이나 특별한 기술은 필요 없습니다. 다만, 2차전지 셀에 대한 많은 기초지식을 쌓는 것이 중요합니다. 왜냐하면 셀 개발팀에서 신입사원이 할 수 있는 일은 특별한 툴을 다루거나 프로그램을 다루는 일이 아니라, 테스트 생산 준비 및 현장 대응 같은 업무이기 때문입니다. 또한 셀 개발팀의 경력은 신입사원일 때 쌓은 지식과 경험에서부터 시작되기 때문이죠.

석사 과정을 밟고 있는 분이라면 배터리 셀과 소재에 대한 기초지식을 쌓고 경험하는 것이 학사보다 쉽겠지만, 학사는 관련 수업이나 전공이 따로 없기 때문에 기초지식을 쌓기가 쉽지 않을 것입니다. 따라서 최대한 2차전지에 가까운 전기화학이나 부식 등의 수업을 수강하고, 관련 서적이나 영상, 뉴스를 찾아보면서 장기간 공부하기를 바랍니다.

2 현직자가 참고하는 사이트와 업무 TIP

1. 렛유인 한권으로 끝내는 전공/직무 면접 2차전지 이론편

[그림 1-14] 2차전지 도서

최근 이 책을 집필하기 위해 참고한 도서인데, 취업준비생이 기초부터 쉽게 준비할 수 있도록 너무 정리가 잘 되어 있습니다. 필자가 취업할 당시에는 이렇게 잘 정리된 서적이나 도서가 없었는데, 지금은 이 책 한 권만 제대로 학습하고 면접에 임하면 직무 면접에서는 큰 문제가 없을 것이라고 생각합니다.

2. 구글 알리미 서비스를 통한 뉴스 구독

본인이 원하는 검색 키워드를 입력해 놓으면 해당 키워드로 뉴스를 검색하여 설정한 E-mail로 관련 뉴스를 매일 보내 주는 서비스입니다. 저의 경우에는 '2차전지', '삼성SDI', 'LG에너지솔루션', 'SK온' 등의 키워드를 입력해 놓았는데, 매일 아침 업무 시작 전에 E-mail로 온 관련 뉴스들을 읽고 배터리 산업이 어떻게 흘러가는지 확인합니다. 동일한 키워드로 장기간 뉴스를 확인하다 보면 흐름을 읽을 수 있는 눈이 생깁니다.

3. 증권사 리포트

[그림 1-15] 증권사 리포트 (출처: NAVER 금융)

N 포털 금융 - 리서치 - 산업분석 리포트 메뉴에서 '2차전지' 또는 '배터리'를 키워드로 검색해 보면 증권사별로 배터리 관련 산업 리포트를 볼 수 있습니다. 요즘은 증권사 리포트에도 기술적인 내용이 많이 담겨 있기 때문에 기초지식을 쌓기에는 더할 나위 없이 좋습니다.

4. 유튜브

요즘 관심 분야의 지식을 얻고자 할 때는 유튜브만 한 콘텐츠가 없는 것 같습니다. 유튜브에 관심 있는 키워드를 입력 후 검색하면 좋은 정보를 얻을 수 있는 영상이나 채널이 많이 있습니다. 현직자들도 전기차 또는 배터리 산업 관련 영상을 많이 찾아보며 공부하고 있습니다.

3 현직자가 전하는 개인적인 조언

　최근 배터리 산업에 대한 관심이 높아지고 해당 산업에 종사하고자 하는 분이 많아졌습니다. 경쟁률 또한 높아져서 셀 개발팀 신입사원들의 스펙이 점점 상향 평준화되고 있는 것을 느낍니다. 요즘에는 회사에 일찍 들어온 것이 운이 좋았다는 생각이 들 정도입니다. 정말 셀 개발팀에서 일하고 싶은 취업준비생에게 현직자로서 현실적인 조언을 하면, 만약 본인의 객관적인 스펙 경쟁력이 남들보다 약간 뒤처진다고 느껴진다면 배터리 기초지식에 대해 더 많이, 더 탄탄하게 공부하길 바랍니다. 공부한 지식을 남들에게 쉽고 조리 있게 설명할 수 있을 정도로 말이죠. 학업과 취업 준비를 병행하는 것이 힘들겠지만, 조급하게 생각하지 말고 준비 기간을 길게 생각하고 기초를 탄탄하게 쌓은 후 도전하면 분명 취업에 성공할 것입니다.

MEMO

10 현직자가 많이 쓰는 용어

1 익혀두면 좋은 용어

2차전지 셀 관련 직무 취업 준비 및 면접을 준비할 때 필수로 알아야 하는 용어를 선정해 봤습니다. 아래 소개하는 용어와 내용은 2차전지에서도 가장 기초적인 지식에 해당하기 때문에 이를 기초로 하여 추가적인 학습을 해야 합니다. 아래의 용어를 기준점으로 삼아 취업 및 면접을 준비하길 바랍니다.

1. 2차전지 주석 1

충전, 방전이 가능한 전지를 2차전지라고 합니다. 납축전지, Ni-MH(니켈 수소) 등이 있으며, 대표적으로 리튬이온 배터리가 많이 사용됩니다.

2. 양극활물질 주석 2

리튬이온 배터리에서 리튬이온을 공급하는 소재입니다. 종류에는 구조별로 층상, 스피넬, 올리빈 세 가지가 있습니다. 한국의 셀 메이커들은 주로 니켈계 양극활물질을 사용하며, 이는 층상구조에 속합니다.

3. 음극활물질 주석 3

음극활물질은 리튬이온 배터리의 양극활물질에서 나온 리튬이온을 받아주는 역할을 합니다. 종류에는 흑연, 실리콘, 리튬 메탈 등이 있으며, 현재 흑연이 제일 많이 사용되고 있습니다.

4. 분리막 주석 4

분리막은 셀 내부에서 양극과 음극의 직접적인 접촉을 막아주는 역할을 합니다. 만약 분리막이 손상되어 양극, 음극이 접촉하면 화재로 이어질 수 있는 단락(Short-circuit) 현상이 발생할 수 있습니다. 분리막은 제조 방식에 따라 건식, 습식 분리막으로 나눌 수 있습니다.

〈표 1-2〉 분리막의 종류

건식 분리막	건식은 Dry process로써 말 그대로 용매가 없이 진행되는 공정이다. 주로 폴리프로필렌(PP) 소재가 쓰이고, 습식 공정 대비 공정이 단순하여 가공비가 저렴하다는 장점이 있다.
습식 분리막	습식은 Wet process로써 소재를 용매(주로 Wax 사용)로 녹여 제조 공정이 진행된다. 주로 폴리에틸렌 (PE) 소재가 쓰이고, 건식 공정 대비 가공비가 비싸지만 분리막의 기계적 강도가 좋아 최근에는 습식 분리막이 더 많이 사용되는 추세이다.
기능성 분리막	건식 또는 습식으로 만들어진 분리막 원단에 세라믹(CCS, Ceramic Coated Separator) 또는 폴리머 바인더(PCS, Polymer Coated Separator)를 코팅하여 기능을 강화한 분리막이다. 분리막 원단의 열적 특성 또는 접착 특성을 강화한다.

5. 전해액 주석 5

셀 내부에서 리튬이온이 양극과 음극 사이 이동을 도와주는 역할을 합니다. 용매 + 염 + 첨가제로 구성되어 있습니다. 용매는 주로 Carbonate 계열의 유기 용매, 염은 $LiPF_6$의 소재가 사용됩니다.

6. LCO 주석 6

화학식 $LiCoO_2$의 약자로, 층상구조에 속하는 양극활물질 중 가장 먼저 개발된 활물질입니다. Co(코발트)의 가격이 비싸고 수급이 불안정하여 잘 사용하지 않는 추세입니다.

7. NCM 주석 7

화학식 $LiNiCoMnO_2$의 약자로 층상구조에 속하며, LCO의 Co를 Ni(니켈), Mn(망간)으로 대체하여 개발된 양극활물질입니다. Ni, Co, Mn의 함량별로 NCM111, NCM622, NCM811 등으로 구분합니다. 한국 업체 중 LG에너지솔루션, SK온에서 사용하고 있습니다.

8. NCA 주석 8

화학식 $LiNiCoAlO_2$의 약자로 층상구조에 속하며, LCO의 Co를 Ni(니켈), Al(알루미늄)로 대체하여 개발된 양극활물질입니다. 한국 업체 중 삼성SDI에서 사용하고 있습니다.

PART 02 | 환작자가 말하는 2차전지 직무

Chapter 01 | Cell 개발

9. LFP 주석 9

화학식 $LiFePO_4$의 약자입니다. 올리빈 구조에 속하며, Fe(철)과 PO_4(인산)으로 구성되어 있어 Co가 포함된 층상구조 양극활물질보다 저렴한 대신 용량이 낮습니다. 주로 중국 업체에서 채택하여 사용하고 있습니다.

10. xEV

모든 종류의 전기차를 통칭할 때 사용하는 용어입니다. 전기차에는 'HEV(Hybrid Electric Vehicle)', 'PHEV(Plug in Hybrid Electric Vehicle)', 'EV(Electric Vehicle)' 세 종류가 있습니다.

11. 천연흑연

리튬이온 배터리에서 천연흑연은 흑연 광산에서 캐낸 천연흑연을 가공하여 만든 음극활물질을 뜻합니다. 수명, 출력이 인조흑연 대비 떨어지지만 저렴한 장점이 있어 많이 사용하고 있습니다.

12. 인조흑연

석유 원유를 가공하고 남은 찌꺼기인 코크스(Cokes)를 가공하여 만든 음극활물질을 인조흑연이라고 합니다. 수명, 출력 특성이 천연흑연보다 우수하지만 가격이 더 비싸다는 단점이 있습니다.

13. 실리콘(Si)

Si는 흑연보다 3~4배 이상의 용량을 가지고 있어 차세대 음극활물질로 각광받고 있는 소재 중 하나입니다. 하지만 충전 시 부피 팽창이 크다는 치명적인 단점이 있어 흑연에 첨가하는 정도로만 사용하고 있습니다.

14. 리튬 메탈(Li Metal)

리튬이온 배터리의 음극활물질로 Li 자체를 사용할 수 있으면 제일 좋습니다. 다른 소재의 도움 없이 가장 효율적으로 Li ion을 저장할 수 있기 때문입니다. 그게 바로 리튬 메탈(Li Metal)이며, 전고체 전지의 음극으로 시도되고 있습니다. 하지만 안전성에 큰 문제가 있어 극복해야 할 부분이 많이 남아 있습니다.

2 현직자가 추천하지 않는 용어

2차전지 관련 뉴스를 찾아보면 전고체[10] 전지, 리튬 황 전지 등 차세대 배터리에 대한 내용을 쉽게 찾아볼 수 있습니다. 이러한 기사를 보다 보면 자칫 착각할 수 있는 부분이 있습니다. 바로 이 기술들의 연구가 현재 굉장히 활발하고, 금방이라도 양산 제품에 적용될 것 같다는 것입니다. 물론 이런 차세대 전지 기술이 2차전지 업체들의 미래를 결정지을 기술력이 될 수는 있지만, 현재 주로 개발되고 양산되는 제품은 리튬이온 전지이기 때문에 회사 내 대부분의 연구원은 리튬이온 전지를 개발하고, 연구하고 있습니다. 따라서 리튬이온 전지에 집중하여 공부하고 어필하는 것이 좋습니다.

물론 차세대 전지에 대해 심도있게 공부했거나 석사 과정으로 전공한 분, 차세대 전지 연구소를 타겟으로 취업을 준비하는 분들은 예외입니다.

15. 전고체 주석 10

전해질이 고체인 배터리를 전고체라고 합니다. 같은 용량의 셀이더라도 리튬이온 배터리 대비 훨씬 가벼운 무게와 작은 부피를 차지하기 때문에 차세대 배터리로 각광받고 있습니다. 또한 연소가 쉬운 액체 전해액이 고체로 대체되기 때문에 안전성 또한 우수합니다. 하지만 대량 생산을 위해서는 아직 갈 길이 많이 남아 있습니다.

16. 리튬 황 전지

전고체와 함께 차세대 배터리로 주목받고 있습니다. 황을 양극으로, 리튬 메탈을 음극으로 사용하며, 리튬이온 전지와 다르게 황의 산화, 환원 반응을 통해 작동합니다.

17. 리튬 공기 전지

리튬 공기(Lithium air) 전지 역시 각광받는 차세대 전지 중 하나입니다. 이 전지 역시 리튬 메탈을 음극으로 사용하며, 공기 중에 있는 산소를 양극으로 사용합니다.

18. 수소 연료 전지

수소를 이용해 전기 에너지를 만들어 내는 전지입니다. 리튬이온 전지와 다르게 전기에너지를 저장하는 게 아니라 생산하는 기능이 있습니다.

---

10 [10. 현직자가 많이 쓰는 용어] 15번 참고

11 현직자가 말하는 경험담

1 저자의 개인적인 경험

최근 업무 수행 중 가장 보람차고 재밌었던 일은 고객을 만나기 위해 독일로 출장을 갔다 온 일입니다. 해외 출장을 간다는 사실만으로도 좋았지만, 제가 평소 좋아하던 브랜드의 자동차를 개발하는 엔지니어들을 만난다고 하니 한 달 전부터 설레는 마음을 감출 수 없었습니다. 물론 출장 당일에 진행해야 하는 워크숍을 준비하기 위해 한 달 정도 반복되는 야근과 주말 출근으로 힘들긴 했지만, 독일에 가는 날만을 기다리며 견뎠습니다.

3일간 독일에서 진행한 워크숍은 성공적이었고, 고객들은 연일 준비하느라 수고했다는 말과 함께 감사의 마음을 표현해 왔습니다. 그리고 매일 저녁 멋진 레스토랑에서 함께 맛있는 식사와 술을 하며 친해졌습니다. 물론 한국에서 인터넷상으로는 절대 알 수 없는 독일 자동차 산업에 관한 생생한 이야기, 최근 독일인들이 중요하게 생각하는 것들, 살아가는 이야기 등도 많이 할 수 있었습니다.

저는 최근 고객 대응 업무를 맡으면서 위와 같은 경험을 많이 하게 되었습니다. 연구소와 협업하여 신규 소재에 적용할 신기술을 개발하고 최종 양산 작업까지 신기술을 현실화하는 회사 내부 제품 개발 업무를 하면서 유럽에 있는 해외 생산 법인에도 출장을 가서 많은 경험을 할 수 있었습니다. 이 모든 경험을 동시에 할 수 있는 직무는 배터리 회사 내에서도 몇 되지 않습니다. 그중 하나가 셀 개발 엔지니어입니다. 따라서 산업 트렌드 및 회사의 기술 흐름을 읽고 다양한 경험을 하고 싶다면 더 없이 매력적인 직무라고 할 수 있습니다.

2 지인들의 경험

Q 지금까지 업무를 하면서 겪었던 경험 중에서 가장 기억에 남는 경험이 뭐야?

**셀 개발팀의
리더급,
K 수석님
(파트장)**

　지금 우리 회사 매출의 가장 큰 부분을 차지하고 있는 프로젝트를 고객으로부터 수주한 순간이 가장 기억에 남아. 그 순간에는 그 프로젝트의 리더를 맡아서 제품 개발을 위해 밤낮없이 사무실과 현장을 오가며 고생했던 날들을 모두 보상받는 기분이었어.
　그 프로젝트로 발생하는 이익들로 새로운 공장과 사무실이 하나씩 생기고, 신규 인력이 들어오는 모습을 보면 회사가 이렇게 급속도로 발전하는 데에 나도 크게 기여했다는 보람을 느껴.

**셀 개발팀의
버팀목,
H 책임님
(PL)**

　제가 지금 맡고 있는 프로젝트에 리더로 선정되었던 순간이 가장 기억에 남습니다. 제가 이렇게 빨리 인정받고 프로젝트를 리딩할 수 있는 기회가 올지 예상하지 못했거든요. 그만큼 셀 개발팀의 인력이 부족하고, 개발팀 엔지니어가 중요해졌다는 것을 느낍니다.
　쏟아지는 고객사들의 신규 과제 의뢰 건수에 비해 저처럼 어느 정도 경력이 쌓인 엔지니어가 부족한 상황이기 때문에 프로젝트 리더가 된 후 회사에서의 대우도 달라졌다는 것을 느낍니다.

12 취업 고민 해결소(FAQ)

💬 Topic 1. 2차전지 개발 직무에 대한 소문!

Q1 개발 직무는 학사가 지원하기에 힘든가요?

A 연구소 → 사업부 개발팀 → 사업부 기술팀의 순서로 학사의 비율이 점점 커지기 때문에, 기술팀에 지원하는 것과 비교했을 때 상대적으로 학사로 개발팀에 입사하기가 힘들어지는 게 맞는 것 같습니다. 그리고 학사는 2차전지 분야를 전공한 석사에 비해 관련 지식이 부족하기 때문에 면접에서도 불리합니다. 다만, 사업부 개발팀 신입사원의 학사와 석사 비율이 3:7 정도는 되기 때문에 2차전지 취업과 관련하여 본인이 준비를 열심히 했고, 타지원자에 비해 상대적으로 경쟁력 있다고 판단한다면 개발팀에 지원해 보는 것도 나쁘지 않다고 생각합니다.

Q2 저는 석사 과정에서 음극 집전체 관련 연구를 했습니다. 원하는 직무는 양극활물질 또는 음극활물질 개발인데, 석사는 본인이 연구한 소재 외에는 어필하기가 힘든가요?

A 일단 본인이 연구한 소재로 어필하여 합격한 후에 직무 배치 시 원하는 직무를 인사팀에 이야기해 봐도 늦지 않을 것 같습니다. 설령 원하는 분야로 배치를 받지 못하더라도 추후 다른 부서로 옮길 기회가 있다는 점을 참고하면 좋을 것 같습니다.

💬 **Topic 2. 소재/셀 개발 직무가 궁금해요!**

Q3 물리학과 학사가 소재/셀 직무에 어필이 가능할까요? 추천 전공에 물리가 명시되어 있지만 솔직히 잘 모르겠습니다.

A 소재/셀 개발팀에서도 예측 또는 시뮬레이션 프로그램을 주로 다루며 일하는 부서들이 있습니다. 이과 계열은 이론이나 수식에 능하여 시뮬레이션 또는 수명을 예측하는 부서의 직무에서 필요로 합니다. 거기에다 수명 예측, 열 해석 등에 사용되는 프로그램(MATLAB 등)까지 다룰 줄 안다면 상당한 경쟁력이 있다고 생각합니다.

Q4 재학 중에는 주로 반도체나 디스플레이 관련 과목을 많이 수강했습니다. 2차전지 분야로 진출하고 싶다면 외부에서 교육 들은 것을 언급하며 2차전지에 대해 공부했다는 점을 어필하면 커버가 될까요? 혹은 반도체/디스플레이와 2차전지를 엮어서 이야기할 수 있을지, 그것이 어필이 될지 궁금합니다!

A 네. 저도 질문한 분과 마찬가지로 대학 전공 때 주로 반도체/디스플레이 수업들을 수강했지만, 2차전지 분야로 취업했습니다. 비록 학교의 커리큘럼은 주로 반도체/디스플레이 분야였지만, 2차전지에 대해 끊임없이 관심을 갖고 스스로 공부했다는 점을 어필하면 충분히 열정을 보여 줄 수 있다고 생각합니다.

다만 반도체/디스플레이에서 배웠던 기초 전공 지식 중 2차전지와 연결되는 부분은 다시 한 번 점검 및 공부하고 취업을 준비하기 바랍니다. 예를 들면 공학 개론 정도의 전공 개념 정도는 쭉 훑어보고 남들에게 간단하게 설명할 수 있는 정도로 준비하면 될 것 같습니다.

Q5 SEM을 다룰 수 있는 것도 개발 직무에 어필이 될까요?

A 네. 충분히 도움이 될 수 있습니다. 2차전지 분석에 사용되는 장비(SEM, EDS, TGA 등)만 다루며 분석하는 부서도 개발 직무 안에 포함되어 있습니다. 다만 이런 부서들은 TO가 많지 않기 때문에 SEM을 다루는 능력 외에 SEM으로 분석하여 문제점을 진단한 경험 등을 추가로 준비하여 어필하는 것이 좋을 것 같습니다.

Q6 2차전지 관련 실험이나 논문 작성 등 직무와 직접적인 경험을 쌓기 어려운 학부생을 위한 지원 시 어필할 수 있는 추천할 만한 교육이나 경험이 있나요?

A 렛유인에서 수강할 수 있는 PBL 강의를 추천합니다. 또한 요즘 2차전지 분야에 관심이 많다 보니 유료 교육 외에도 유튜브 채널이나 증권사 리포트, 삼성SDI/LG에너지솔루션 블로그에 올라와 있는 내용들을 꾸준히 보고 공부한다면 취업에 필요한 기초지식은 충분히 쌓을 수 있습니다.

Q7 셀 개발 직무의 경우 출장을 많이 간다고 하는데, 출장지에서 주로 하는 일이 무엇인지 궁금합니다.

A 셀 개발 직무의 출장은 주로 두 종류로 나뉩니다. 개발하는 제품의 양산화 과정을 리딩하는 생산 법인 출장과 고객과 제품의 스펙을 협의하는 고객 미팅 출장입니다.
생산 법인 출장은 출장 기간이 보통 한 달 이상 정도 되는 장기간 출장입니다. 개발하는 제품의 양산화 과정에서는 예상치 못한 문제들이 끊임없이 발생하기 때문에 난도가 높고 스트레스도 많이 받습니다. 그리고 고객 미팅 출장은 보통 일주일 정도이지만, 이 중 이동 일정만 절반 정도가 되는 타이트한 스케줄인 데다가 고객과의 협상이 쉽지 않기 때문에 어려운 출장입니다. 하지만 출장을 가서도 여러 부서와 협력하여 일을 진행하기 때문에 너무 걱정할 필요는 없습니다.

💬 Topic 3. 어디에서도 듣지 못하는 현직자의 솔직 대답!

Q8 중국 자동차 회사에서 CTC(Cell to Car)기술을 준비 중이라고 들었습니다. 내부적으로는 CTP나 CTC 기술 개발에 대해 어떻게 생각하는지와 CTC 기술이 실용화된다면 팩/모듈 개발 직무의 미래는 어떨지 궁금합니다!

A 　요즘은 셀 메이커들도 CTP 기술을 개발하여 자동차 회사에 직접 프로모션을 하려고 하는 추세입니다. 따라서 팩/모듈 개발자가 많이 필요하기 때문에 규모를 늘려가고 있습니다. 다만, 셀 메이커에서는 메인 부서가 셀이라는 인식이 있으며, 팩/모듈은 결국 자동차 회사에서 직접 생산할 것이라고 예상합니다. 하지만 미래는 어떻게 될지 아무도 모르기 때문에 셀 메이커에서 팩/모듈 관련 커리어를 쌓고 자동차 회사로 이직하는 것도 가능합니다.

Q9 전고체 배터리는 아직 연구소 단계에서만 연구되고 있는지 궁금합니다.

A 　네. 연구소 단계에서만 연구되고 있으며, 지금의 리튬이온 전지와 마찬가지로 대량 양산이 가능할 수 있게 준비 중입니다. 다만 실제로 그것이 실현될 수 있을지는 아직 미지수입니다.

Q10 CAE 시뮬레이션을 위해 셀 모델링을 하는 과정에서 중요하게 고려해야 할 요소와 현직에서는 2D와 3D 모델 중 어떤 모델을 쓰는지가 궁금합니다!

A 　시뮬레이션을 위해서 3D 모델을 주로 사용하지만, 부품이나 설비 도면은 2D 로도 많이 작성합니다. 관련 툴을 잘 사용할 수 있다는 점을 어필할 수 있다면 좋은 점수를 받을 수 있습니다.

PART 02 현직자가 말하는 2차전지 직무

Chapter 01 Cell 개발

모듈/팩 개발

들어가기 앞서서

이번 챕터에서는 배터리 구성 요소 단위인 모듈 및 팩에 대해 집중적으로 다뤄보겠습니다. 모듈과 팩이 어떻게 구성되며, 어떤 점이 시장에서 중요한 부분으로 부각되고 있는지 등의 산업 트랜드 또한 엿보도록 하겠습니다. 마지막으론 학년 별로 어떤 취업 전략을 가져가야 하는지도 함께 알아보도록 하겠습니다.

01 저자와 직무 소개

1 저자 소개

배연석

기계공학과 석사 졸업

現 모듈/팩 연구개발
1) 배터리 평가 및 분석 담당 업무 수행
2) JCR 5% 이내 SCI 논문 게재
3) 공학 경진 대회 수상

안녕하세요! 저는 기계공학 석사 졸업 후, 국내 배터리 3사 중 S사 연구소에 입사하여 배터리 시스템을 연구/개발 중인 배연석입니다.

'전기차, 탄소 중립화, RE100, 유가폭등' 이 모든 것을 한 번에 포함할 수 있는 키워드가 무엇일까요? 바로 '에너지 패러다임 전환'입니다. 산업 혁명 이후 인류는 석유, 석탄 등의 광물 에너지원을 전기로 변환하는 '엔진'이라는 장치를 발명하였고, 이는 인간이 24시간 중 12시간에 해당하는 밤에도 활동할 수 있는 시간의 자유를 누리게 해 주었습니다.

하지만 산업화 이후 환경 파괴 및 자원 고갈이 자연재해, 전쟁으로 이어져 기존의 에너지원을 친환경적으로 형태에 구애받지 않고 이동할 수 있어야 된다는 필요성이 대두되었습니다. 이러한 시대 변화에 따라 에너지를 쉽게 저장하고 사용할 수 있는 배터리, 그 중에서도 고용량, 고출력을 발생시킬 수 있는 2차 전지 산업이 21세기 이후 급격히 성장하게 되었습니다.

우리 곁에 지금은 당연하게 있는 2차 전지의 일종인 리튬 이온 배터리는 1985년에 돼서야 그 개념이 등장하였습니다. 지금 나이로 따지면 38살(22년 기준)정도 되었네요. 생각보다 굉장히 젊죠?

전기차 보급이 증가함에 따라 급격하게 성장 중인 2차 전지 산업은 에너지 혁명을 가지고 왔으며, 산업의 쌀이라 불리는 반도체보다 시장의 크기가 더 커질 것으로 예상됩니다. 지금까지 2차 전지 산업에 전반적인 스토리였고, 이제 제 소개를 간단히 하겠습니다.

저는 배터리 연구 개발 직무 중에서도 가장 작은 배터리 구성단위인 셀이 시스템 단위에서 잘 구동할 수 있도록, 셀이 안착되는 모듈의 전장 및 기구와 여러 모듈로 구성된 팩의 구조 설계 업무를 담당하고 있습니다.

배터리 연구 개발 직무는 시스템 개발뿐만 아니라 셀 개발, 2차 전지 평가, 분석, 해석 등등 수많은 직무가 있습니다. 제가 속한 시스템 개발 직무 말고 다른 직무에도 관심이 많은 분들이 있을 것으로 생각됩니다.

배터리 산업에서 배터리 셀과 시스템은 서로 상호 영향을 주며 설계가 이루어지고, 개발뿐만 아니라 평가 및 분석, 해석 업무도 개발/품질/생산 직무와 함께 수행하기 때문에 직무의 큰 흐름을 읽으면서 업무를 수행해야 좋은 설계, 제품을 개발할 수 있습니다.

저는 개발 단계 중에 가장 많은 부분에 관여를 하고 의사결정을 하는, 연구원의 핵심인 개발 업무를 수행하고 있기 때문에 제가 현장에서 직접 겪고 느낀 각 직무의 특성 및 중요한 점 그리고 전반적인 배터리 시스템에 대한 이해를 할 수 있도록 도움을 드리겠습니다.

2 배연석의 취업 Story

먼저 제가 왜 2차 전지 산업을 선택하였는지 저의 취업 Story를 들려드릴 테니 많은 분들이 용기를 가지고 도전해서 함께 2차 전지 산업을 이끌어 나갔으면 좋겠습니다!

● 처음부터 잘하는 사람은 없으니깐

저는 학부 시절 성적이 특출나게 높다거나(평점 4.0 이상), 어학 성적이 뛰어나다거나(토익 900 이상), 다른 특별한 재능이 없는 평범한 기계공학부 학생이었습니다.

저는 대학에서 취업을 위해서만 공부하거나 어떤 활동을 하기보다는 다양한 경험을 많이 해 보며 저에게 맞는 일이 무엇인지, 성향은 어떠한지, 어려움이 있을 때 극복하는 과정을 배우는 것이 더 중요하다고 생각했습니다. 그러다 보니 학기 중 과외와 대외 활동을 통해 얻은 수입을 방학 때마다 해외여행을 가는 데 사용하였습니다.

해외 경험은 제가 한국을 넘어 세계에서 활동하고자 하는 의지를 가지게 해 주었습니다. 그러던 중에 일본 대학에 교환 학생으로 계절 학기를 수강할 기회가 생겼습니다. 대학원생들을 위주로 연구 활동을 학부생이 경험해 보며 프로젝트를 하는 수업을 수강하였습니다. 저는 처음으로 연구/개발 과정을 접해 보면서 현상을 발견하고, 분석하고, 해석하여 새로운 것을 만든다는 과정이 엔지니어가 할 수 있는 예술의 영역이라 생각되어 그때부터 연구/개발하는 일을 하자고 생각했습니다.

하지만 대학원 생활은 정말 쉽지 않았습니다. 온통 처음 보는 수식에 연구 과정도 몰라서 처음엔 데이터 처리도 일일이 손으로 하나씩 했습니다. 하지만 배우려는 의지와 정리하는 습관, 모르는 것을 인정하며 개선해 나가려는 자세를 가지고 2년의 대학원 생활 끝에 논문도 많이 쓰고 과제도 성공적으로 마무리하며 원하는 산업/회사/직무에 합격할 수 있었습니다.

아마 저와 같이 연구 개발 직무로 진출하고 싶으신 분들이 공통적으로 하시는 고민이 있을 겁니다. '나는 연구 개발을 하고 싶어. 그런데 이 직무는 석/박사만 선발하지 않을까?', '그렇다고 석사를 하자니, 시간도 오래 걸리고 돈도 빨리 벌고 싶어. 그런데 또 연구/개발을 안 해보면 나중에 후회할 것 같아. 어떻게 하면 좋을까?'

저는 공학계열의 꽃은 R&D라 생각했고, 학사 출신으로 연구/개발 직무를 수행할 수 있긴 하지만 학교에서 연구/개발에 대한 과정을 배우고 취업을 하기로 결심했습니다.

하지만 실제로 필드에서 활동하고 있는 많은 개발자분들이 학사 출신이고 팀장급에서도 학사 출신 개발자분들이 많이 있으니 학교에서 연구 과정을 배우고 싶은 분들은 석사를 하고 와도 좋을 것 같습니다!

이렇게 배연석의 취업 Story를 들려드린 이유는 두 가지가 있습니다.

첫째, 대학생활은 시행착오를 할 수 있는, 해야만 할 수 있는 시간과 기회가 있고 모든 경험은 가치가 있으며, 그 경험을 통해 성장하고 언젠가는 본인의 가치관을 구성하는 중요한 요소가 되기 때문입니다.

저는 겉에서 보기엔 무난한 대학 생활, 무난한 취업을 통해 사회에 안착한 직장인처럼 보입니다. 하지만 저는 대입도 재수를 했고 학비도 성적 장학금으로 해결하고자 4년간의 학부 과정, 2년간의 석사 과정을 일정 학점 이상 받기 위해 공부했으며 해외 경험을 하기 위해 과외, 알바, 일용직 일을 하면서 모은 자금으로 때로는 여행으로 때로는 교환학생으로 해외에 나가 견문을 넓히고 세계에서 활동해야겠다는 꿈을 키웠습니다. 제가 지금의 위치에 있기까지 포기하지 않고 다양한 경험을 통해 성과를 만들고 도전할 수 있었던 이유는 대학에서 다양한 경험을 하는 것을 마다하지 않고 오히려 도전을 즐겼기 때문이라 할 수 있습니다. 취준생 여러분들도 지금은 '취업'이라는 관문이 큰 허들처럼 느껴질 수 있고, 인생의 전부라 생각될 수 있습니다. 하지만, 단기적인 취업을 넘어 취업 후 일을 잘하는 직장인이 되고 본인의 커리어를 쌓아 나갔으면 좋겠습니다.

둘째, 학사 출신이더라도 끊임없이 관심을 갖고 경험을 쌓은 뒤 용기를 내면 결국 해낼 수 있다는 것을 보여 주고 싶기 때문입니다. 회사는 어떤 정해진 법칙으로 운영되는 곳이 아닌, 사람과 사람 사이에서 융통성 있게 돌아가는 곳입니다. 그래서 내가 어떻게 하느냐가 가장 중요하고 본인의 행동에 따라 결과는 크게 달라집니다.

제가 배터리 시스템 개발 직무를 수행하며 만난 주변 동료들을 알아보니 단번에 취업에 성공한 분도 있었지만, 학사 출신으로 2~3년간 개발 업무를 수행하다가 연구소에 입사한 분들도 굉장히 많았습니다. 학사/석사로 업무 가능 영역이 나누어지는 것이 아니라, 학사이더라도 경험을 쌓는다면 충분히 연구개발 직무에 도전할 수 있다는 점을 말하고 싶습니다. 그리고 그분들이 성공할 수 있었던 원동력은 저와 같은 끊임없는 관심과 용기라고 말하고 싶습니다.

MEMO

처음 취업을 준비하면서 마주하는 것이 바로 채용공고입니다. 하지만 채용공고는 말 그대로 그 직무가 하는 다양한 업무를 개략적으로 설명해둔 것이기 때문에 설명이 부족하기도 하고 취준생이 모르는 용어로 가득해서 '그래서 무슨 일을 하는 건데?'라는 의문이 많이 들 것입니다. 저도 마찬가지였습니다. 학교에만 있다 보니 실제 업무에서 사용하는 용어는 당연히 몰랐고, 심지어 '내가 연구한 부분을 과연 적용시킬 수 있을까?'라는 의문도 들었습니다. 저 역시 누군가가 이 채용공고를 자세히 풀어서 설명해 주면서 실제 어떤 업무를 하고, 어떤 역량이 필요한지 알려 주면 좋겠다는 생각을 하게 되었습니다.

그래서 지금, 제가 여러분에게 채용공고를 하나하나 읽어드리겠습니다. 채용공고를 통해 현업에서는 어떤 일을 하는지 자세히 설명할 테니 지원할 때 방향성을 잡는 데에 도움이 되었으면 좋겠습니다.

제가 현재 수행하고 있는 직무에 대해서 설명하지만, 다른 직무(모듈 공정, 품질, 생산기술)도 개발이 하는 업무에 개발 단계가 진행되면서 업무를 이관하여 수행하기 때문에 회사의 큰 흐름을 파악한다는 측면에서 알고 있으면 좋습니다.

그렇다면 지금부터 SK온 연구 개발-배터리 시스템 개발 직무에 대해서 자세히 알아보겠습니다. 앞서 말씀드린 것처럼, 셀 개발과 모듈/팩 개발은 설계하는 제품이 다를 뿐 개발 프로세스 및 업체 대응, 고객 대응 과정은 유사합니다. 그러니 '배터리 연구 개발'을 목표로 하시는 분들은 많은 도움을 얻을 수 있을 것입니다.

> **직무소개** 배터리 System 개발
>
> 고성능/고효율의 전기 자동차용 배터리 System과 산업용, 가정용 ESS를 개발하여 친환경 미래
> 배터리 System 기술을 선도하는 것이 우리의 주요 mission이며, 고객의 요구사항에 최적화된
> 제품과 부품을 설계/검증하고, 배터리를 활용한 종합 솔루션을 제공합니다.

[그림 2-1] 배터리 System 개발 직무소개 (출처: SK온)

채용공고를 내는 어느 회사가 다 그렇듯, 조직 소개는 정말 큰 의미의 직무 내용만 들어갑니다. 여기서 눈여겨보면 좋은 것이 '고객 요구사항에 최적화된'입니다. 고객 요구사항에 최적화된 배터리 시스템을 개발한다는 것은 곧, 각 고객마다 요구하는 개발 사항과 스펙이 상이하고 큰 틀에서의 시스템 형상은 유사할 수 있으나 결국 고객이 요구하는 바에 따라 다른 제품을 개발한다는 것을 의미합니다.

쉽게 예를 들어 설명하자면 어떤 완성차 OEM이 '우리는 다른 성능은 포기하더라도 주행거리는 길었으면 좋겠어'라고 하면 그에 따른 모듈을 개발하고, 또 다른 OEM이 '우리는 15분 안에 급속 충전되는 배터리가 필요해'라고 하면 그에 따라 급속 충전 가능한 시스템을 개발하게 됩니다. 세계에는 수많은 완성차 OEM이 있으니 그에 따른 고객 요구사항도 천차만별입니다.

다음으로 눈여겨봐야 할 부분은 '신뢰성을 검증'한다는 것입니다. 신뢰성이라고 하면 어떤 것들이 있을까요? 취준생일 때는 신뢰성이 무엇인지 배울 기회가 없었을 겁니다. 그 이유는 바로 제품을 제작해 본 경험이 없었기 때문입니다. 고객사가 지정하게 되는 신뢰성이라고 하면 열 충격, 물리 충격, 수명, 용량 등 배터리의 정량적인 스펙뿐만 아니라 위험 상황에서 배터리가 버텨야 하는 기준들입니다. 이때, 시험 평가를 하는 기준 중 가장 많이 통용되는 것이 ASTM(American Society for Testing and Materials, 미국시험재료학회) 규격입니다.

ASTM은 미국시험재료학회로 1898년에 설립된 세계 최대 규모의 국제 표준 개발 기관 중 하나이며, 미국의 재료 규격 및 재료 시험에 관한 기준을 정하는 기관입니다. 여기에서 각 부품에 대한 신뢰성 기준을 지정하고, 제조사들은 그 기준을 충족할 수 있도록 부품을 개발하며 신뢰성 평가를 수행하여 OEM에게 납품하게 됩니다. 신뢰성을 검증한다는 것은 정말 쉽지 않은 일입니다. 수많은 항목에 대한 성능 PASS 여부를 판단해야 되고 FAIL이 났을 경우 원인을 분석하여 개선하거나 선정 업체를 바꾸거나 하는 과정을 거칩니다. 아래 직무 설명에서 상세한 내용을 더 알려드리겠습니다.

1. 첫 번째 수행업무

채용공고 배터리 System 개발

주요 업무
1. 고객요구사항(RFI, RFQ) 분석 및 Spec 정의 • 고객과의 협의와 Concept 설계를 통해 요구사항을 구체화하고, 개발Spec.을 산정 • 개발에 필요한 일정/원가/비용/Resource를 계획

[그림 2-2] 배터리 System 개발 채용공고 ① (출처: SK온)

직무 소개에서 봤던 고객 요구 사항이 이제는 두 가지로 나누어졌습니다. RFI는 'Requirement For Information'의 약자로 쉽게 말해 완성차 OEM이 특정 사양의 성능을 가지는 배터리를 만들고 싶은데 만들어 줄 수 있는 공급 업체를 구하기 위해 OEM이 각 배터리 제조사에 전달하는 제품 사양서라고 생각하면 됩니다.

RFQ는 'Requirement For Quotation'의 약자로 쉽게 말해 '견적'입니다. 완성차 고객이 내린 제품 사양서를 가지고 실제로 개발할 수 있는지, 개발한다면 인적, 물적 리소스는 얼마나 투입해야 되는지, 그에 따른 제품 가격을 대략적으로 결정하여 고객에게 전달하는 것입니다. 고객이 요구하는 스펙은 기술적 요소가 다수 포함되어 있기 때문에 반드시 R&D 부서의 협업이 필요하고 개발 가능 여부를 판단해야 됩니다. 이때, 고객과 협의하여 현 수준은 이 정도이지만 앞으로 개발하면서 개선할 것이라는 개선 계획을 제시하기도 하고, 협의 과정을 거쳐 수주가 이루어지게 됩니다.

R&D 부서에서는 고객의 요구 사항에 맞게 컨셉 설계를 수행하여 요구 사항을 어떤 방향으로 구체화할 것인지 계획을 합니다. 이전 개발 이력 등을 살펴 고객 요구 사항과 충족 가능 여부를 판단합니다. 이후, 고객이 요구하는 스펙과 보증할 수 있는 스펙 등을 협의합니다. 이 과정에서 3D로 제품을 모델링하여 대략적인 형상 및 스펙 등을 잡는 개발 모델을 고객에게 제시합니다. 또한, 개발 부서는 설계, 개발뿐만 아니라 개발 소요 일정, 원가, 비용, Resource 등의 제품의 생애 주기(PLM, Product Life Management) 또한 관리하게 됩니다.

배터리 모듈/팩은 기본적으로 다양한 기구물 및 전장 부품으로 구성되기 때문에 '모듈'이라는 하나의 제품을 생산하기 위해 필요한 다양한 부품들을 리스트업 하고 관리하는 것이 매우 중요합니다. 실제 개발 업무를 할 때도 각 부품별로 관리자를 따로 선정할 만큼 제품 성능과 이슈 대응을 위해 꼼꼼한 노력을 기울이고 있습니다. 개발 중에 발생하는 다양한 문제점들을 분석하고, 생산 업체와 협업을 통해 문제를 개선하고 다시 검증하여 설계에 반영하는 개선 작업을 다양한 부품에 걸쳐 수행하게 됩니다.

지금까지만 보더라도 실제품을 판매하는 제조업의 핵심 업무는 제품 개발의 시작에서부터 제품 수명 마지막까지 책임지는 R&D 직무가 수행하고 있다고 할 수 있습니다.

2. 두 번째 수행업무

채용공고 배터리 System 개발

주요 업무

2. Battery System 설계 및 부품 개발
- 상세 Layout 및 부품 설계 (3D & 2D Tool (CATIA 등) 활용)
- 구성 부품 개발 및 Trouble shooting
- 설계 품질 검증 및 양산 이관
- 개발 샘플 대응
- 제조 품질 이슈 분석 및 개선 방안 도출
- 실험계획법, 통계, DFSS를 활용한 강건설계방안 도출

[그림 2-3] 배터리 System 개발 채용공고 ② (출처: SK온)

두 번째 수행업무가 취준생분들에게 익숙한 시스템 개발이 하는 업무라고 여겨집니다. 자세히 살펴보겠습니다. 개발 부서에 속하게 되면 3D Modeling Tool로 배터리 모듈/팩의 구조 설계를 수행합니다. 이때 부품을 설계하면서 공차설계를 하며 부품의 조립성 및 간섭 여부를 예측하고 관리합니다. 또한, 구성 부품 개발을 하면서 발생하는 문제를 해결하는 역할도 수행합니다. 문제 해결 과정은 해당 부품 생산 업체와 협의를 통해 이루어지게 되고 협의를 위해 다양한 요소들을 사전에 분석하고 이슈 발생 및 대응 현황 등을 관리합니다. 개발 및 설계는 양산성을 고려하여 설계가 이루어지긴 하지만 실제 양산에 적용 가능한지 사전에 형상 및 조립성을 검토하는 등의 개발 설계 품질 검증 과정(DV, Design Verification)을 품질 부서와 협업하여 수행하게 되고, 실제 양산 라인에서 제품이 생산되는 데 문제가 없도록 개발 중 발생했던 이슈·이력 등을 이용하여 양산에서 발생할 수 있는 문제를 예방하고 양산이 가능하도록 개발 단계를 이관합니다.

개발 샘플 대응은 개발팀에서 설계한 부품을 시제품으로 생산한 업체의 샘플 생산 품질을 관리하며, 도면에 명시된 공차대로 제품이 제작이 되었는지 검토하고 제작상의 문제가 있다면 협력사와 함께 문제를 해결합니다.

개발팀에서는 제조 과정에서 발생하는 품질 이슈 및 개선 방안을 품질, 생산 관리 부서와 협업하여 이전 개발 이력으로 문제를 해결합니다.

마지막으로 개발 샘플의 신뢰성을 분석하기 위한 실험 계획법(Design Of Experiments, DOE)을 통한 품질 검증 절차를 수립하고 평가하고 데이터를 통계를 내고, 개발 단계에서 품질 및 신뢰성을 강화하는 DFSS(Design For Six Sigma) 과정을 통해 강건설계 방안을 도출합니다. 이렇게 보니 연구 개발 직군이 수행하는 업무는 정말 제품의 탄생부터 생산까지 모든 영역을 관리하는 것을 알 수 있습니다.

3. 세 번째 수행업무

채용공고 배터리 System 개발

주요 업무
3. Battery System 평가 • 차세대 팩/모듈 Concept에 대한 원리 시험(DOE) 및 개발품 검증 평가 • ESS 개발 검증 및 인증 평가 • 수주 개발 프로그램 평가 방안 수립 (Test Planning) • Design Verification 수행 • 원리시험(DOE)을 통한 강건 설계 방안 제안 • 시험 장비 개발 및 infra 구축

[그림 2-4] 배터리 System 개발 채용공고 ③ (출처: SK온)

수행 업무 마지막 항목입니다. 연구개발이 수행하는 가장 중요한 업무 중 하나인 평가입니다. 제품을 설계했으면 설계한 대로 제대로 작동하는지 검증하는 과정이 바로 '평가'입니다. 평가를 위해선 위에서 설명하였던 국제 규격(ASTM)을 이용하여 평가하기도 하고, 차량이 판매가 되는 각 국가에 따라 다른 평가 규격(예 중국국가표준인 GB 규격)을 평가하기도 합니다. 평가는 실제 품을 가지고 단품 단위로 챔버를 이용하기도 하고 완제품을 이용하여 평가하기도 합니다. 챔버를 활용하여 평가하는 이유는 제품의 작동 환경(온/습도)이 상이할 경우의 배터리 및 각종 부자재의 제품 성능을 보증하기 위함입니다. 이때, '왜 이런 환경에서 평가를 수행할까?' 고민하고 평가 과정에 참여하게 되면 개발 중인 모듈이 탑재되는 차량의 판매 국가 환경을 찾아볼 수 있게 되므로 평가의 당위성을 이해할 수 있습니다.

배터리 제조사들은 모듈/팩을 개발하면서 배터리 제조사의 완성품인 모듈, 팩 단위로 제품의 성능 및 거동을 평가하기도 하지만, 고객에게 송부하는 평가 결과는 완제품 단위의 평가 결과가 많습니다. 평가 결과를 토대로 강건 설계 방안을 가지고 설계 변경을 통해 제품의 성능을 개선시켜 고객의 요구를 만족하는 것이 중요합니다. 이때 학부에서 배운 다양한 설계 및 분석 툴들을 활용하면 좋습니다.

(1) 3D Modeling Tool: CATIA/Creo/AUTO CAD/Ansys Design Modeler 등

도면을 내리고 발행, 승인하는 부서는 개발 부서입니다. 하지만 도면이 나가고 제품의 설계가 확정되기 전까지 제품의 형상 및 설계 변경은 해석, 평가 등 다양한 유관 부서의 협업으로 함께 이루어집니다. 이때 개발 부서가 그리고 있는 제품의 형상을 분석하고 치수를 측정하기 위해서는 학부 과정 중에 접할 수 있는 다양한 3D Modeling Tool들을 활용할 수 있으면 좋습니다. 상세한 제품 모델링이나 해석을 위한 유한 요소 생성은 대부분의 배터리 제조사들이 외주를 통해 협력업체와 함께 설계하고 있습니다. 하지만 설계된 제품을 분석하기 위해서는 제품이 컴퓨터상에 그려졌을 때 툴을 활용할 수 있어야 합니다. 개발팀에게 이런 부분은 왜 이렇게 설계되었고 공차를 어떻게 부여하였는지 협조를 요청하고, 개선 설계 방안을 제안하는 일은 모든 유관 부서가 함께 해야 되는 업무입니다.

따라서 학부 과정에서 3D Modeling Tool을 배우고 온다면 현업에서 큰 도움이 될 것입니다.

(2) CAE(Computaional Aided Engineering) Tool: STAR CCM, FLUENT, Abaqus 등

학부 과정에서 얕게라도 배울 수 있는 CAE Tool 들은 현업에서 많은 도움이 됩니다. 직접적으로 CAE Tool은 다루는 부서는 석박사 위주로 구성된 해석팀이겠지만 해석 조건 및 형상이 어떤지, 유한 요소는 어떻게 구성되었는지, 경계 조건은 잘 고려되었는지 검토할 수 있어야 해석의 타당성을 검토할 수 있습니다. 각 배터리 제조사마다 사용하는 CAE Tool은 모두 상이하고 해석의 영역이 열유동, 기계 진동, 충격, 압축 등 굉장히 다양하기 때문에 이 모든 Tool들을 다 알아둘 필요는 없습니다. 학부 수준에서 CAE Tool을 접할 기회가 있다면 관심 있게 수강하면서 하나의 툴이라도 제대로 사용할 수 있도록 공부하고 온다면 현업을 수행하는데 있어서 큰 도움이 될 것입니다.

마지막으로 평가 부서에 속하게 되면 평가를 위한 시험 장비 개발 및 평가 방법 노하우들을 많이 배우게 됩니다. 따라서 학부 과정 중에 실험 수업을 들으며 어떻게 전압, 전류를 측정하고 로드셀을 활용할지 등의 실험 장비를 다루는 역량을 길러서 온다면 현업에 도움이 많이 됩니다.

4. 필요 자격

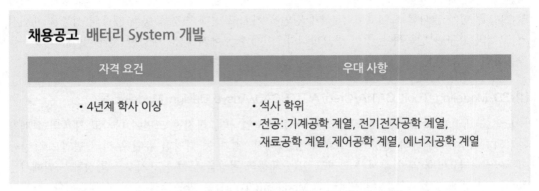

채용공고 배터리 System 개발

자격 요건	우대 사항
• 4년제 학사 이상	• 석사 학위 • 전공: 기계공학 계열, 전기전자공학 계열, 　재료공학 계열, 제어공학 계열, 에너지공학 계열

[그림 2-5] 배터리 System 개발 채용공고 ④ (출처: SK온)

다음으로는 필요 자격입니다. 우대 조건에 석사 학위가 있습니다. 저와 함께 업무를 수행하시는 개발원에는 학사 출신은 주로 경력 사원분들이 많고, 근래에 신입은 석사 출신 위주로 구성되어 있습니다. 그렇다고 석사가 필수냐? 아닙니다. 이전에 학사 출신으로 입사하여 함께 업무를 수행하고 있는 구성원도 있으니 용기 있게 지원하기를 바랍니다.

다음은 우대 전공입니다. 우대 전공이라 적어 두긴 했지만 공과대학에서 가장 많은 학생이 속해 있는 전화기, 재료, 제어 공학이 위주입니다. 실제품을 개발하는 업무를 수행하기 때문에 관련된 지식을 가진 전공 지원자를 선호합니다. 아래에서 각 전공이 수행할 수 있는 직무를 간략하게 설명하겠습니다.

(1) 기계공학

시스템 설계의 핵심을 이루고 있는 전공입니다. 아무래도 '시스템' 설계이기 때문에 시스템을 구성하는 기구물 설계, 기계적 하중이 시스템에 가해졌을 때 시스템이 변형, 변화하는 현상 분석, 실험 및 평가 등 기계공학을 전공하고 관련 과목을 이수하였다면 수행할 수 있는 업무가 많습니다. 개발 및 설계, 평가 부서에 기계공학, 기계 응용공학, 자동차공학 등등이 이에 해당합니다.

(2) 전기전자공학

시스템을 구성하는 요소 중 기구물과 관련된 요소뿐만 아니라 셀과 모듈, 팩, 차체를 연결하는 인터페이스인 전장 요소 설계가 필수적입니다. 전장 요소라 하면 모듈, 팩을 구성하는 회로 기판(Printed Circuit Board, PCB)을 말하는데, PCB 자체를 설계하는 일은 하지 않겠지만 설계된 PCB를 검토하고 문제 사항을 분석하는 일을 전기전자공학 전공자가 합니다. 뿐만 아니라 BMS 설계도 전기전자공학 전공자가 합니다. BMS는 어떤 로직에 따라 배터리를 충·방전하고 관리할 것인지, 셀로부터 얻은 전압, 전류, 온도 등의 데이터를 어떻게 처리할 것인지를 코딩하고 설계합니다.

(3) 화학공학

화학공학 전공자도 시스템 개발에 필수 직무입니다. 시스템은 다양한 재료로 제작된 구성 요소로 생산됩니다. 따라서 각 재료의 특성을 면밀히 분석할 수 있는 화학공학 전공자는 시스템의 특성을 분석하는 데 있어서 중요한 역할을 수행합니다. 기계, 전기전자공학 전공자가 개발 부서에서 도면을 제작하고 제품을 설계한다면, 화학공학 전공자는 개발자들이 보다 나은 제품을 개발할 수 있도록 후방 지원하는 업무를 수행합니다.

(4) 재료공학

재료공학도 화학공학 전공자와 마찬가지로 모듈, 팩에 사용되는 재료의 거동, 변형 특성을 분석하여 모듈 설계에 반영할 수 있는 설계안을 제안하는 업무를 수행합니다. 또한, 신소재 개발 및 신소재 신뢰성 검토 등의 선행 개발 업무를 수행하면서 차세대 배터리에 활용될 수 있는 다양한 신소재에 대한 연구를 수행하며 개발이 현재 진행되는 업무를 한다면 재료, 화학 계열 전공자는 차세대 소재에 대한 연구를 수행합니다.

(5) 제어공학

제어공학 전공자는 전기전자전공자와 함께 BMS 개발 업무를 수행합니다. 미분방정식에서 나아가, 라플라스 변환이나 푸리에 변환, Z 변환과 같은 수학적 방법들이 동원되며 이를 이용하여 제어 시스템을 모델링하거나 근사화(Approximation)한 모델링을 수행하고, 특정한 입력에 대하여 플랜트가 원하는 동작을 수행하도록 BMS를 설계합니다.

이상으로 직무 소개서를 자세히 분석해보고 실제 어떤 업무를 수행하는지 함께 살펴봤습니다. 개발, 평가 부서에서 어떤 일을 하는지 대략적으로라도 알 수 있었으면 좋겠습니다.

배터리 시스템이 무엇인지 이해하기 위해서는 배터리는 크게 셀과 시스템으로 분류된다는 것을 이해해야 합니다. 화학 에너지 형태로 에너지를 저장할 수 있는 배터리의 최소 단위를 '셀'이라고 하며, 셀은 리튬 이온의 이동에 의해 화학 에너지를 전기 에너지로 변환합니다.

'시스템'은 다수의 셀이 적층되어 차량 단위에서 셀이 안정적으로 구동할 수 있도록 하는 패키징된 셀 단위를 칭합니다. 배터리 시스템으로 구성되는 단위는 모듈, 팩이 있습니다.

먼저, 모듈이란 셀 단위 배터리를 적층하여 케이싱으로 패키징 한 이후 팩에 조립하기 용이하게 제작한 것입니다. 모듈 단위에서는 셀들의 온도, 전압을 센싱하여 팩의 BMS에 전달하게 됩니다. 즉, 배터리 모듈은 셀을 관리하고 제어할 수 있는 단위로 제작한 것이라고 이해하시면 됩니다.

다음으로 팩은 다수의 모듈이 적층되고, 배터리의 온도를 관리할 수 있는 배터리 온도 관리 시스템(Battery Thermal Management System, BTMS)과 배터리의 전압을 밸런싱하고, 제어하는 BMS를 모두 포함하는 차량에 장착되는 단위의 배터리 시스템입니다. 일반적으로 팩 설계는 차량의 레이아웃을 그리는 완성차가 담당하게 되고, 모듈 설계를 하는 배터리사와 협업하여 차량 단에서 배터리가 안정적으로 구동할 수 있도록 팩의 스펙을 결정합니다.

배터리 시스템을 이해하기 위해서는 시스템 안에 어떤 구성 요소들이 있는지, 각 구성 요소는 어떤 상관관계를 가지고 있는지, 이를 제어하기 위해서는 어떤 기술들이 요구되는지 이해해야 합니다. 제품을 스케치하고 3D로 시각화하는 직무를 모델러, 각 부품의 조립·제작을 검토하는 직무를 설계자라 한다면 시스템을 설계하기 위한 '시스템 개발자'가 되기 위해선 이 모든 것을 할 수 있어야 합니다.

1 배터리 구성단위: 가장 작은 단위인 셀에서 팩까지

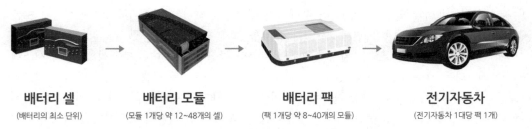

배터리 셀	배터리 모듈	배터리 팩	전기자동차
(배터리의 최소 단위)	(모듈 1개당 약 12~48개의 셀)	(팩 1개당 약 8~40개의 모듈)	(전기자동차 1대당 팩 1개)

[그림 2-6] 전기차용 배터리 구성도

먼저, 배터리가 어떤 단위를 가지고 구성되는지 보겠습니다.

배터리는 현재 액상 전해질이 주액되는 2차 전지를 기준으로 양극, 음극, 분리막, 전해액을 Jelly-Roll 형태로 적층하여 각형, 파우치형, 원통형 등의 형태로 구분하고 구성된 '셀'이 에너지를 저장할 수 있는 가장 작은 단위입니다.

많은 분들의 오해를 풀자면 양극재, 음극재, 분리막, 전해액으로 배터리를 구성하면 바로 에너지를 저장할 수 있는 것이 아닙니다. 배터리를 에너지 저장원으로 활용하기 위해서는 반드시 활성화 공정, 즉 충방전 공정을 거쳐 전기적인 특성을 부여하는 단계를 거쳐야 에너지 저장 창고로써의 역할을 할 수 있습니다.

다음 배터리 구성단위는 바로 '모듈'입니다. 요즘 테슬라, 현대 등 많은 완성차 업계가 셀을 바로 팩에 적재하는 방식의 CTP(Cell To Pack)를 적용하고자 하지만 셀은 온도, 압력 등의 배터리 수명, 성능, 안전에 영향을 줄 수 있는 많은 요소를 팩 단위에서 관리하기 어렵기 때문에 모듈이라는 여러 개의 셀을 한 묶음으로 묶은 모듈 단위 설계가 현재 가장 보편적입니다. 쉽게 말해서 연필(셀)을 책상(팩)에 보관하고자 하는데 개별 단위로 넣게 되면 관리가 어려우니 여러 묶음(모듈) 단위로 연필을 포장하여 보관한다는 개념으로 이해하면 됩니다. 모듈은 팩 단위에서 개별 셀의 데이터(온도, 전압 등)를 모니터링할 수 있도록 전압을 분배하고, 배터리 과열을 방지하는 설계를 포함합니다. 자세한 모듈의 구조는 아래에서 다루도록 하겠습니다.

다음으로 배터리 구성 요소는 '팩'입니다. 팩은 쉽게 말해서 배터리를 담는 가장 큰 케이스라 생각하시면 됩니다. 팩은 단지 셀, 모듈을 보관하기 위한 형태를 가지고 있는 것이 아니라, 냉각 plate, 유로, 배기 hole, BMS 등 다양한 구성 요소로 구성되어 배터리 안전과 성능에 최전방에 있다고 볼 수 있습니다.

그렇다면, 배터리 시스템(모듈/팩) 설계라 하면 어떤 개념으로 이해하면 좋을까요? 배터리 시스템을 설계하는 것은 배터리라는 구성 요소가 전기 자동차라는 제품에 안착되어 안정적으로 구동할 수 있도록 인터페이스, 즉 간극을 설계하는 일을 한다고 이해하면 됩니다. 이렇게 배터리는 셀부터 팩까지 구성단위를 가지며 전기자동차에 사용할 수 있는 형태로 설계되고 있습니다.

2 배터리 시스템 개발 절차: 수주 제안부터 양산까지

저는 연구원이 설계 업무를 수행하면서 배터리 설계를 위해서는 개발에서부터 양산까지 모든 과정을 이해해야 좋은 제품을 만들 수 있다는 것을 알게 되었습니다.

먼저, 배터리 제조사는 글로벌 완성차 OEM으로부터 특정 차종에 대한 배터리 모듈/팩 시스템을 개발해달라는 요구서(Requirement For Information, RFI)를 받습니다. 이 단계는 회사의 마케팅, 전략 기획 등 고객과 가장 가까운 부서가 RnR을 가지고 수행하게 됩니다. 이 단계에서는 사업의 수익성, 수주 가능성 등을 검토하게 됩니다. 이후 고객의 기술적 요구사항을 검토하기 위해 각 개발 부서에 있는 연구원들이 요구 요건의 타당성 및 개발 가능성 및 단가 타당성을 검토하여 고객에게 가격 등을 포함하는 제안서(Requirment For Quotation, RFQ)를 제시하고, 완성차 OEM은 각 배터리 제조사로부터 접수된 제안서를 검토하여 회사 기술력, 단가 등을 복합적으로 검토하여 개발에 착수합니다.

개발이 시작되면 개발 단계에서 개발 샘플을 제작하여 고객 요구 사항을 만족하는지 여부를 검증하고, 양산 샘플을 제작하여 제품의 품질을 관리하고 생산하게 됩니다.

여러분이 느끼시기에도 제품 개발을 위해선 다양한 유관부서의 협업과 협조가 필요할 것으로 생각되죠? 맞습니다. 제품 개발을 위해선 개발자에서부터 구매, 마케터까지 다양한 부서가 원팀으로 움직여야 최상의 제품을 개발할 수 있습니다.

3 셀 개발 VS 시스템 개발: 설계/평가/해석/검토

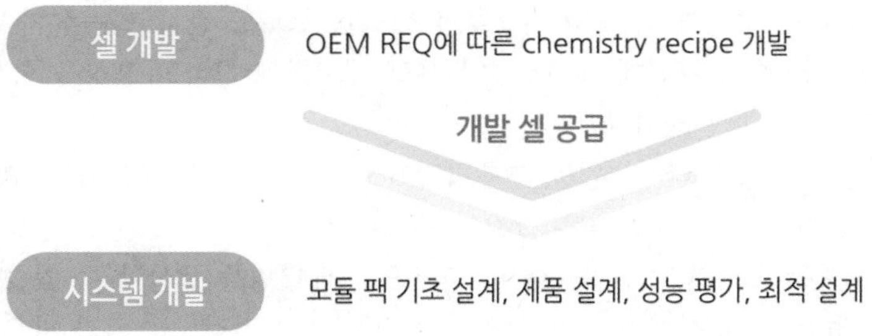

셀 개발 OEM RFQ에 따른 chemistry recipe 개발

개발 셀 공급

시스템 개발 모듈 팩 기초 설계, 제품 설계, 성능 평가, 최적 설계

[그림 2-7] 셀 개발 업무와 시스템 개발 업무

그렇다면 셀을 개발하는 업무와 시스템 개발 업무의 차이점에 대해 알아보도록 하겠습니다. 먼저 앞서 살펴봤듯이 셀은 배터리의 가장 작은 구성단위이고 시스템은 상위 구성단위입니다. 따라서 셀 단위 설계로는 양극·음극재에 대한 소재 연구, 금속 화합물(NCM, LFP 등)의 Chemistry에 대한 화학 조성에 대한 연구가 이루어집니다. 또한 셀의 구성 요소인 셀탭 등의 설계도 셀 개발에서 담당하게 됩니다.

이와 달리 시스템 개발은 셀 개발에서 개발된 셀을 기반으로 모듈 케이스 등의 Assembly(ASSY) 단위를 설계합니다. 시스템 설계를 기계공학 기반의 기구적인 지식을 가진 개발자와 셀의 전기적인 연결과 회로를 설계하는 전기/전자공학 기반의 전장 개발자가 함께 개발을 수행합니다. 이렇게 보면 셀 개발과 시스템 개발의 업무가 다르게 느껴질 수도 있겠지만 아닙니다.

결국 '개발'이라는 업무는 셀이든 모듈이든 시스템의 내구성, 성능을 검증하기 위해 실험 계획법(Design Of Experiments, DOE)을 기반으로 평가 계획을 수립하고 평가된 데이터를 기반으로 현상을 해석하며, 시뮬레이션 결과와 실제 평가 결과를 비교하여 상관식을 개발, 검토하여 현상을 일반화, 분석, 개선 설계하는 일련의 공통된 과정을 거칩니다. 또한 모듈 단위 설계를 할 때 셀 설계를 변경하여 내구성을 강화하기도 하기 때문에 셀 개발과 시스템 개발은 다루는 구성 요소 단위만 다를 뿐 수행하는 업무는 크게 다르지 않다고 볼 수 있습니다.

저는 시스템 개발 업무를 수행하면서 셀 개발 부서에 협조 요청을 상당히 많이 하였습니다. 모듈에 문제가 발생하면 셀을 분해·분석해야 근본 원인이 파악되는 경우가 많았기 때문입니다. 시스템 개발자라 하더라도 셀의 거동 특성에 대해 자세히 알고 있다면 설계, 분석하는 데 있어 엄청난 도움이 된다고 할 수 있습니다.

PART 02 현직자가 말하는 2차전지 직무

Chapter 02 모듈/팩 개발

4 모듈/팩은 왜 필요할까: 약한 셀을 지키고 관리한다

자, 그렇다면 배터리 모듈과 팩은 왜 필요할까요? 셀만으로도 전지 기능을 가지고 있고 에너지를 저장할 수 있는데 왜 셀 주변에 케이스를 씌우고 센서를 부착하고 포장을 할까요? 그 이유는 바로 셀은 너무 약하기 때문입니다.

먼저 셀은 포장 형태에 따라 각/원통/파우치 3가지로 분류할 수 있으며, 배터리 형태에 따라 아래 표에 정리된 것과 같이 장단점을 가지게 됩니다.

원통형 배터리는 생산 수율이 높아 저렴한 비용으로 배터리를 생산할 수 있습니다. 생산 수율이 높다는 것은 배터리를 생산하기 위해 관리해야 되는 품질 점검 리스트가 파우치, 각형에 비해 작다는 것을 의미합니다. 점검하고 관리해야 되는 이슈가 많을수록 공정 시간이 길어지고 필요 인원이 커지면 그에 따라 제품의 가격 또한 증가합니다.

각형의 가장 큰 장점은 비교적 튼튼하다는 것입니다. 많은 분들이 각형 셀은 튼튼하니깐 모듈이 필요 없다고 생각할 수 있는데 아닙니다. 자동차 업계에서 '튼튼하다', '안정성이 높다'의 기준은 사고 상황, 즉 충돌, 폭파 등 물리적 힘이 큰 상황에서 배터리가 견딜 수 있어야 되는 것을 요구합니다. 따라서 알루미늄 케이스로 한 번 보장한 각형 셀은 다른 파우치나 원통형에 비해 안정성을 가지는 것은 맞지만 여전히 '셀'이기 때문에 약하다고 할 수 있습니다.

마지막으로 최근 들어 높은 에너지 밀도를 가지고 형태 변경이 용이하여 많이 사용되고 있는 파우치 셀은 정말 약합니다. 바늘로 찔러도 화재가 나고 찢어져도 전기적 절연이 깨지고 외부 힘에 약합니다. 또한 생산 과정 중에 셀탭, 파우치 포장을 하며 관리해야 될 리스트가 많습니다. 따라서 생산 비용이 높기 때문에 현재는 전기차 중에서도 플래그십 모델, 고성능 모델에 많이 사용되고 있습니다.

	원통형	파우치형	각형
장점	저렴한 비용	형태변경 용이 높은 에너지 밀도	대량 생산 용이 높은 안전성
단점	적은 에너지 밀도 짧은 수명	높은 생산비용	무거운 무게 형태변경 어려움

자료: 각 사

[그림 2-8] 전기차 배터리 형태별 특징

아래 사진은 원통형 셀의 내부 사진(CT)입니다. 롤케이크처럼 전극을 말아 두었다고 하여 Jelly-roll 형태라 부르는데, jelly-roll의 양극과 음극이 분리막을 뚫고 접촉하게 되면 단락, 즉 쇼트(short)가 났다고 합니다. 외부에서 물리적 충격에 의한 셀 내부 단락을 방지하고 셀을 보호, 관리하기 위해 모듈, 팩이 있다고 생각하시면 됩니다.

[그림 2-9] 원통형 셀의 내부 사진(CT)

5 배터리 모듈 구조 뜯어보기

1. 차를 움직이는 고출력, 고용량 배터리는 어떻게 구성될까?

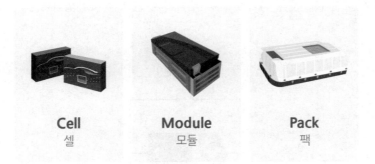

[그림 2-10] 셀(Cell), 모듈(Module), 팩(Pack)

지금까지 배터리 모듈, 팩이 왜 필요한지 알아봤습니다. 다음으로는 실제 배터리 모듈이 어떤 부품으로 구성되는지 알아보겠습니다. 먼저 상단의 그림을 보면 모듈이라고 하는 것은 쉽게 말해 배터리 포장 박스라고 생각하면 됩니다. 현재 상용 전기차의 배터리 전압은 아이오닉 5를 기준으로 600V가 넘는 고전압입니다. 가정용 전압이 220V인 점을 감안하면 3배 이상의 고전압, 고출력을 요구한다고 볼 수 있습니다. 하지만 1개의 셀은 각/원통/파우치 어떤 형이든 4V 수준의 낮은 전압을 가지고 있습니다. 따라서 낮은 전압을 가지는 단위 셀을 연결하여 고전압을 만들어줄 수 있는 구조가 필요합니다.

먼저 배터리가 연결되는 구조부터 알아보도록 하겠습니다. 배터리 연결 구조 및 전압, 전류는 고등학교 때 배운 옴의 법칙이라고 불리는 공식인 V(전압)=I(전류)×R(저항)만 이해하고 있다면 쉽게 이해할 수 있습니다. 전등을 예로 들자면 직렬 연결의 전구 밝기는 밝은 반면(전압이 높다, 소모 에너지가 크다) 오래가지 못하고, 병렬 연결의 전구 밝기는 직렬인 경우보다 어둡지만 오래 가는(수명이 긴) 연결 방식입니다. 아래 사진을 보고 예를 들어 보겠습니다.

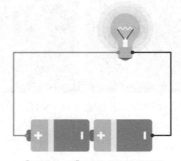

[그림 2-11] 직렬 연결한 전구

3.7V 5000mAh인 2개의 배터리를 직렬 연결한 경우, 전구는 7.4V의 전압으로 사용 시간은 50000mAh만큼의 용량을 가지게 됩니다. 직렬 연결하였기 때문에 전압이 2배가 되었습니다. 이 경우 배터리의 구조를 '1P2S'라고 하며 1P는 1개의 병렬(Parallel) 구조, 2S는 2개의 직렬 (Serial) 구조를 가진다는 것을 의미하고 총 배터리 수는 1×2=2개입니다.

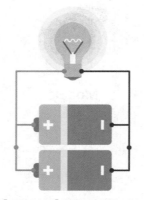

[그림 2-12] 병렬 연결한 전구

다음은 병렬 연결한 경우입니다. 동일 용량, 전압을 가지는 배터리를 병렬 연결한 경우 전구는 3.7V의 배터리로 5000mAh의 용량의 2배만큼 사용 시간을 가집니다. 이 경우 배터리의 구조를 '2P1S'라고 하며 2P는 2개의 병렬(Parallel) 구조, 1S는 1개의 직렬(Serial) 구조를 가진다는 것 을 의미하고 총 배터리 수는 1×2=2개입니다.
다음 그림으로 XPXS 구조가 무엇인지 상세히 알아보겠습니다.

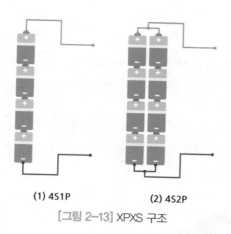

(1) 4S1P   (2) 4S2P

[그림 2-13] XPXS 구조

위 그림을 살펴보면, 첫 번째 그림은 4S1P인 경우이고, 총 배터리 셀 수는 4×1=4개입니다. 두 번째 그림은 4P2S인 경우로, 총 배터리 수는 4×2=8입니다. 지금까지 배터리 셀이 모듈에서 어떤 방식으로 연결되며 어떤 구조(XSXP)로 연결되는지 알아보았습니다. 다음은 모듈의 구조, 구성 파트에 대해 알아보겠습니다.

2. 배터리 모듈 구조

지금까지 무거운 전기차를 구동시키기 위해서 배터리가 어떤 방식으로 연결되는지 알아보았습니다. 여기서부터는 작은 전압을 가지는 배터리 셀이 어떤 방식으로 연결되고 포장되어 모듈 단위로 구성되는지 알아보겠습니다.

배터리 모듈의 기본적인 개념은 자체에 배터리가 적용되는 가장 큰 단위 시스템인 '배터리 Pack'에서 개별 단위의 셀을 관리하고 모니터링하기 쉽지 않기 때문에 Cell과 Pack을 연결해 주는 인터페이스, 즉 경계면 연결 다리입니다.

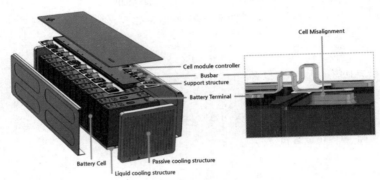

[그림 2-14] 배터리 모듈(Module)

우리나라의 각 배터리사마다 모듈 구조 설계는 국가핵심보안 기술로 지정하고 기술 보호를 하고 있는 만큼 설계방법, 구조가 상이합니다. 하지만 배터리 모듈은 기구 설계라는 측면에서 볼 때, 자동차 산업과 설계 과정이 유사합니다.

먼저, 모듈 구조를 설계하기 위해서는 몇 개의 셀을 하나의 단위로 포장할지를 선정합니다. 이때 각 배터리사마다 보유하고 있는 배터리 타입(각, 원통, 파우치)에 따라 셀 1개가 가지는 전압과 전력량을 기반으로 작은 셀을 여러 개로 포장할지, 아니면 장폭 셀과 같은 큰 셀을 작은 숫자로 포장할지를 정합니다. 작은 셀을 여러 개 포장하게 되면 셀 개수가 증가함에 따라 각 셀 간, 부자재 간 연결을 위해 셀 이외에 기구물이 추가로 더 포함되게 되어 모듈의 에너지 밀도가 다소 감소하고, 하나의 셀이 가지고 있는 용량이 작기 때문에 열폭주, 과충전 및 수명 특성에서 이점을 가질 수 있습니다. 반면, 큰 용량의 셀을 사용하게 되면 한 셀의 용량이 크기 때문에, 열폭주 상황이 발생하면 셀 단위의 폭발력이 크고, 셀 단위 관리가 어려워 셀간 연결을 위한 부자재 및 Dead Zone Area가 줄어들기 때문에 고집적, 고밀도 모듈을 제작할 수 있습니다.

다음으로는 몇 개의 셀을 모듈에 포함할지 정한 이후에 모듈의 가장 최외곽, 포장 박스인 Housing을 설계합니다. 겉보기에는 단순한 사각형 박스처럼 보이지만 배터리 셀의 물리적인 거동 특성, 외부충격 보호를 위해 다양한 요소를 고려하여 설계합니다. 하우징은 한 개의 파트로 만들기도 하고, 그림과 같이 여러 개의 파트를 연결하여 만들기도 합니다. 하우징의 형태와 결합 방법의 차이는 완성차 OEM이 요구하는 배터리 모듈의 스펙 특성을 만족시키고 타 배터리사의 지적 재산권을 회피하기 위해 다양한 형태, 결합 방법으로 설계됩니다.

배터리 최외곽을 감싸고 있는 하우징이 배터리를 보호하기 위한 파트라고 한다면 '버스바'는 배터리를 전기적으로 연결해주는 파트입니다. 셀의 단자는 버스바로 연결되어 모듈의 원하는 전압 레벨로 이어지는 직렬 및 병렬 연결 전기 회로를 생성합니다. 버스바 재료는 전기적 연결을 해야 되기 때문에 일반적인 도선에서 많이 쓰이는 구리를 사용하는 것이 일반적입니다. 버스바도 다른 모듈 구성 파트와 마찬가지로 단순한 연결뿐만 아니라 배터리 모듈 내 이벤트 발생 시(열전파, 단락 등) 전기적인 연결을 차단하기 위한 안전 설계가 적용됩니다.

⑥ 배터리 모듈 기구 개발자가 설계 시 고려하는 요소: 성능 VS 가격

지금까지 배터리 모듈의 구성 요소를 살펴보았습니다. 배터리 모듈의 구조는 배터리사마다 상이하고 보안 사항인 재료와 기능도 상이합니다. 각 배터리사마다 다른 소재, 기구 설계 방법을 채택하고 있습니다. 하지만 큰 틀에서 볼 때 모듈 설계는 '기구 설계'라는 측면에서 개발자가 고민하는 공통적인 부분이 있습니다.

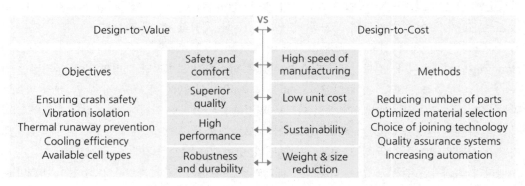

[그림 2-15] 설계 시 고려하는 요소: 성능 VS 가격

일반적으로 제품을 개발하는 개발자는 가격과 성능 사이의 타협점을 잘 설정하는 것이 매우 중요합니다. 예를 들어, 우리는 일상생활에서 흔히 가성비라는 것을 고려하여 소비를 합니다. 가격 대비 성능이 좋으면 소비를 하고 가격 대비 성능이 좋지 않으면 소비를 하지 않습니다. 하지만 가끔은 가성비를 비교적 덜 고려하는 소비를 할 때도 있습니다. 병원비, 공과금 등이 이에 포함되며 설계도 마찬가지입니다.

무조건 좋은 소재, 기구 설계 방법으로 제품을 만들어서 제작하면 성능적인 측면에서는 매우 우수하겠지만, 무결점의 고품질 전기차가 한 대에 10억씩 한다면 전기차를 구매할 소비자는 없을 것입니다. 따라서 개발자는 설계 시 소비자가 제품을 구매할 수 있는 수준으로 적절한 성능, 품질, 가격을 설정해야 됩니다. 위의 그림을 보면 설계 시 고려해야 되는 점이 있습니다. 하나씩 살펴보도록 하겠습니다.

먼저 제조 측면에서 볼 때 제조 시간(Tec Time)을 줄이는 것은 제품 생산량을 늘릴 수 있기 때문에 가격적인 측면에서 제조 시간을 단축하는 것이 유리합니다. 하지만 제조 시간을 단축한다는 것은 단순히 생산 기계의 가동 속도를 늘린다고 되는 것이 아닙니다. 각 공정을 지날 때마다 공정이 제대로 이루어졌는지 검사하는 검사 시간, 공정 중에 불량품을 선별하는 비전과 같은 추가 공정 설비 등 제품 품질을 향상하기 위해 배치할 수 있는 공정들을 삭제해야 제조 시간을 줄일 수 있습니다. 반대로 이야기하자면 검사 장비가 줄어들수록 제품의 품질은 낮아질 수밖에 없으며 이는 제조 시간이 짧더라도 양품 비중이 줄어들어 생산 수율이 떨어지는 문제를 발생시키게 됩니다. 따라서 제품 품질에 영향을 주는 중요 공정에 대한 검사를 하여 수율을 유지할 수 있는 공정을 개발하는 것도 매우 중요합니다.

다음으로 고품질을 위해 값비싼 소재를 적용할 것인가를 고민해야 됩니다. 브레이크를 예로 들면 플래그십 모델의 경우 카본 세라믹 브레이크를 이용하면 가벼우면서도 제동 성능을 올립니다. 하지만 이 옵션이 천만 원이 넘는 값비싼 옵션이라면 차량 자체를 구매하지 않을 만큼 가격적인 부분에서 이점이 떨어집니다. 배터리 모듈도 마찬가지입니다. 모듈 하우징을 카본으로 제작하면 강성적인 측면도 좋고 무게도 경량화할 수 있어 좋겠지만 비용이 어마어마할 것입니다. 따라서 개발자는 일반적으로 많이 사용하는 Steel 계열 소재를 사용하여 설계를 합니다. 이처럼 어떤 소재로 제품을 설계할 것인지는 단순히 가격만 생각하는 것이 아니라, 적당한 소재를 사용하였을 경우 성능도 수준 이상으로 나오면서 가격적인 부분도 만족할 수 있는 소재를 선택하여 설계를 하게 됩니다.

다음으로 강성 설계에 관한 부분입니다. 기본적으로 배터리는 차체에 탑재되는 부품으로 외부 충격이 있을 경우 배터리 셀이 손상되지 않도록 보호할 수 있는 Housing 설계가 필수적입니다. Housing의 경우, 두께가 두꺼울수록 외부 충격이 있을 때, 배터리를 보호하기 용이합니다. 하지만 두께가 증가할 경우, 모듈/팩 단위의 부품 원가가 상승할 뿐만 아니라, 차체 무게가 무거워져서 차의 성능을 저하시키는 문제를 발생시킵니다. 따라서 글로벌 완성차 OEM들은 각 사마다 상이한 모듈/팩 강성 설계를 요구하고 있습니다. OEM이 요구하는 SPEC에 따라 배터리 제조사들은 Housing의 두께 및 소재를 결정하여 성능 최적화를 수행합니다.

지금까지 배터리 모듈/팩 설계 시 고려해야 되는 다양한 요소들을 살펴보았습니다. 학교에서는 Cost(비용)를 고려하며 설계할 기회를 얻기 쉽지 않지만, 현업에서는 기능적이고 성능적인 측면과 더불어 Cost를 고려하는 설계를 해야 되기 때문에 위에서 언급한 다양한 요소를 생각하며 설계/개발 업무를 수행해야 합니다.

04 주요 업무 TOP 3

지금까지 배터리 시스템의 전기적인 연결과 구성, 기계적인 연결과 구성이 어떻게 되는지 간략하게 살펴보았습니다. 배터리 시스템의 구성 요소를 알았다면, 이제 시스템 설계 시 주요한 설계 인자가 무엇이 있는지 간략히 살펴보도록 하겠습니다. 아래 제시한 3가지가 모듈/팩 연구개발 직무의 주요업무 TOP 3입니다.

1 열확산 방지 설계

배터리에 부과되는 요구 사항은 적용 분야에 따라 다르지만 열 안정성을 보장하기 위한 구조적 무결성을 보장하는 것이 가장 중요합니다. 열 폭주는 기계적, 전기적 또는 열적 남용으로 인해 발생하여 내부 구조와 팩의 인접 셀이 과열되어 발생합니다. 열폭주 방지를 위해 셀 단위 안전성은 외부합선 시험, 열 안정성 시험, 내부합선 시험, 물리적 파괴 시험 등을 수행하여 발화, 발연의 유무에 의해 평가합니다.

리튬 2차 전지에서는 어떤 원인으로 전지 온도가 상승하면 전지는 스스로 발열하여 전지 온도가 더욱 상승하게 되는 악순환이 되기 때문에 전지의 자기발열원인을 감소시키는 노력이 필요합니다. 셀의 발열 속도는 전지의 부피에 비례하고 방열 속도는 전지의 표면적에 비례하기 때문에, 전지가 대형으로 될수록 발열 속도가 방열 속도에 비해 크게 되어 전지 온도가 쉽게 상승되므로 모듈 단위 방열 설계가 매우 중요합니다. 또한 전지의 발열속도와 방열속도의 균형이 맞지 않을 경우, 배터리 시스템이 위험 상태에 이르게 되므로 전지 내부에서의 자기발열을 줄이는 것은 배터리 열 안전성 확보를 위해 중요합니다.

배터리의 발열 원인 중 자기발열의 원인은 전해액과 음극의 반응, 전해액 단독의 열분해, 전해액과 양극의 반응 등이 있으며 이외에 격리판의 용융유동에 의한 내부 누전도 발열의 원인이 되는 경우도 많습니다. 충전 및 방전 과정에서 리튬 이온 배터리에는 세 가지 유형의 가열이 있습니다.

1. 활성화 비가역적 열을 유발하는 전기화학적 반응 분극화
2. 가역적 반응열을 유발하는 공정 중 엔트로피 변화
3. 옴 손실을 유발하는 줄 가열 → 배터리 온도는 화학 반응과 선형 관계

반응 진행을 제한하기 위해 열 장벽을 부과하고 배터리 팩에서 열을 방출하는 출구를 포함하여 위험을 최소화하는 것이 중요합니다. 셀은 팩 내부의 진동으로 인해 전기 연결이 느슨해지거나 냉각 시스템의 채널 역할을 하는 셀을 제자리에 고정하는 지지 구조의 파손이 가능합니다. 팩 수준에서 불균등한 셀 간 연결은 불균형 전류를 유발하고, 이는 차례로 동적 부하를 받을 때 배터리 팩에서 불균일한 열 생성을 초래합니다. 모듈 내 배터리 셀의 높은 변동은 성능에 영향을 미치고 모듈 내에서 가장 약한 셀의 배터리 용량으로 배터리 용량을 제한하는 문제를 야기합니다. 따라서 EV의 성능, 주행 조건, 배터리 성능에 따라 배터리 셀 수준의 열 관리 시스템부터 실내 냉난방이 연계된 통합 열 관리 시스템까지 차량에 적합한 열 관리 시스템 선택이 필수적입니다. 모듈/팩의 평균 작동 온도뿐만 아니라 각각의 셀의 온도 편차나 셀과 셀 사이의 온도 편차가 높아지면 배터리 성능에 악영향을 미칠 수 있기 때문에 배터리의 크기, 발열량에 따라 적합한 시스템의 선택이 필요합니다. 그렇다면 배터리 냉각은 어떤 방식으로 이루어지는지 자세히 알아보겠습니다.

배터리 냉각은 크게 배터리를 냉각 유체와 직접 접촉을 통해 냉각하는 직접 냉각과 방열판과 배터리를 접촉시켜 방열판의 온도를 낮춰 냉각하는 간접냉각 방식으로 분류됩니다.

직접 냉각은 원기둥, 각기둥 모양의 셀로 이루어진 배터리 팩에서 주로 사용됩니다. 대부분의 직접냉각 시스템은 열전달 유체로 그림과 같이 공기를 사용하고, 유체를 사용하는 경우에는 절연 유체인 오일을 사용합니다.

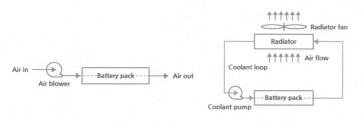

(1) 공기를 이용한 직접 냉각　　　　**(2) 냉각수를 이용한 직접 냉각**

[그림 2-16] 공기를 이용한 직접 냉각과 냉각수를 이용한 직접 냉각

유체를 사용하는 경우에는 유체의 냉각을 위해 액체–기체 열교환기나 라디에이터가 필요합니다. 발열량이 높거나 공기의 온도가 셀보다 높을 때 냉각 성능에 제한 및 팩에서 각각의 셀의 온도 편차가 높아지는 단점이 있습니다. 이를 해결하기 위해, 간접 냉각 방식이 등장합니다.

간접 냉각은 직접 냉각을 하기 어려운 경우에 사용됩니다. 각 기둥이나 파우치(Pouch) 모양의 셀은 셀 사이의 간격을 최소 배열할 수 있습니다. 따라서 셀 사이의 작은 간격 때문에 직접 냉각이 어려워 방열판을 이용한 간접 냉각을 사용합니다. 방열판의 높은 열전도도는 냉각 시 셀에서의 온도 편차를 줄일 수 있는 장점이 있습니다. 이는 셀에서 국부적으로 높은 열 유속이 방열판을 통해 재분배되기 때문입니다.

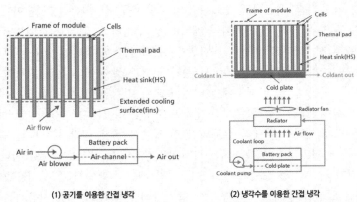

(1) 공기를 이용한 간접 냉각   (2) 냉각수를 이용한 간접 냉각

[그림 2-17] 공기를 이용한 간접 냉각과 냉각수를 이용한 간접 냉각

2 기계 강성 설계

앞서 살펴본 열확산 방지 설계뿐만 아니라 전기자동차에 탑재되는 배터리 팩은 기본적으로 자동차 구성품이기 때문에 진동, 충격, 침수 등의 다양한 신뢰성 평가에서 합격해야 됩니다. 특히 제품 특성 및 요구사항을 명확히 정의한 후 비중, 인장강도, 압축강도, 피로강도, 가격 관점에서의 철저한 분석이 필요합니다.

배터리 모듈, 팩의 기계 강성 설계는 단순히 하우징을 두껍게 설계하는 것에서 끝나지 않습니다. 셀이 안착되는 면과 하우징의 접촉면이 진동, 충격 상황에서 셀의 파손을 야기하지 않도록 면-면 설계가 매우 중요합니다. 따라서 하우징의 형태가 기계 강성을 만족할 수 있도록 구조물뿐만 아니라 외부 파트를 사용하여 셀을 고정하는 방식으로 강성을 확보하는 설계를 합니다. 배터리 강성 설계를 위해 모든 설계 요소를 실험하고 평가해 보는 게 이상적이겠지만, 회사의 개발 과정에서 비용은 가장 중요하고 고려되는 요소입니다. 따라서 모든 설계 요소를 실험하고 평가하기에는 비용이 많이 소비되기 때문에 많은 부분을 전산 해석을 이용해 강성 평가를 수행하고, 이를 기반으로 실제 실험 및 평가를 수행하여 설계를 확정하는 방법을 많이 사용합니다.

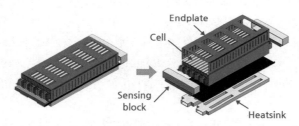

[그림 2-18] 배터리 End Plate 위치 및 구조 ①

배터리 셀을 기계적으로 보호하기 위해서 배터리 모듈/팩 외부에서 'End Plate'라는 부품을 설치합니다. End Plate는 배터리 셀의 팩의 조립단계에서 셀을 가압하여 셀의 퇴화에 따른 팽창을 억제하는 역할을 수행하고 기계적 특성뿐만 아니라 성능 측면에서도 중요한 설계 사항을 가지는 부품입니다. 또한 End Plate는 매우 높은 강성을 가져야 하므로 소재의 선택과 형상의 최적화를 위한 전산 해석을 수행하게 되며 최적의 무게, 두께, 강성을 가지는 설계 사항으로 도면을 확정 짓습니다.

[그림 2-19] 배터리 End Plate 위치 및 구조 ②

최근 들어 자동차 업계를 중심으로 상대적으로 가벼우면서 기계적 성질 및 방열특성이 우수한 Al 합금의 적용 비중이 높아지고 있으며, Al 가공 기술 중 하나인 압출공정은 공정비용이 저렴한 이유로 개발이 활발하게 진행되고 있습니다.

Battery Cell 충전 중 배터리는 화학 반응에 의해 부피가 팽창하고 수축하는 Swelling 현상을 생애 주기 동안 겪습니다. 이 Swelling 현상에 의해 Battery Module이 구조적으로 받는 영향을 Stack Stress라고 하며, Stack Stress의 관리는 Battery의 용량 및 수명에 큰 영향을 줍니다. 이러한 반복적인 특성에 의한 응력변화를 효율적으로 제어하지 못할 경우, 셀에 작용하는 압력이 증가하여 파우치, 케이스 등이 파손되어 셀 폭발의 위험성이 있습니다. Battery Module의 경우, End Plate는 내부 압력 및 열, 외부 충격으로 Battery Cell을 보호하는 역할 뿐만 아니라, 효율적 압력 제어를 통해 Battery Cell의 용량 유지력 향상 및 장기간 Cell 성능에 중대한 영향을 미칩니다.

지금까지 배터리의 기계 구조 강성 설계 중요성 및 방안에 대해 살펴보았습니다. 일반적인 기계 부품과 달리 셀이라고 하는 화학 반응에 따라 마치 살아 숨 쉬는 swelling 현상을 가지는 부품을 포장해야 되기 때문에 고려해야 될 요소가 많았습니다. 강건한 설계를 위해선 다양한 설계인자를 설정하여 전산해석, 평가해야 좋은 설계를 할 수 있습니다.

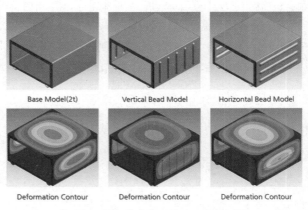

[그림 2-20] 배터리 End Plate 구조해석

3 절연 설계

    자동차 운행 중에 배터리 내부에서는 지속적인 충전과 방전 동작이 수행되는데, 의도치 않은 원인에 의해 배터리에 과전압이 인가되거나 과전류가 흐르게 되는 상황이 지속될 경우 발화 및 폭발의 위험성이 있습니다. 따라서 전기 자동차의 화재 방지를 위해서 셀 레벨에서 모듈, 팩 단위까지 염두에 두어야 하는 것이 바로 '절연'입니다.

    절연(Isolation)이란 간단히 말해 시스템 내 분리된 부품 간 원하는 신호나 전력을 전달하면서 원치 않는 전류를 차단하는 것을 말합니다. 전기 자동차에서 절연이라고 하면 고전압을 띄는 셀 탭에서 각 기계 요소 부품간의 거리를 이격하고 격리시키는 것이 바로 절연 설계입니다.

    절연 설계의 목적은 안정성, 기능성 2가지 측면에서 모두 중요합니다. 먼저 안정성 측면에서는 고전압 부품과 전류가 흐르지 않아야 될 부분에 전류가 흐르게 되면 폐회로 형성으로 전기적 단락이 발생하여 화재가 발생할 수 있습니다. 그리고 BMS, 센싱 회로가 설계된 부분에 누전이 될 경우, 회로 기판에 손상이 발생하여 정상적인 셀 데이터를 수집하지 못하여 탑승자에게 정확한 셀의 상태를 전달하지 못하는 기능 고장을 발생시킬 수 있습니다. 따라서 기능상 전류가 흐르지 않아야 될 부분과 고전압 부품을 이격 및 격리할 수 있도록 모듈/팩을 설계합니다.

    절연 설계의 방법은 HW적으로 기구물을 분리하는 방법이 있고, 전기적으로 접지, 즉 Ground를 부여하여 회로가 형성될 수 없도록 하는 방법이 있습니다. 또한 절연성이 높은 재료를 사용하여 전기적 저항을 증대시키기도 하는 등의 다양한 방법으로 모듈, 팩에서 절연성을 확보한 안전 설계를 수행하고 있습니다.

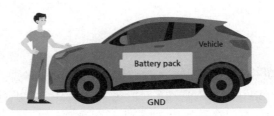

[그림 2-21] 전기차 절연 설계

08:00~09:00	09:00~10:00	10:00~12:30	12:30~13:30
• 출근 준비 및 출근 • 간단한 업무정리	• 시장 이슈 확인 • 자료 조사 • 메일 확인 후 대응 사항 정리 • 요청 자료 취합하여 유관 부서 협조 요청	• 업무 회의 또는 보고서 작성(+업체 대응)	• 점심 시간 • 티타임 또는 산책

13:30~14:30	14:30~18:00	18:00~
• 오후 팀 정기 미팅	• 보고서 작성 • 평가 참관 및 지원 • 업체 대응	• 퇴근 또는 추가 업무

1. 08:00 ~ 09:00

정해진 출근 시간은 없지만 9시 이전에 출근해서 전날 정리하지 못했던 업무를 정리하거나 당일에 처리할 업무를 정리합니다. 저 같은 경우에는 하루 근무 시간 동안 회의 시간을 제외한 시간에 어떻게 시간을 안배해서 데이터 분석 및 설계 업무, 업체 대응 업무를 수행할지 계획을 수립합니다. 주변에 다른 분들을 봐도 특정한 출근 시간이 있는 것은 아니고 유연 근무제를 사용하여 근무 시간을 탄력적으로 사용하면서 근무하는 분위기입니다.

2. 09:00 ~ 10:00

본격적인 코어 근무 시간 이전에 배터리 산업의 방향과 트렌드를 알 수 있는 기사 및 소식을 먼저 찾아보고 습득합니다. 비록 기술적인 부분에서 깊이가 그리 깊지 않더라도 시장 트렌드가 어떻게 변화하는지 알면 설계하는 데 있어서 인사이트를 얻는 경우가 많습니다.

예를 들어 CATL, BYD와 같은 중국 배터리 업체는 어떤 방식으로 배터리 모듈, 팩을 설계하고 차량에 탑재하는지 찾아보거나, 기술 로드맵을 보면서 제가 속한 회사의 방향과 비교를 통해 어떤 점을 개선할 수 있는지 고민하는 시간을 가집니다.

또한 짧게 시장 이슈를 분석한 이후에는 당일에 작성해야 될 보고서를 위한 자료를 조사합니다. 제가 직접 먼저 찾아보고 정리한 후 어떤 자료가 추가로 필요한지 정리하며 협조가 필요한 부분은 유관 부서에 협조를 요청하고, 평가를 해야 될 부분은 논리를 수립하여 유관 부서에 평가 의뢰를 요청합니다.

3. 10:00 ~ 12:30

본격적인 오전 업무 시간입니다. 이 시간에는 보통 업무상 회의가 매우 잦습니다. 제가 느낀 업무상 회의가 많은 이유는 크게 2가지입니다.

먼저, 함께 협의하고 진행해야 되는 일이 많기 때문입니다. 협력 및 협조의 개념을 넘어서 실험, 업체 선정, 부품 설계 등 독단으로 결정하고 판단하기 어려운 일이 많습니다. 따라서 특정 이슈 건에 대해 협의가 필요할 시 연차 상관없이 회의를 소집하고 업무 협조를 요청하고 의사결정을 합니다. 배터리 산업의 가장 큰 특징 중 하나는 산업이 이제 막 급격하게 성장하고 있는 산업이기 때문에 전통적인 제조업인 자동차 산업과 달리 무조건 이렇게 해야 된다는 매뉴얼이 없습니다. 따라서 문제가 발생하였을 때 함께 문제를 논의하고 고민하고 의사 결정하는 과정을 연차 관계없이 누구나 경험할 수 있고, 신입으로 입사하게 된다면 생각보다 큰 의사결정을 본인이 할 수 있습니다. 물론 공학적인 타당성 확보는 기본입니다.

다음으로 회의가 잦은 이유는 배터리 시스템 산업은 기본적으로 조립업에 속하기 때문입니다. 다양한 부품을 조립하여 하나의 제품을 만들기 때문에 다양한 부품을 생산하는 협력 업체와 해당 부품의 개발, 생산, 이슈 대응하기 위한 활동이 많습니다. 부품을 만들기 위한 재료, 공정, 공차 설계 등 많은 부분에 대해 협의하고 시제품을 제작해 보고 성능을 평가해보고 수정하는 작업을 반복하면서 개발 품질을 육성하는 활동을 수행합니다. 개발자는 제품이 만들어지는 시작 단계부터 관여하기 때문에 업체 회의를 들어가게 되면 협력업체의 사장급분들과 업무 협의를 수행하게 되는데, 그만큼 업무의 무게가 크다고 느껴집니다. 책임이 큰 만큼 더 꼼꼼하게 사항을 확인하고 검토하고 설계해야 합니다.

4. 12:30 ~ 13:30

　오전 업무가 끝나면 중식 시간을 1시간 가량 가집니다. 중식은 팀원들끼리 먹기도 하고, 입사 동기들끼리 먹기도 하고 혼자 먹기도 합니다. 즉 자유롭게 먹고 싶은 사람과 먹으면 됩니다. 회사 식단은 성향마다 다르지만 잘 챙겨 먹으면 건강해지는 식단인 것 같습니다.

　중식을 먹고 보통 티타임을 가집니다. 이 시간도 보통 본인이 함께하고 싶은 사람과 커피 한 잔 마시면서 업무 협의를 하기도 하고, 아니면 동기들을 만나 사담을 나누기도 하면서 잠깐의 휴식 시간을 가집니다. 저 같은 경우엔 혼자 산책을 하거나 분석 업무를 하면서 어떤 부분을 더 깊이 파 보고 분석해 볼지 조용히 생각하는 시간을 가집니다. 업무에 치일 때는 안 보이던 것들이 여유를 가지고 생각하면 해결되는 경우가 많아 산책을 즐깁니다.

5. 13:30 ~ 14:30

　오후에 가장 먼저 시작되는 업무는 일반적으로 주요 개발 안건을 논의하기 위한 팀 내 미팅입니다. 주 2~3회 정도 팀 내에서 개발 시 발생하는 이슈 사항들을 분석하여 보고하고 다음 진행사항을 위한 논의를 함께하고 계획을 세웁니다. 이때 필요하다면 프로젝트와 관련된 다른 유관 부서 분들에게도 협조를 요청하여 함께 미팅을 진행합니다. 회의 때 논의했던 사항들을 놓치지 않고 수행하기 위해서는 회의 때 어떤 이야기들이 오고 갔는지 정리하는 회의록 작성이 중요합니다. 회의록에는 논의 과정 중에 오갔던 의견 및 피드백을 정리하여 팀 내에서 문제를 해결하기 위한 방안을 수립할 때 이견이 없었는지 확인하고 진행 사항을 다시 한 번 확인할 수 있도록 깔끔하게 정리하여 팀 내에 공유합니다.

6. 14:30 ~ 18:00

　팀 회의가 끝나면 각자 역할에 전달받은 업무를 수행합니다. 개발자는 제품을 설계하고 제작하기 위해 협력 업체와 협의를 통해 샘플 수급, 시제품 제작, 제품 신뢰성 평가, 제조 치수 및 공정 관리뿐만 아니라 설계된 제품으로 평가한 결과를 분석하고 개선하기 위한 개선안 등을 찾는 업무를 수행합니다. 학교에서 배우는 기본적인 설계 관련된 지식(공차 분석, 캐드 모델링, 조립성 검증 등등)뿐만 아니라 전공에서 나오는 엔지니어링 지식도 매우 중요합니다. 평가 결과를 분석하는 데 있어서 데이터를 분석하기 위한 기본적인 전공 지식이 없다면 분석을 수행할 수 없습니다. 따라서 각 전공의 가장 기초가 되는 전공 과목을 충실히 학습하고 오는 것을 추천합니다.

7. 18:00 ~

18시 이후엔 저녁 식사 이후 업무가 있거나, 해외 고객사 회의 일정이 없다면 보통 퇴근합니다. 하지만 최근 들어 사업의 확장이 많은 배터리 산업이기 때문에 업무가 점차 늘어나고 있는 추세입니다. 그에 따른 추가적인 인력 보강이나 채용이 이루어지고 있기는 하지만 점점 업무가 많아지고 넓어지는 게 체감이 됩니다. 개발 부서에 있는 분들은 협력 업체와 협의하기 위한 양산 관련 현업 업무뿐만 아니라, 데이터를 하나씩 뜯어보며 분석하는 업무도 함께 수행해야 되기 때문에 끝이 있는 업무는 아닌 것으로 생각됩니다. 본인이 하고자 하는 만큼 업무를 할 수 있으며 노력하는 만큼 보고서의 질이나 분석의 폭이 달라질 수 있기 때문에 많은 분들이 남아서 업무를 수행합니다.

표준 근무시간 이외 근무 시간은 야근 수당으로 지급되기 때문에 야근을 많이 했다면 월말에 꽤 쏠쏠한 보상을 받을 수 있습니다.

요즘 기업 채용에 있어서 영어 말하기 등급 준비는 필수라 할 수 있습니다. 배터리 시스템 개발 엔지니어에게 영어는 중요할까요? 현업에서 많이 사용할까요? 결론은 '못하면 업무가 안 될 정도로 불편하고 잘하면 업무에 100% 도움이 된다.'입니다.

배터리 산업은 태생적으로 내수 시장이 아닌 해외 시장, 즉 해외 완성차 업체가 주 고객입니다. 따라서 현업에서 회의에 참가하는 업체 엔지니어와 의사소통하기 위한 기본적인 영어실력은 정말 필수라고 할 수 있습니다. 영어권 국가를 제외한 특수한 경우에 한해서만 회사에서 통역실과 함께 회의를 진행하지만, 영어로 서로 의사소통이 가능한 완성차 업체와는 회의 시에 통역실 없이 개발자 엔지니어가 직접 듣고 말하며 회의를 진행합니다.

저 역시 취업을 위해서 취준생 시절 오픽 준비를 하였고, 시험을 위한 준비만 해서 영어 회화 실력은 없는 IH 등급 보유자입니다. 회사에 처음 왔을 때는 '영어가 뭐 그렇게 중요할까?'라고 생각했습니다. 하지만 업무를 수행하면서 영어로 인한 장벽은 짧지 않은 시간에 다가왔습니다. 고객사로 있는 해외 완성차 엔지니어와 영어로 메일을 주고받다가 한 번은 국제전화로 전화가 걸려 왔습니다. 저녁쯤이었습니다. 제가 정리한 데이터와 분석 결과를 보냈는데 전화가 온 것입니다. 처음에는 한국인이면 누구나 그렇듯 스팸 전화일 것이라 생각하고 거절했습니다. 하지만 이내 곧 회사 메일과 전화로 질문 및 논의 사항이 있다고 응답 요청이 왔습니다.

다음 날 두려움 반 긴장 반의 마음을 가지고 전화를 다시 받았습니다. 저는 대학원 시절 함께 연구하던 외국인 덕분에 전화상으로 업무 관련된 내용을 영어로 의사소통한 경험이 있습니다. 하지만 대학원에서 함께 일했던 외국인은 한국인의 영어 말하기 실력이 그렇게 뛰어나지 않다는 것을 누구보다 잘 알고 있는 외국인이었고, 그에 따라 본인의 말하기 속도, 발음을 정말 친절하게 조절해 줘서 토익 듣기 시험에 나오는 정도로 말해 줬기에 어느 정도 의사소통이 되었던 것입니다. 하지만 현업에서 마주한 해외 엔지니어는 그런 맥락이 없다 보니 정말 빠르게 발음은 굴려서 제가 알아들을 수 있는 말은 절반도 안 되었던 것 같습니다. 저는 당황하지 않고 이해가 되지 않는 부분은 다시 물어보며 겨우겨우 해당 건에 대한 대응을 마치고 실전에서 사용할 수 있는 진짜 영어 말하기 실력을 늘릴 필요가 있음을 뼈저리게 느꼈습니다.

저는 이 일을 겪고 난 이후 회사에서 임직원의 영어 말하기 실력을 향상시키기 위해 시행중인 프로그램이 있는 것을 찾아보았고, 전화 영어 및 일대일 대면 수업이 있다는 것을 알게 되었습니다. 저는 최근엔 주 3회 20분씩 다양한 주제에 대한 원어민과 통화 및 대면 대화를 하며 영어 말하기 실력을 늘리고 있습니다.

여러분들도 영어 스피킹을 단순히 취업 목적이 아니라, 실제로 외국인 엔지니어와 협업하는 상황을 상상하면서 준비하기를 바랍니다.

MEMO

06 연차별, 직급별 업무

최근 들어 수평적 조직 개편에 따라 많은 회사에서 직급 통폐합을 시도하고 있습니다. SK 이노베이션도 이에 따라 직급은 크게 PM(Professional Manager), PL(Professional Leader) 2가지로 분류됩니다. 하지만 아직까지 이전 직급체계가 더 와 닿는 분들을 위해 설명하자면, 사원~과장 → PM, 부장~차장 → PL 정도 개념으로 이해하면 될 것 같습니다. 이전 직급에서는 부장이었던 분이 프로젝트 리더인 PL이 아닌 PM으로 되는 경우도 많이 있습니다. 이는 개인 고과에 의해서가 아닌 팀 내 역할을 위한 인력 배분에 의해 부장~차장급에서는 팀 내 역할에 따라 PM이 되기도 하고 PL이 되기도 합니다.

연구원으로 입사하더라도 배치되는 부서에 따라 개발 업무를 수행하기도 하고, 평가, 선행 연구 등 다양한 업무를 수행합니다. 저는 연구원으로 입사할 때 연구/개발자로 업무를 수행하고 싶었고 실제로도 해당 업무를 수행하고 있습니다. 그리고 나름대로의 애사심, 애국심을 가지고 K 배터리의 핵심 기술을 내 손으로 만들어 보겠다는 포부를 가지고 들어왔습니다. 다행인 것은 배터리 산업이 오래되지 않아 다양한 아이디어와 의견에 대해 열려 있는 자세로 팀원들이 함께 검토해주며 이 과정을 통해 배우는 점이 매우 많다는 것입니다. 같은 PM이라 하더라도 같은 역할을 수행하는 것이 아닌 것을 알게 되었고 고연차가 될수록 PM이라 불리기는 하지만, 책임을 지고 팀 내에서 행해지는 프로젝트를 Leading 하는 매니저 역할을 수행합니다. 아래에서는 제가 보고 들은 연차별/직급별 업무와 다양한 커리어패스에 대해 소개하겠습니다.

1 PM(그룹장 이하 직급, 별도의 명칭 없음, 호칭은 '~님')

1. 하는 일

처음 입사하게 되면 수많은 교육을 받습니다. 직무와 간접적으로 관련 있는 교육뿐만 아니라, 설계 업무에 사용되는 CAD 프로그램 사용법, 통계분석기법, 제품수명예측, 공차 설계 등 제품을 설계하는 데 있어 필요한 많은 교육을 온/오프라인으로 받습니다. 이 과정은 현업 업무를 수행하면서 중간 중간에 교육 일정이 나오는 대로 참가하여 듣게 됩니다. 팀 내에서는 사수 PM과 함께 어떤 업무를 수행하는지 파악하고, 함께 작업하면서 업무를 하나씩 차근차근 배워 갑니다. 이때 선배 PM이 생각보다 어려운 일을 요청할 때가 있는데 이건 혼자서 다하라는 것이 아니라 주변에 있는 인력풀을 이용해서 해결해 보라는 의미이기 때문에 주저하지 말고 모르는 부분은 질문하고, 하루하루 교육을 받고 배워가다보면 어느덧 많이 성장해 있는 자신을 발견할 수 있을 것입니다.

이렇게 6개월~1년 정도가 지나면 팀 내에서 수행하는 업무가 어떤 것이 있고, 한 번쯤은 본인이 직접 처리를 하든지 아니면 다른 팀원이 대응을 하는 것을 보고 경험하게 됩니다. 이때쯤 되면 배터리 시스템을 구성하는 부품을 전담으로 맡으면서 업체 대응, 이슈 분석 업무를 수행하게 됩니다. 팀 내 업무량에 따라 그 시기가 다를 수는 있으나 업무에 어느 정도 적응이 되고 양산 프로젝트가 있다면 부품 단위 담당자로 지정되어 해당 부품에 대해 깊이 있는 지식을 쌓을 수 있는 기회가 생기게 됩니다. 저도 업체 대응을 하면서 대학원에서 책에서만 배웠던 지식을 실제로 양산되는 라인에서 직접 보고, 업체 엔지니어 분들과 소통하면서 문제를 분석하고 논의하니 제품의 부품단의 지식을 정말 많이 쌓을 수 있었습니다. 제 전공/연구 분야와는 사뭇 다르지만 선배 PM의 도움으로 업무를 처리할 수 있었고, 회사에서도 아직은 '신입'이라는 시선으로 보기 때문에 모르는 게 있거나 어려움이 있으면 고민해 보고 선배 PM들과 상의하여 대응을 하게 됩니다.

2. 향후 커리어 패스

PM에서의 커리어패스는 크게 세 가지입니다.

첫째, 배치 부서에서 업무를 이어 나가는 것입니다. 예를 들어 본인의 직무가 개발이고 업무 내용이 본인 성향과 맞는다면 개발팀 내에도 많은 유닛, 그룹이 있기 때문에 다른 팀으로 이동할 필요 없이 개발팀에 몸담고 있으면 됩니다. 조직의 필요에 의해 그룹핑은 달라지더라도 개발팀에 오랫동안 머물며 개발자로 업무 능력을 향상시킬 수 있습니다. 저희 회사 개발자 분들 중에서도 많지는 않지만 입사부터 지금까지 개발 업무를 하며 팀장 역할을 하고 있는 분들이 많이 있습니다.

둘째, 팀 이동입니다. 처음에 배정받은 업무에 대해 해당 업무가 본인에게 잘 맞는지는 부서장도, 심지어 본인도 잘 모릅니다. 2~3년까지는 그 업무를 해 보다가 부서장과의 면담을 통해 그대로 할지, 다른 업무를 맡을지 결정하게 됩니다. 이때 선택하는 직무가 향후 커리어패스로 이어집니다. 그러니 면담하실 때 적극적으로 어필해야 합니다. 실제로 몇몇 선배들은 시스템 개발 업무를 맡다가, 면담을 통해 직접 실험 계획을 하고 평가 업무를 수행하는 시스템 평가 업무를 수행하고 싶다고 어필하여 부서 이동에 따라 업무에 재미를 붙이며 잘 적응하는 경우를 보았습니다. 뿐만 아니라 근무지를 옮기기 위해 대전 기술원에서 본사 부서로 이동하는 경우도 있습니다. 따라서 처음 맡게 된 일이 안 맞는다고 하더라도 나중에 바꿀 기회가 많이 있으니 일단 한 번 해 보는 것이 중요합니다.

셋째, 상위 고과를 통한 학위 취득입니다. 회사마다 다르겠지만, 일반적으로 상위 고과를 세 번 연속으로 받으면 석사나 박사에 대한 학위 취득 기회가 주어질 수 있습니다. 학위를 진행 중인 동안 보너스를 받지는 못하지만, 상위 고과를 받을 수 있고 학위도 취득할 수 있으니 좋은 기회입니다. 또한 회사에서 관리 받는 사람이 되기 때문에 직책을 갖게 될 수도 있습니다. 직책자분 중에 석사, 박사가 많은 이유 중 하나이기도 합니다. 즉 학사라고 할지라도 얼마나 관심을 갖고 노력하는지에 따라 기회는 많이 있으니 본인의 한계를 미리 선 긋지 않는 것이 중요합니다.

2 PM(그룹장)

1. 하는 일

일반적으로 9년차~18년차까지의 직급입니다. 다른 회사와 비교한다면 과장, 차장 직급입니다. 책임이라는 직급은 말 그대로 책임을 지고 프로젝트를 Leading하는 직급입니다. 기술적인 부분에 있어서 본인이 맡은 파트에 전문가가 되어 있을 시기입니다. 이때부터는 프로젝트 일부를 Leading하기 시작합니다.

예를 들어, 배터리 팩, 모듈의 전장 설계를 하는 데 있어서 각 부품별 이슈 사항을 오랜 기간 동안 다루게 되면 전장 부품에 관해서는 전문가로 불리게 되고 모듈, 팩의 전장 부품 설계의 책임자 역할을 수행합니다. 즉 이제 더 이상 직접적인 설계와는 거리가 멀어지고, 저년차 팀원들이 세부적인 설계를 해 주면 그것을 취합하여 전체 설계에서의 각 부품의 역할과 시스템 상에서 어떻게 구동될지를 관리를 하는 프로젝트 매니저 역할을 수행합니다.

관리가 주 업무가 되게 되면 지금 여러분처럼 본인이 직접 설계하고자 하는 열정을 가진 분들은 이런 걱정을 할 수 있을 것 같습니다. 크게 2가지 걱정거리에 대해 답변하겠습니다.

(1) 저는 연차가 차더라도 직접 설계하고 개발하는 개발자가 되고 싶은데 프로젝트 매니저가 되면 관리만 해야 되는 거 아닌가요?

먼저, 연차가 차게 되면 작은 부품 단위에서 이슈 사항과 설계 중점 사항을 파악하게 되고 시스템 레벨에서 부품의 거동과 특성을 이해하게 됩니다. 따라서 시스템 관점에서 부품의 특성을 파악하고 있는 연차가 부품만 개발하고 있는 것은 회사 차원에서도 엄청난 인적 자원 낭비입니다. 설계 및 개발 경험이 쌓이게 되면 주니어/시니어 개발자들이 직접 설계하고 개발한 부품을 오랜 경험에서 설계한 프로젝트 매니저가 검토하고 승인하는 방식으로 개발 과정이 이루어집니다.

또한, 본인의 업무 커리어 패스, 승진을 생각해서라도 관리직을 맡는 것은 선택이 아니라 필수입니다. 이러한 관리직을 잘 수행하려면 저연차일 때에도 본인의 업무뿐 아니라 다른 업무에도 관심을 갖고 대화를 많이 하고, 다양한 교육에 대해 참여해 두어야 합니다.

(2) 프로젝트 매니저는 관리가 주요 업무면 연차가 올라갈수록 업무가 편해지나요?

두 번째 질문에 대한 대답은 먼저 '아니다. 오히려 더 힘들다.'입니다. 절대 그렇지 않습니다. 대학교 교양이나 전공 수업을 들으면 많이 하셨던 팀 프로젝트를 생각해 보도록 하겠습니다. 팀 내에는 정말 열심히 하려고 하는 팀원도 있고, 무임승차를 하려고 하는 팀원도 있기 때문에 이런 팀원들의 성향을 파악하여야 되고, 각자 어떤 역량이 있는지 알고 업무를 부여해야 됩니다. 또한 가장 큰 부담은 프로젝트에 대한 책임이 있기 때문에 그 중압감은 이루어 말할 수 없습니다. 프로젝트 매니저는 외부 업체들과 협력하여 프로젝트를 진행하는 도중에 발생할 수 있는 risk를 짊어져야 하며, 문제가 생기면 주말에 나와서 책임을 지고 일 처리를 해야 합니다. 업무시간 내내 온종일 회의만 하다가 하루가 끝나는 경우가 대부분이고, 저연차 팀원들과 상위 직책자 분들 사이에서 의견을 조율하는 일도 쉽지 않습니다. 이러한 일들을 수행해야지만 진급 및 직책을 달 수 있게 됩니다.

2. 향후 커리어 패스

그룹장이라는 직급이 힘든 위치이므로 여기에서 다양한 분기점이 발생하고, 크게 세 가지로 구분해 봤습니다.

첫째, 직책을 맡아 상위 고과를 받고 팀장(PL)으로 진급하는 경우입니다. 회사에서 가장 잘 풀린 경우입니다. 위에서 언급한 일들을 잘 수행하여 좋은 퍼포먼스를 지속해서 보여 주게 되면 직책을 달 수 있게 됩니다. 직책자는 책임이 더욱 커지지만, 그에 대한 보상이 수당으로 주어지기도 하고, 상위 고과를 잘 받을 수도 있습니다. 많은 분이 이렇게 되기 위해 노력합니다.

둘째, 이직을 통해 몸값을 높이는 것입니다. 책임 저연차일 때, 본인이 맡은 업무에 대해서는 전문가가 되어 있을 때라고 말씀드렸습니다. 그래서 다른 회사에서 많은 헤드헌팅과 스카우트 제의가 들어옵니다. 당연히 더 높은 연봉과 처우를 대가로 제안을 하는 것입니다. 만약 본인이 지금 위치나 회사가 마음에 들지 않고 더 큰 꿈을 생각한다면 이직하게 될 것입니다. 또한 굳이 다른 회사에서 제의가 오지 않더라도, 꾸준히 이직을 위해 자기계발을 하고 준비하는 분도 있습니다. 마찬가지로 더 좋은 연봉과 처우를 해주는 회사를 골라서 경력직으로 이직을 할 수 있습니다.

1. 하는 일

　일반적으로 18년 차 이후의 직급입니다. 다른 회사와 비교한다면 차장, 부장 직급입니다. PL을 달았다고 하는 것은 각 유닛의 전문가라는 말과 같습니다. 예를 들어 개발 유닛 PL은 모듈, 팩 설계부터 가격경쟁력 확보를 위한 원가 설계 등 제품 개발을 위한 모든 과정의 전문가라 할 수 있습니다. 다른 회사 팀장이 관리자 성격의 업무가 많다면, SK온은 PL이 과제를 관리하는 관리자뿐만 아니라 설계에도 직접 참가하여 PM들이 설계한 제품을 리뷰하고 개선 방안을 알려 주는 등 현업에도 매우 깊게 관여합니다. PM선에서 고객사, 협력사와 협의가 안 되는 부분은 PL, 경우에 따라서는 소속 임원이 직접 나서서 문제를 해결하고자 합니다. 저도 실험 결과로 초기 보고서를 PL님에게 보고한 적이 있는데, 다른 분석을 시도해 볼 것을 요청하고 조언해 주셔서 유의미한 분석 보고서를 작성한 경험이 있습니다. 이처럼 PL은 해당 분야에서 10년 이상 경험이 있는 전문가이기 때문에 PM들이 설계하고 분석한 결과를 정말 보기 좋게 가공하여 고객사, 협력사에게 전달할 수 있는 작품으로 만드는 역할을 한다고 보면 됩니다.

2. 향후 커리어 패스

　PL님들의 커리어 패스도 크게 3가지로 나눕니다.
　첫째, 임원을 하는 것입니다. 프로젝트뿐 아니라 다양한 제품들을 Leading하고 좋은 성과를 보여 주면 임원으로 진급할 수 있는 기회가 생깁니다. 그러나 성과가 좋다고 임원을 할 수 있는 것이 아니라 기본적으로 임원 TO가 있어야 하고 여러 가지 상황이 뒷받침 되어야 합니다. 즉 운과 실력이 함께 있어야만 가능합니다.
　둘째, 퇴직입니다. 정년을 바라보는 나이이므로 임원을 못 하게 되면 퇴직하는 경우가 많습니다. 물론 퇴직 후에 다른 회사에서 업을 이어 나갈 수 있지만, 책임 직급일 때와는 다르게 더 좋은 대우로 가는 것은 아닙니다. 혹은 모아둔 자본금으로 다른 일, 자영업, 창업, 사업을 하는 경우도 있습니다.
　셋째, 프로젝트 현황에 맞게 PM으로 복귀하는 것입니다. PL이 직급상으로 PM보단 상위 직책자이지만, 프로젝트 및 조직 개편에 따라 PM으로 돌아간다고 하여 불명예스러운 것이 아닙니다. 오히려 다양한 사람이 PL을 해 보며 프로젝트를 관리하는 경험을 함에 따라 PM들도 항상 실무자가 아니라 관리자가 될 수 있고, 경우에 따라서 개인의 역량에 따라 PM이 되기도 PL이 되기도 하는 것입니다. PL이 PM보다 권한이 많고, 임금도 많이 받긴 하지만, 회사의 복지를 지속해서 누리면서 일도 하고 돈을 받을 수 있기 때문에 PL님들의 각자 환경에 따라 좋은 선택이 될 수 있습니다.

MEMO

07 직무에 필요한 역량

1 직무 수행을 위해 필요한 인성 역량

1. 대외적으로 알려진 인성 역량

(1) 회사의 인재상

대외적으로 알려진 인성 역량으로 대표적인 것은 각 회사의 인재상일 것입니다.
주요 대기업의 인재상을 간단히 확인해 보겠습니다.

● **삼성그룹**
- 열정, 도덕성, 창의 혁신으로 끊임없는 열정으로 미래에 도전하는 인재

● **SK그룹**
- 자발적이고 의욕적으로 두뇌를 활용하는 인재
- 스스로 동기부여 하여 높은 목표를 도전하고 기존의 틀을 깨는 과감한 실행을 하는 인재
- 그 과정에서 필요한 역량을 개발하기 위해 노력하여 팀워크를 발휘하는 인재

● **현대그룹**
- 미래를 예측하고 변화를 주도하는 인재
- 긍정적으로 생각하고 실천하며 스스로 판단하여 행동하고 책임지는 인재
- 부단한 자기 계발로 항상 새로운 인재
- 부지런하고 검소하며 정직하고 예의 바른 인재
- 고객에게 헌신하며 나라와 사회에 봉사하는 인재
- 환경을 생각하며 서로 믿고 더불어 사는 인재

● **LG그룹**
- 꿈과 열정을 가지고 세계 최고에 도전하는 인재
- 팀워크를 이루며 자율적이고 창의적으로 일하는 인재
- 고객을 최우선으로 생각하고 끊임없이 혁신하는 인재
- 꾸준히 실력을 배양하여 정정당당하게 경쟁하는 인재

인재상을 보시면서 어떤 생각이 들었나요? 제가 든 생각은 '뻔하고 좋은 말은 모조리 다 써놨네. 그리고 결국 다 똑같은 말을 하고 있네'였습니다. 아마 여러분도 비슷하게 느끼셨을 것으로 생각합니다.

인재상은 상식선에서 좋은 가치들이 맞습니다. 만약 여러분도 일을 시킬 사람을 뽑는다고 상상해 본다면 열정 있고, 주도적이고, 예의 바르고, 창의력 있는 사람이 있다면 뽑지 않을 이유가 있을까요? 그런데 특별함이 없습니다. 변별력이 없습니다. 비슷해 보이는 사람들 속에서 누구 한 명을 뽑아야 하는데, 그 사람을 뽑을 만한 이유가 이러한 변별력 없는 인재상이 될 수 없습니다.

그래서 회사의 인재상은 참고용으로만 활용하고 너무 매몰되지 않았으면 좋겠습니다. 그보다는 인재상을 제대로 활용하는 방법이 중요할 것 같습니다. 인재상을 자소서에 어떻게 활용하면 좋을까요? 제 생각을 말해 보겠습니다.

제가 회사의 인재상을 활용했던 방법은 자소서를 작성할 때, 인성 역량이 하나로 치우치지 않고 잘 배분됐는지 확인하는 용도로 사용했던 것입니다. 자소서는 문항마다 물어보는 포인트와 가치관이 다릅니다. 따라서 하나의 인성 역량으로만 대응하는 것은 비효율적이며 합격 확률이 내려갈 수 있습니다.

예를 들어, 모든 문항에 대해 '열정'이라는 주제로 자소서를 작성하였다면 이렇게 하는 것보다 두 문항 정도는 '협업', '창의성'과 같은 키워드로 배분해야 좋습니다.

(2) 일반적인 인성 역량: 전문성, 열정, 주도성, 책임감, 문제 해결 능력 등

회사의 인재상과 비슷한 맥락입니다. 일반적으로 위와 같은 인성 역량이 중요하기는 합니다. 회사에서는 일을 정말 잘하는 사람보다는 같이 일할 수 있는 사람을 더 선호합니다. 왜냐하면 모든 일은 혼자 할 수 없고, 다양한 유관 부서의 협력이 필수적으로 필요하기 때문입니다. 그렇다면 회사에서는 인성이 올바르고 사회성이 좋은 사람만을 원할까요? 아시다시피 아닙니다. 그렇다면 자소서에서 본인의 인성을 직무의 관점에서도 보여줄 수 있다면 일도 잘하면서 인성도 겸비한 인재라고 생각될 것입니다. 예를 들어보겠습니다.

연구 개발 직무에 지원할 때 회사, 실무자는 어떤 지원자를 선호할까요? 일반적인 인성 역량 (전문성, 열정 등등)을 요구할 것입니다. 더 나아가 이공계 직무뿐 아니라 영업/마케팅, 재무/회계, 전략/기획과 같은 문과 직무에서도 모두 똑같이 요구하는 역량입니다. 즉 일반적인 인성 역량은 중요한 것이 맞지만 어느 직무에서나 똑같이 중요하기 때문에 그 자체만으로는 경쟁력이 없다고 생각합니다. 경쟁력이 없다면 뽑을 이유도 없어집니다. 차별력 있는 인성 역량을 기르고 자소서와 면접에서 어필하기 위해서는 그것이 본인의 직무에만 통용되는 구체적인 형태로 다듬어야 좋습니다. 즉 직무 역량을 통해 인성 역량을 간접적으로 드러내는 것이 가장 좋은 방법이 아닐까 합니다.

다음에 이어지는 2. 직무 역량을 통해 간접적으로 인성 역량 드러내기를 참조하면 도움이 될 것입니다.

2. 직무 역량을 통해 간접적으로 인성 역량 드러내기

그렇다면 직무 역량을 통해 어떤 방식으로 인성을 어필할 수 있을지 구체적으로 소개하겠습니다. 먼저 실무자 입장에서 어떤 역량이 중요한지 생각해 보겠습니다. 어떤 지원자가 본인이 열정이 있고, 책임감이 있다는 점을 강조하고 싶다면 지원 직무와 유사한 직무 경험에서 본인이 열정을 가지고 책임감 있게 일하였던 경험을 드러내는 것이 가장 효과적일 것입니다. 프로젝트를 수행하는 실무자는 지원자가 추상적으로 본인이 책임감, 열정이 있다고 하더라도 구체적인 실행 경험이 없다면 와 닿지 않을 것입니다. 저는 아직 면접에 참가해 보지는 않았지만, 면접에 참가한 PL 님들께서 이런 지원자가 있는데 본인들은 어떻게 생각하는지 물어보고 생각을 공유해 주시면서 회사 관점에서 뽑고 싶은 지원자가 바로 직무 역량을 통해 간접적으로 인성 역량을 드러내는 지원자라는 것을 알게 되었습니다. 아래에서 구체적으로 소개하겠습니다.

(1) 제품 개발 설계 경험을 통해 드러내는 도전 정신, 책임감, 전문성, 문제해결능력 역량

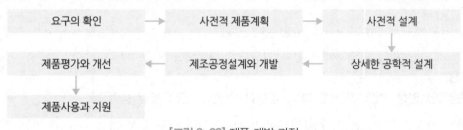

[그림 2-22] 제품 개발 과정

회사에서 개발하는 제품은 시장에 출시하여 판매를 하는 제품, 즉 양산성을 고려한 제품입니다. 하지만 학교에서 양산성을 고려한 설계를 배우고 오는 지원자는 없습니다. 그렇다고 설계 경험을 전혀 쌓을 수 없는 것이 아닙니다. 학부 과정 중 캡스톤, 제품 개발 설계 등 다양한 형태의 이름으로 실제품을 설계하고 제작하는 수업을 통해 시제품 수준의 제품을 개발하는 과정이 많이 있습니다. 회사에서도 양산품을 생산하기 전에 반드시 시제품을 설계하고 평가하여 양산품의 품질을 개선하기 위한 활동을 합니다.

예를 들어, 배터리 셀을 포장하는 케이스의 치수가 배터리 셀의 포장면과 간섭되어 배터리 기능상 문제를 발생시키지는 않는지를 시제품 단계에서 여러 치수 공차, 설계 방안 등을 통해 검증 과정을 거칩니다. 이처럼 시제품 설계 단계 또한 양산품의 품질을 개선하기 위해 반드시 필요하고 지원자가 해당 경험이 있다면 실무에서 정말 많은 도움이 되는 활동입니다.

제품 개발 설계를 통해 강조할 수 있는 인성 역량은 크게 두 가지 정도로 생각됩니다. 지원자의 경험에 따라 다른 역량을 강조할 수도 있으니 참고 정도만 하면 될 것 같습니다.

제품을 개발하기 위해서는 함께 협업하는 팀원과 어떤 제품을 어떻게 개발할 것인지 논의하고 검토하는 과정이 필요합니다. 현재 출시된 제품이 어떠한 한계를 가졌는지 분석하고 개선할 수 있는지를 고민 후, 다양한 아이디어를 취합하여 적용하고 평가해보는 과정은 현업에서 신제품을 개발하는 절차와 유사합니다.

제품을 개발하는 것은 큰 의미에서 문제해결이라고 할 수 있습니다. 따라서 지원자가 배터리와 관련된 제품을 개발한 것이 아니라고 해도 제품을 모델링하는 것에서부터 시제품 제작, 평가를 하는 각 과정 중에 많은 문제점을 제기하고, 이를 해결하기 위해 방안을 고민한다는 것을 실무자들도 이해합니다.

뿐만 아니라, 제품 개발을 위해선 협업이 필수이기 때문에 개발 과정에서 지원자가 어떤 역할을 수행하였고 어떤 과정을 통해 역량을 성장시켰는지 분명히 밝힐 수 있어야 됩니다. 프로젝트 경험에서 여러 가지 문제 상황을 만났을 텐데 그중 설계와 관련된 내용들에 대해서 어떻게 문제 원인을 분석해 나갔는지를 구체적으로 서술하여 어필할 수 있다면 좋을 것입니다. 본인이 팀장을 하지 않았더라도 개발 중에 주어진 역할을 수행하는 과정에서 발생한 이슈 사항들을 어떻게 대응했는지, 팀원들과의 소통은 어떤 방식으로 했는지 정리해 보는 것을 추천합니다.

위와 같은 문제해결능력과 협업이라는 인성 키워드를 제품 개발 설계 경험을 통해 녹여 낼 수 있음을 살펴보았습니다. 실무자들은 지원자가 갖추고 있는 인성 역량을 감성적으로 느끼는 것이 아닌 수치화된 사건 및 경험으로 제시해 주는 것을 요구합니다. 이는 현업에서도 인성 역량이 업무를 수행하는 데 있어서 중요하게 작용하고, 길게 봐서는 지원자가 팀에 들어와서 잘 적응하고 한 팀으로 업무를 수행할 수 있는가에 대한 검증을 해야하기 때문입니다.

(2) 'Tool 활용 경험'을 통해 드러내는 창의성, 주도성, 열정 역량

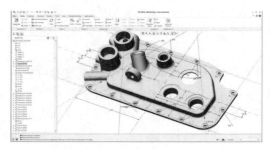

[그림 2-23] CAD MODELING TOOL

[그림 2-24] Matlab

[그림 2-25] ANSYS ANALYSIS TOOL

먼저 Engineering Tool은 그 범위가 매우 넓습니다. 데이터 분석을 위해 엑셀, 매트랩, 파이썬 등을 사용할 수도 있고, 구조, 유동, 열 해석을 위해 아바쿠스, 엔시스, STARCCM 등 해석 툴을 사용할 수도 있으며, 가장 단순한 모델링 및 격자 작업을 위해 AUTO CAD, 크레오, 디자인 모델러, OPR 3D 등을 사용할 수도 있습니다.

그렇다고 하면 시중에 나와 있는 많은 Tool을 모두 사용할 수 있어야 될까요? 아닙니다. 학교에서 경험할 수 있는 Tool은 학교별·과별로 모두 상이하기 때문에 Tool을 많이 사용할 수 있는 것보다는 한 가지 Tool을 사용하더라도 잘 활용할 수 있는 것이 중요합니다. 오히려 단순히 상업용 Tool을 사용했다는 사실만 전달하는 것은 저에게 '그래서 어쨌다는 거지?'라는 궁금증과 함께 매력이 떨어져 보이기 때문입니다. 따라서 상업용 Tool을 써보기보다는 무료 Tool이라도 이것을 어떻게 활용하여 프로젝트에 적용해봤는지가 중요합니다.

마찬가지로 예를 들어 설명하겠습니다. 학교에서 수업 시간, 실습 시간에 모델링, 데이터 분석 Tool은 공대생이라면 누구나 접해 보았을 것입니다. 그렇다면 학교에서 배운 Tool을 이용하여 제품 개발 설계나 공모전, 연구에 활용한 사람은 얼마나 될까요? 그렇게 많지 않을 것입니다. 단순히 배우는 것에서 그치는 것이 아니라 학교에서는 이런 Tool이 있으니 간단한 사용 방법 정도 배우는 것이라면 얼마나 잘 활용할 것인가는 본인의 관심도에 따라 그 습득 능력 및 사용 능력의 차이가 매우 크게 달라질 것입니다. 저는 학부 시절 선풍기를 활용한 제품을 설계하였는데 선풍기의 바람이 어느 정도 양으로, 어디로, 어느 정도 속도로 가는지 실험적으로 측정하기가 매우 어려웠습니다. 그래서 수업 시간에 간단한 사용 방법만 배웠던 유동 해석 Tool을 더 깊게 배우기 위해 해당 Tool을 사용한 대학원 연구실 대학원생을 찾아가 사용 방법을 배우고 직접 시행착오를 겪으며 유동 해석을 해 보고 이를 토대로 제품을 수정 설계 및 시제품을 제작한 경험이 있습니다. 저 같은 경우에는 유동 해석을 하는 과정에서 '정말 재밌다!'라는 걸 느끼고 대학원에 들어와서 연구하여 해당 역량의 전문성을 더 키웠습니다. 학부 수준에서도 충분히 관심만 있다면 본인이 열정을 가지고 습득하여, 감각으로 설계하는 것이 아니라 어떠한 설계 변수를 잡을 것인지 고민하는 주도성과, 설계 변수를 토대로 제품을 개선하는 창의성까지 설계를 통해서 지원자의 긍정적인 인성 역량을 충분히 표현할 수 있습니다.

다음으로 대표적인 엔지니어링 툴과 현업에서 어떤 방향으로 활용되는지에 대해 간략히 설명하겠습니다.

① Data Analysis Tool(MS office excel)

학교에서도 가장 흔하게 많이 활용하는 엑셀은 현업에 배치되고 나서도 시뮬레이션 팀과 같이 특수하게 많은 데이터를 처리, 재가공 하는 경우가 아니라면 가장 범용적으로 사용합니다. 그 이유는 비용에 있습니다. 매트랩, 미니탭과 같은 유료 데이터 분석 Tool이 있지만 모든 구성원을 위해 라이센스 비용을 지불하는 것은 Tool을 활용하여 그만큼의 가치를 만들지 못할 경우 회사 입장에서는 손실이 될 수 있습니다. 따라서 기본적인 분석 Tool을 모두 제공하고 가공할 수 있는 엑셀을 많이 사용합니다.

[그림 2-26] MS office excel

본인의 직무가 데이터를 직접 만져야 되는 연구 개발 직군이라면 엑셀 사용법 습득은 실무를 하는 데 있어서 필수적입니다.

② ANACONDA(Python 무료 Tool)

아나콘다(Anaconda)는 계산(데이터 과학, 기계 학습 애플리케이션, 대규모 데이터 처리, 예측 분석 등)을 위한 파이썬과 R 프로그래밍 언어의 자유-오픈 소스 배포판입니다. 패키지 버전들은 패키지 관리 시스템 conda를 통해 관리됩니다. 쉽게 말해서 여러 프로그램을 conda라는 가상 환경에 불러 와서 계산하는 것입니다. 아나콘다 배포판은 1,300만 명 이상의 사용자들이 사용하며 윈도우, 리눅스, macOS에 적합한 1,400개 이상의 유명 데이터 과학 패키지가 포함되어 있을 만큼 범용적으로 많이 사용하는 오픈 소스 데이터 분석 Tool입니다. 아나콘다의 가장 큰 장점은 역시 '비용'이 들지 않는다는 것이고, 사용자가 많기 때문에 본인이 원하는 데이터 분석 기법에 맞게 오픈 소스에 접근하여 간단한 가공을 거쳐 바로 사용할 수 있다는 것입니다. 따라서 어떤 논리를 가지고 데이터를 분석할 건이지 판단하기 위해 기본적인 코드를 보는 방법을 숙지한다면 엑셀에서는 처리하기 쉽지 않았던 방대한 양의 데이터에서 경향성을 찾아내는 등의 분석을 할 수 있고, 비슷한 유형의 업무를 지속할 경우 업무 자동화도 할 수 있기 때문에 한 번쯤은 배워 두는 것을 추천합니다. 유튜브 등에 '아나콘다 시작하기' 등으로 검색하면 많은 정보를 얻을 수 있을 것입니다. 기본적으로 아나콘다는 파이썬을 구동하기 위한 가상 환경이기 때문에 파이썬이라고 하는 기계어를 배운다고 생각하시면 쉽습니다.

ANACONDA

[그림 2-27] ANACONDA

③ MATLAB

다음은 공대생이라면 한 번쯤은 들어보고 사용해 봤을 MATLAB입니다. MATLAB은 MathWorks 사에서 개발한 수치 해석 및 프로그래밍 환경을 제공하는 공학용 소프트웨어입니다. 행렬을 기반으로 한 계산 기능을 지원하며, 함수나 데이터를 그림으로 그리는 기능 및 프로그래밍을 통한 알고리즘 구현 등을 제공합니다. MATLAB은 수치 계산이 필요한 과학 및 공학 분야에서 다양하게 사용되고 있습니다.

매트랩은 데이터 분석뿐만 아니라 시뮬링크를 이용한 1D 해석, 가시화 기능, 분석부터 해석, 재생산까지 사용자가 능숙하다면 다양한 방법으로 데이터를 분석할 수 있도록 지원합니다. 최근 들어서 인공 지능을 활용한 데이터 분석도 지원하기 때문에 현업에서 하는 모든 데이터를 분석할 수 있다고 보면 될 것 같습니다. 저 역시 학부 때부터 대학원까지 매트랩을 많이 사용하여 데이터를 분석하고 해석하였습니다. 하지만 현업에서는 시뮬레이션 팀과 같이 실험 데이터와 해석 데이터를 Correlation하여 결과를 예측하는 업무를 주로 하는 팀이 아니고서는 매트랩을 많이 사용하지 않습니다. 그렇지만 원한다면 사내에 구비된 라이센스를 사용하여 데이터 분석을 수행할 수 있기 때문에 필요에 따라선 학교에서 배운 것을 활용할 때도 있습니다.

이렇게 무료 Tool만 가지고도 충분히 창의성, 주도성, 열정뿐 아니라 전문성도 드러낼 수 있음을 느낄 수 있을 것입니다. 그러니 무료 Tool이라고 너무 무시하지 말고 어떻게 활용할 수 있을지에 대해 깊게 생각해 보길 바랍니다.

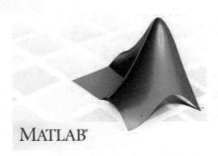

[그림 2-28] MATLAB

(3) '논문 및 최신 트렌드 기술 학습'을 통해 드러내는 열정, 주도성, 전문성 역량

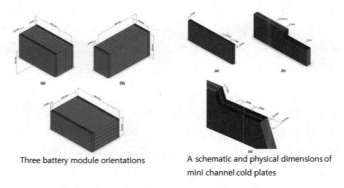

Three battery module orientations

A schematic and physical dimensions of mini channel cold plates

[그림 2-29] 모듈 냉각을 위한 미세 유로 구조에 관한 연구

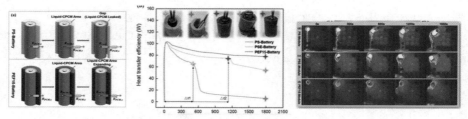

[그림 2-30] Journal of cleaner production 에서 발표된 난연성 유연 복합 상변화 물질 방식 냉각에 관한 연구

배터리 산업의 기술 개발 속도는 반도체 산업에서 유명한 무어의 법칙과 유사하게 기술 개발의 속도가 매우 빠릅니다. 아래 그림을 보면 현대 자동차의 경우 최초의 전기차는 주행 거리가 100km 수준에 불과하여 양산 전기차로서의 그 효용성이 매우 떨어졌습니다.

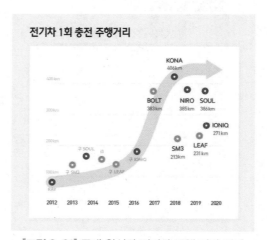

[그림 2-31] 국내 완성차 전기차 주행 거리 변화

하지만 화학적으로는 배터리 셀의 에너지 밀도를 증가시킬 수 있는 하이 니켈 양극제가 개발되고 음극에서는 한 번에 더 많은 전자를 음극이 받아 줄 수 있는 흑연 구조, 실리콘 음극재 등이 개발되기 시작하면서 셀 단위에서 에너지 밀도가 비약적으로 증가하기 시작하였습니다. 뿐만 아니라 셀의 에너지 밀도가 고밀도가 되기 시작하면서부터 셀의 그다음 단위인 모듈, 팩에서도 Dead Space를 획기적으로 줄여 모듈, 팩 단위에서의 에너지 밀도 상승을 이루어 냈습니다. 현재 전기자동차 업계 1위인 테슬라의 경우 4680 배터리라고 하는 고에너지 밀도를 갖는 원통형 배터리를 개발하였습니다.

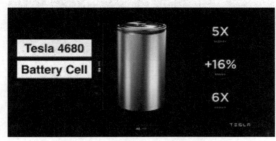

[그림 2-32] 테슬라 4680 배터리

단순히 배터리 셀의 사이즈를 증대시킨 것 이상으로 에너지 밀도를 개선하여 원통형 Cell이지만 에너지 밀도가 파우치 셀과 유사한 수준으로 나올 만큼 셀 단위에서 화학적 혁신, 원통 포장에서의 기계적 혁신을 이루어 냈습니다.

뿐만 아니라, 최근 들어선 셀 단위의 에너지 밀도가 한계치에 도달하고 있어 포장 단위에서 불필요한 부분을 제거하여 셀의 공간의 더 확보하여 에너지 밀도를 개선하기 위해 Cell To Pack, Cell To Chassis, Cell To Body라는 개념이 등장하기 시작했습니다.

간단하게 Cell To Body에 알아보겠습니다. 기존의 전기 자동차의 배터리란 차량의 구동을 위해 필요한 '중량물'로 차량 입장에선 차량에 구동 저항 및 하중으로 작용하였습니다. 또한 배터리 팩을 차량과 연결하기 위해 연결 구조물인 Cross Member, Bolting Point들이 Pack 내부에 존재하여 팩의 에너지 밀도를 떨어트릴 뿐만 아니라 차량의 강성적 측면에서도 부정적으로 작용하였습니다.

하지만 테슬라가 2020년 배터리 데이에 공개한 Cell To Body 콘셉은 배터리가 더 이상 차량의 구동을 위한 에너지원일 뿐만 아니라 차량의 일부로 배터리 팩 자체를 차체로 활용하는 개념을 소개하였습니다. 이해를 돕기 위해 비행기에 저장되는 연료통의 형태를 들어 설명하겠습니다.

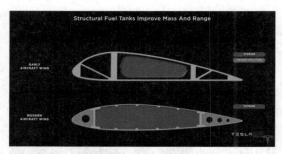

[그림 2-33] 비행기 기체 내 연료통 형태 변화–TSLA Battery day 2020

이전 형태의 비행기 날개를 보면 날개 부분의 연료를 저장하기는 하였으나 날개 자체의 경량화를 위해 연료통을 위한 하우징이 추가로 들어간 것을 알 수 있습니다. 이럴 경우, 날개 자체의 하우징과 연료 하우징은 비행기의 기능적인 측면으로 보았을 경우에 강성 측면에서 같은 역할을 하는 파트가 중복되어 오히려 무게적인 측면에서는 손해를 봐야 되고 강성적인 측면에서도 연료 하우징과 날개 하우징 사이에 공간이 존재함으로써 외부 충격 시 날개 프레임 만으로 충격을 흡수해야 하는 문제를 가졌습니다.

하지만 최근 상용 비행 기체의 날개의 경우, 날개 자체를 연료통으로 사용하여 불필요한 연료 하우징을 제거함으로써 무게를 감소시켰습니다. 기능적으로도 고체로 구성된 강판 날개 외판과 액체인 연료가 충격 흡수재로 작용함으로써 비행기의 기능적인 측면까지 함께 수행하도록 설계가 되었습니다. 자, 그렇다면 테슬라가 제시하는 Cell To Body는 어떤 개념인지 알아보도록 하겠습니다.

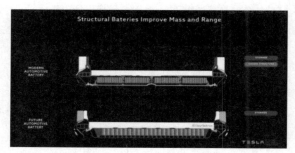

[그림 2-34] Tesla structural battery pack–TSLA Battery day 2020

테슬라는 Cell To Cell, Cell To Pack으로 점점 Compact해지고 있는 배터리 패키징 트렌드에 맞춰서 Cell To Body라는 개념을 소개하면서 Structural Battery Pack의 레이아웃을 제시하였습니다.

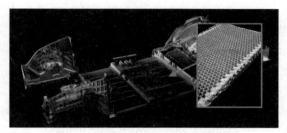

[그림 2-35] Structural battery pack layout

Cell To Pack이 기존의 모듈과 팩의 공통된 기능적인 부분을 삭제시켜 Cell 부피 밀도를 증대시킨 개념이라 하면, Cell To Body를 적용한 Structure Pack은 Pack과 자동차 하부 Body의 공통된 기능을 통합시키고 Pack이 차체의 일부로 기능하게 되어 자동차의 무게 중심을 더 낮추면서 중량 절감을 하고 하부 충격 시 배터리 팩 그 자체로 충격을 완화할 수 있는 차체로 작용하는 것이 그 개념입니다.

따라서 미래의 배터리 팩을 설계할 때는 배터리 전문가뿐만 아니라 차체에 대한 깊은 이해를 하고 있는 자동차 전문가에 대한 수요도 점차 증가할 것으로 생각됩니다.

본인이 구체적으로 하고 싶은 일을 결정하게 되고, 그에 대한 논문이나 최신 트렌드 기술을 찾은 뒤 기록해두면 큰 도움이 됩니다. 현업에서는 이렇게 주도적인 학습을 하지 않고 하던 일만 계속하면 도태되기 쉽습니다. 팀의 성과를 만들어 내야 하는 리더에게 이런 팀원은 결코 좋은 팀원이 아닙니다.

꼭 대단하고 거창한 기술이 아니더라도 괜찮습니다. 본인이 관심 있는 분야에 대해 꾸준히 공부해왔다는 것을 어필하는 것이 좋습니다. 그러려면 먼저 관심 있는 분야를 설정하는 것이 중요합니다. 일단 하나를 설정해 보고 이것저것 찾아보는 것입니다. 저 같은 경우엔, 구글 스칼라를 통해 키워드 검색으로 최신 기술 동향을 파악하고 물리적으로 사고력을 키우고 있습니다. 아무래도 배터리 산업의 기술 발전 및 산업의 크기는 국내보단 해외가 크기 때문에 영문으로 된 논문과 기술 서류들을 읽어야 될 일이 많습니다. 따라서, 구글 번역기가 있더라도 영어를 편하게 읽고 말할 수 있는 실력은 필수입니다.

이렇게 논문이나 최신 트렌드 기술을 학습하는 태도를 보고 열정, 주도성, 전문성 등의 인성 역량을 확인할 수 있습니다. 따라서 배터리 엔지니어로 전문가가 되기 위해서는 각 배터리 社, 완성차 업계에서 발표하는 업체 로드맵 및 비전뿐만 아니라 최신 논문, 차체 구조에 대한 학습도 꾸준히 해야 하며, 이를 통해 K-배터리를 이끌어나갈 주역으로 성장하실 수 있을 것입니다.

이렇게 구체적으로 하고 싶은 일을 밝히고 스스로 학습하는 지원자를 뽑는다면 향후 지원자 스스로도 발전해 나가겠지만 더 나아가 조직 전체가 발전할 수 있기 때문에 리더들의 환영을 받을 것입니다.

2 직무 수행을 위해 필요한 전공 역량

1. 심화 전공 수강

기계공학과라면 일반적으로 2~3학년 때는 4대 역학을 기반으로 기계공학도로서의 기본적인 물리적 지식을 습득할 것입니다. 기본적인 4대 역학을 수강한 후에 4대 역학의 응용 과목을 수강할 것입니다.

예를 들어 열역학을 수강했다면 그 응용으로 응용 열역학, 열전달 등을 수강하고, 유체역학을 수강했다면 응용 유체역학, 전산 유체역학 등을 수강할 것입니다. 저는 가능한 기회가 닿는 데로 심화 전공과 관련된 과목은 다 수강하는 것을 추천합니다. 그 이유는 설계를 하기 위한 백 데이터 분석 및 평가 결과를 분석하기 위해서는 기본적인 역학에 대한 깊은 이해가 필수입니다. 자기소개서에 수강 과목을 입력하는 기업들도 아직 존재하고, 학사 출신이라면 본인이 어떤 과목에 흥미를 느끼고 깊이 있게 공부하였는지 가장 어필하기 좋은 것이 바로 심화 과목 수강입니다. 자소서나 면접에서 심화 전공을 언급하게 되면 자연스럽게 관심의 표현이 되고 열정, 주도성, 탐구력 등의 인성 역량도 함께 보여줄 수 있습니다. 서류 합격률이 높은 지원자들의 특징 중 하나인 만큼 중요한 역량이라고 할 수 있습니다.

또한 실제로 직무를 수행할 때 심화 전공으로 수강한 지식을 생각보다 많이 사용합니다. 이미 한 번 공부해 두면 다음에 공부할 때, 전공이 입체적으로 보이면서 응용까지 가능하게 됩니다. 그래서 심화 전공을 가리지 말고 많이 수강해 두는 것을 추천합니다.

2. 졸업 논문을 포함한 기구개발 설계 프로젝트

이어서 기구개발과 관련된 프로젝트 경험이 있어야 합니다. 학부에서 배운 4대 역학을 기반으로 실제로 설계하고 실험한 경험만큼 실무에서 좋게 보는 경험은 없습니다. 따라서 3학년 이후 시점부터는 각종 설계 공모전, 테크톤, 캡스톤 등 다양한 경로를 통해 본인의 공학적 설계 역량을 기반으로 실제로 설계하는 경험을 쌓는 것을 추천합니다. 대회에서 수상하지 않더라도 논리적으로 제품을 설계하는 과정을 경험하였다면 면접에서 큰 무기로 좋은 인상을 남길 수 있을 것입니다. 공모전 등 외부 대회 참가가 어렵다면 가장 쉽게 접하고 경험할 수 있는 것이 교내 캡스톤 수업 및 대회에 참가하는 것입니다. 의무적으로라도 한 학기 또는 일 년 정도의 긴 기간 동안 팀을 이루어 설계 프로젝트를 수행해 볼 수 있기 때문에 큰 도움이 될 수 있습니다.

만약 이미 졸업해서 학부 연구생 지원이 힘들다면 렛유인을 비롯한 다양한 실무 교육 경험을 찾아보기를 바랍니다. 현업을 바탕으로 만들어진 프로젝트를 수행해 볼 수 있어서 이력서와 자소서, 면접에 쓸 무기가 만들어질 것입니다.

MEMO

08 현직자가 말하는 자소서 팁

자소서에 이러한 역량이 잘 드러나도록 쓰려면, 먼저 항목마다 물어보는 의도를 잘 파악하는 것이 중요합니다. 그리고 의도에 맞는 역량을 본인만의 관점에서 재해석하여 작성하는 것이 포인트입니다.

그렇다면 배터리 시스템 개발 직무를 수행하는 현직자 관점에서, 해당 직무에 지원한다면 각 문항에서 어떻게 답변하는 것이 좋을지 SK 이노베이션 계열 자소서를 통해 알아보겠습니다.

1 현직자가 추천하는 SK 이노베이션 자소서 작성법

> **Q1** 자발적으로 최고수준의 목표를 세우고 끈질기게 성취한 경험에 대해 서술해 주십시오.

(본인이 설정한 목표 / 목표의 수립과정 / 처음에 생각했던 목표 달성 가능성 / 수행 과정에서 부딪힌 장애물 및 그때의 감정(생각) / 목표 달성을 위한 구체적 노력 / 실제 결과 / 경험의 진실성을 증명할 수 있는 근거가 잘 드러나도록 기술) – 700자~1000자

SK 이노베이션 계열의 자소서 특징은 지원자가 어떤 방향으로 자소서를 적어야 하는지 정말 친절하게 가이드 해주고 있다고 하는 것입니다. 괄호 안에 있는 것을 자세히 보겠습니다.

1. 본인이 설정한 목표

지원자가 지원 직무와 관련된 또는 지원 직무를 수행할 때 도움이 되는 가치관을 정립하는 데 있어 큰 영향을 미쳤던 경험과 그 경험을 통해 얻고자 한 목표가 무엇인지를 서술하면 됩니다. 자소서 맨 첫 문장에 "저는 000 역량을 위해 00한 목표를 세워 달성한 경험이 있습니다."와 같이 바쁜 팀장님이 자소서 첫 문장만 보더라도 이 문단의 핵심은 '이 한 문장이구나'를 바로 알 수 있도록 배치하는 것이 매우 중요합니다.

2. 목표 수립 과정

목표 수립 과정은 목표 달성을 위해 구체적으로 어떤 계획을 세웠는지를 질문하는 것입니다. 이 질문을 통해 지원자가 계획성을 가지고 목표에 접근했는지 시행착오를 반복하면서 접근했는지 파악할 수 있습니다. 시간적인 목표 계획과 목표 달성을 위한 구체적인 달성 사항들을 설명하면 됩니다.

3. 처음에 생각했던 목표 달성 가능성 / 수행 과정에서 부딪힌 장애물 및 그때의 감정(생각)

이 질문은 지원자 스스로 목표 달성 가능성을 어떻게 보았고, 정말 최고 수준의 목표라고 생각됐는가?를 검증하고 SK의 핵심 가치관인 '패기'를 보여 줄 수 있는 항목입니다.

4. 목표 달성을 위한 구체적 노력 / 실제 결과 / 경험의 진실성을 증명할 수 있는 근거

다음은 목표 달성을 위해 수행한 구체적인 행위와 노력을 서술하면 됩니다. 목표 달성 과정 중에 발생한 문제 해결 과정을 서술하고 이를 통해 현업의 어떤 역량을 길렀고, 인성 역량은 어떤 것을 성장시켰는지 설명하면 됩니다.

저는 자소서를 작성할 당시 SK 자소서를 기반으로 모든 자소서를 작성하였습니다. 그만큼 자소서에 포함되어야 되는 핵심 콘텐츠들에 대한 가이드를 제시하고 있으며, 문장 구성도 위에 언급한 4가지에 맞게 작성하면 1000자가 넉넉하지 않을 만큼 풍부한 자소서를 작성하실 수 있을 것입니다.

Q2 새로운 것을 접목하거나 남다른 아이디어를 통해 문제를 개선했던 경험에 대해 서술해 주십시오.

(기존 방식과 본인이 시도한 방식의 차이/ 새로운 시도를 하게 된 계기/ 새로운 시도를 했을 때의 주변 반응/ 새로운 시도를 위해 감수해야 했던 점/ 구체적인 실행 과정 및 결과/ 경험의 진실성을 증명할 수 있는 근거가 잘 드러나도록 기술) - 700~1000자

본 항목은 지원자의 창의성을 물어보는 항목이라기보다는 패기롭게 새로운 시도를 해 봤는지에 대한 '도전정신'을 보는 항목입니다. 1번 문항과 마찬가지로 자소서를 어떻게 작성해야 하는지에 대한 가이드가 정말 친절하게 괄호 안에 모두 적혀 있습니다. 마찬가지로 하나씩 살펴보겠습니다.

1. 기존 방식과 본인이 시도한 방식의 차이

"옛말에 온고지신이라는 말이 있습니다. 옛것을 익히고 그것을 미루어 새로운 것을 안다는 말로 새로운 것은 기존에 있던 것을 확실하게 이해하는 데에서 출발하고 어떤 차이점이 있는지를 고민하는 것에서 새로운 아이디어가 떠오르기 마련입니다. 따라서 기존 방식과 본인이 시도한 방식의 차이는 이전에는 OO 했는데(Old) 내가 시도한 방식은 OO(New) 합니다."의 방식으로 기존의 방식을 이해하고 그것을 어떤 아이디어를 통해 개선하였는지 서술하면 됩니다.

2. 새로운 시도를 하게 된 계기

새로운 시도를 하게 된 계기는 본인 스스로 문제를 제기하여 얻은 것인지 아니면 타인이 시킨 것을 하다가 우연히 발견하게 된 것인지를 묻는 항목입니다. 새로운 시도를 하게 된 계기가 스스로의 고찰이든 외부의 개선 요청에 의한 시도이든 큰 상관은 없습니다. 어떤 상황이든지 기존의 방식을 좀 더 좋게 개선하기 위한 활동을 했다는 방향으로 서술하면 됩니다.

3. 새로운 시도를 했을 때의 주변 반응 / 새로운 시도를 위해 감수해야 했던 점

주변의 반응과 감수해야 했던 점은 시도에 대한 리스크를 지원자가 얼마나 잘 인지했냐라는 것입니다. 이는 현업에서 매우 중요합니다. 매번 새로운 시도를 하게 되면 그 기회비용이 어마어마할 것입니다. 따라서 새로운 시도를 하기 전에 다른 사람과 의견을 많이 공유하여 아이디어와 시도에 대한 피드백을 받았는지 정말 실효성이 있는 시도인지, 다양한 경로를 통해 검증을 했는지를 질문하는 것입니다. 또한 새로운 시도를 하기 위해서 어떠한 노력을 해야 되고 이는 어떤 자원을 필요로 했는지 설명하면 됩니다.

4. 구체적인 실행 과정 및 결과 / 경험의 진실성을 증명

마지막으로는 새로운 시도를 했던 실행 과정과 그 결과를 상세히 서술하고 본 경험을 통해 도전 정신과 패기를 배웠다고 마무리하면 됩니다.

자소서를 작성할 때에는 본인이 스스로 중요하게 생각하는 2~3개 정도의 가치관을 제시하여 그 생각을 전달하면 좋습니다. 모든 경험이 성공해야 되는 것으로 마무리되지 않아도 됩니다. 오히려 실패를 통해 성장하는 것으로 인간적인 면모를 보여줄 수 있으면 좋을 것 같습니다.

지원분야와 관련하여 특정 영역의 전문성을 키우기 위해 꾸준히 노력한 경험에 대해 서술해 주십시오.

(전문성의 구체적 영역 / 전문성획득을 위해 투입한 시간 및 방법 / 습득한 지식 및 기술을 실전적으로 적용해 본 사례/ 전문성을 객관적으로 확인한 경험 / 전문성 향상을 위해 교류하고 있는 네트워크 / 경험의 진실성을 증명할 수 있는 근거가 드러나도록) – 700~1000자

본 항목은 앞선 두 항목이 직무 경험을 통한 인성 역량을 강조하는 항목이었다면 여기에서는 정말 온 힘을 다해 본인의 '전문성'을 어필해야 합니다. 지원한 특정 직무가 요구하는 전문 역량에 대해 본인이 어떠한 경험이 있고, 지식이 있는지를 설명하는 항목이라 보면 되고 전체 자소서 중 가장 중요한 항목이라 할 수 있습니다. 마찬가지로 괄호 안에 있는 작성 가이드를 보며 어떤 내용을 적을지 같이 고민해 보겠습니다.

1. 전문성의 구체적 영역

본 항목은 본 항목 중에서도 또 가장 중요한 문장입니다. 왜냐하면 본인이 지원한 직무의 전문성 영역과 지원자가 전문성이 있다고 설득하는 영역이 일치하지 않는다면 실무자 입장에서는 '직무 지원을 잘못했네.'라고 생각하고 더 이상 아래 문장을 보지 않을 것입니다. 따라서 본인이 지원한 직무의 전문성 영역이 무엇인지 지원 요강을 면밀히 분석하는 것을 추천합니다.

2. 전문성 획득을 위해 투입한 시간 및 방법

전문성을 획득하기 위해선 꾸준한 시간과 노력이 필수입니다. 따라서 지원자가 얼마큼 오랜 기간 동안 어떠한 방법으로 전문성을 취득했는지를 잘 설득할 수 있어야 됩니다. 예를 들어서 "분석 엔지니어링 툴을 사용하기 위해 학부 연구생으로 1년 동안 대학원 랩실에 있으면서 프로젝트를 하며 툴 사용법을 익혔습니다."라고 서술한다면 오랜 기간 동안 직무가 요하는 전문성을 획득하기 위한 좋은 소재가 될 것입니다.

3. 습득한 지식 및 기술을 실전적으로 적용해 본 사례

회사는 결국 공학적인 지식과 기술을 바탕으로 비즈니스를 하여 돈을 벌어야 됩니다. 따라서 지원자가 습득한 기술이 단순히 기술로 그치는 것이 아니라 실제로 어떠한 제품과 연구 결과에 사용하였는지 서술한다면 전문성을 활용하여 만든 성과가 어떤 것인지 이해하기 쉬울 것입니다.

4. 전문성을 객관적으로 확인한 경험

전문성을 객관적으로 확인한 경험은 크게 공모전 수상 등과 같은 대외적 인정, 또는 논문 등과 같은 연구 성과가 있을 것입니다. 하지만 수상, 논문과 같은 실물상의 성과가 아니더라도 예전에 하지 못했던 설계 모델링을 할 수 있게 되어 캡스톤 디자인에 활용하여 좋은 성적을 얻은 것도 객관적으로 확인한 전문성이라 할 수 있습니다.

5. 전문성 향상을 위해 교류하고 있는 네트워크

마지막 질문은 회사 안에서도 각 작은 분야의 전문가들이 각자의 지식과 전문성을 교류해야 회사 입장에서는 다방면의 전문가를 배출시킬 수 있기 때문에 본인이 얻은 전문성의 영역을 어떻게 교류했는지 또는 어떠한 방향으로 향상하고 있는지 서술하면 됩니다.

Q4 혼자하기 어려운 일에서 다양한 자원 활용, 타인의 협력을 최대한 이끌어 내며 팀 워크를 발휘하여 공동의 달성에 기여한 경험에 대해 서술해 주십시오.

(관련된 사람들의 관계 및 역할 / 혼자하기 어렵다고 판단한 이유 / 목표 설정 과정 / 자원활용 계획 및 행동 / 구성원들의 참여도 및 의견 차이 / 그에 대한 대응 및 협조를 이끌어 내기 위한 구체적 행동 / 목표 달성 정도 및 본인의 기여도 / 경험의 진실성을 증명할 수 있는 근거가 잘 드러나도록 기술) 700자~1000자

마지막 항목은 팀워크에 대한 질문입니다. 회사는 많은 유관 부서가 있고 혼자 일을 할 수 없습니다. 따라서 지원자가 이전에 팀원으로 또는 팀 리더로 있으면서 어떠한 가치관을 배우게 되었는지를 서술하여 팀원으로서의 자질이 있는지를 검증하는 자소서 항목이라고 보면 됩니다. 작성 가이드를 함께 보겠습니다.

1. 관련된 사람들의 관계 및 역할

팀원의 구성과 그 역할이 어떠하였는지 분석하는 부분입니다. 팀원의 성향, 각자의 역량이 어떠했는지 그 관계성을 파악하고 업무 분배를 하였는가?를 질문하기 위해 본 항목이 있다고 보면 됩니다.

2. 혼자 하기 어렵다고 판단한 이유

목표를 혼자 이루기 어렵다고 판단한 이유는 내가 부족하기 때문이 아닙니다. 오히려 내가 가진 역량과 팀원이 가진 역량을 섞을 때 더 큰 목표를 달성할 수 있기 때문에 혼자 이루기 어렵다고 판단하는 것입니다. 작은 목표, 쉬운 목표였다면 혼자 할 수 있지만 도전적인 목표를 혼자 할 수 없습니다. 같이 가야 더 멀리 그리고 더 큰 목표를 달성할 수 있습니다. 따라서 혼자 하기 어려웠다는 것보다는 더 큰 목표를 달성하기 위해 팀원과 협력했다는 방향으로 서술하면 좋습니다.

3. 목표 설정 과정

마찬가지로 목표 달성 과정을 위해 어떤 계획을 세웠는지 질문하는 항목입니다. 목표 달성을 위해 치밀한 시간, 일정 관리를 했는가에 대한 근거를 서술하면 됩니다.

4. 자원 활용 계획 및 행동

자원 활용이라 하면 팀원과 그 주변 인물들과 관련된 인적 자원과 재료비 등과 관련된 경제적 자원 등 소비할 수 있는 모든 것들을 포함합니다. 따라서 유한한 자원을 효율적으로 잘 활용하기 위한 계획과 그 구체적 행동에 대해 서술하면 됩니다.

5. 구성원들의 참여도 및 의견 차이

본 항목은 갈등 해결 능력을 질문하는 것입니다. 어떤 팀이든 한 명의 의견이 모두의 의견과 같고 모두의 의견이 동일한 팀은 없습니다. 각자 생각하는 것의 차이가 있기 마련이고 그 생각의 방향과 목표를 일치시키는 것이 목표 달성 과정 중에 중요한 부분 중 하나입니다. 따라서 팀원들과 목표를 위해 노력하는 과정 중에 발생했던 갈등과 문제를 서술하면 됩니다.

6. 그에 대한 대응 및 협조를 이끌어 내기 위한 구체적 행동 / 목표 달성 정도 및 본인의 기여도

(5)번에서 설명한 갈등을 어떤 방향으로 해결했는지 서술하고, 그 팀워크의 결과와 배운 점으로 본 항목을 마무리하며 팀원으로 입사하였을 때 책임감 있게 협력하여 공동의 목표를 달성할 수 있다는 자신감을 어필하는 것을 추천합니다.

위에서 말씀드린 내용을 바탕으로 간단히 예시를 들어봤으니 참고하셔서 좋은 자기소개서를 작성해보세요!

1. 자발적으로 최고 수준의 목표를 세우고 끈질기게 성취한 경험에 대해 서술해 주십시오.
   [목표보다 더 중요한 것, 동기부여]
   저는 전공학점 4.3점을 목표로 하여 최종적으로 4.35점을 달성한 경험이 있습니다. 그리고 목표를 세우는 것보다, 목표를 이룰 수밖에 없는 동기부여를 만드는 것이 더 중요한 것임을 알게 되었습니다. (중략)

2. 새로운 것을 접목하거나 남다른 아이디어를 통해 문제를 개선했던 경험에 대해 서술해 주십시오.
   OOO 공모전에서 금상을 수상하며 창의성이란 남의 불편함을 이해하는 공감 능력에서 비롯된다는 것을 알게 되었습니다. (중략. 처음에는 본인만의 불편한 점에서 접근하여 잘 안 되었으나 남들의 불편한 점을 체험해보고 아이디어를 내어 수상한 경험 작성)

3. 지원 분야와 관련하여 특정 영역의 전문성을 키우기 위해 꾸준히 노력한 경험에 대해 서술해 주십시오.
   OO제품을 다루기 위해 6bit Full-Custom ADC를 설계해 본 경험이 있습니다. (중략) Full-Custom Layout을 진행하면서 공정에 대한 기초 지식이 필요하다는 것을 알게 되어 공정실습을 진행하였습니다. (중략) 또한 왜 High-Speed로 설계해야만 하는지, Speed가 느려지면 어떤 문제점이 있는지 파악하기 위해 DSP 과목을 수강했습니다. (중략)

4. 혼자 하기 어려운 일에서 다양한 자원 활용, 타인의 협력을 최대한으로 이끌어 내며, Teamwork를 발휘하여 공동의 목표 달성에 기여한 경험에 대해 서술해 주십시오.
   OO 팀 프로젝트를 진행하면서, 협업하기 위해서는 남들이 어떤 생각을 하고 있는지 궁금해 하는 호기심이 선행되어야 함을 알게 되었습니다. (중략)

MEMO

09 현직자가 말하는 면접 팁

서류 전형과 인적성 검사를 통과하고 나면 면접이라는 관문을 통과해야 최종 합격할 수 있습니다. 제가 생각하는 면접의 전반적인 느낌은 소개팅입니다. 서류 전형과 인적성 검사를 통해 회사는 지원자에 대한 관심을 충분히 표현했습니다. 그렇다면 실제로 만나보고 지원자의 자소서 및 역량을 검증해서 정말 회사에 필요한 인력인가를 판단해야 합니다. 그 과정이 바로 면접 전형입니다. 면접 전형은 회사마다 모두 다르지만 크게 직무 면접과 임원 면접으로 나눌 수 있습니다. 직무 면접은 지원자가 지원한 직무의 실무자, 즉 팀장급이 면접관으로 참가하여 지원 직무에 필요한 역량을 갖췄는지를 검증합니다. 실무 면접을 통과한 이후에는 임원 면접을 보게 됩니다.

면접은 면접관의 성향에 관계된 '운'과 지원자의 '실력'에 따라 합격이 좌우된다고 할 수 있습니다. 저는 지금껏 면접까지 전형을 진행했던 회사에서 단 한 곳도 탈락한 경우가 없었습니다. 제가 모든 면접에서 합격할 수 있었던 이유는 각 면접의 성격을 면밀히 분석하고 같은 질문이더라도 임원 면접, 직무 면접에 따라 그 답변을 달리하여 제가 어필할 수 있는 역량을 차별화하여 보여줬기 때문이라 생각합니다. 제가 면접을 어떻게 준비했고 어떤 팁이 있는지 알려드리겠습니다.

1 직무 면접

1. 직무 면접의 핵심: 직무역량

서류 및 인적성 검사 합격 후 가장 먼저 준비해야 되는 것은 직무 면접입니다. 직무 면접을 본다는 것 자체가 회사 입장에서 지원자가 직무 역량을 갖추고 있다고 이미 기대하고 있다는 시그널입니다. 애초에 지원 직무와 관련된 직무 역량이 없다면 선발되지 않았을 것입니다. 그렇다면 지원자가 직무 면접에서 답변하는 답변의 대부분은 자소서에 적은 직무 관련 경험을 구체화하여 사실성을 검증할 수 있는 답변을 해야 된다는 것입니다.

회사마다 직무 면접 진행 방식의 차이는 있지만, 대부분 학부생의 경우 문제 풀이 후 질의응답을 하거나 대학원생 지원자의 경우 연구 경험을 발표 자료로 사전에 준비하고 발표하게 됩니다. 어떠한 형태이건 직무 면접에서 평가하고자 하는 것은 정해져 있습니다. 바로 논리력, 문제 해결 능력, 직무 이해도입니다. 하지만 여기서 면접을 준비하는 지원자의 입장에서 하나의 딜레마가 생깁니다.

'내 경험은 직무와 직접 연관이 없는데?' 지원 직무와 관련된 직접적인 경험을 한 지원자는 많지 않습니다. 하지만 직접 연관된 경험이 아니더라도 앞서 말씀드린 3가지 검증 역량을 가지고 있다는 것을 어필한다면 합격할 수 있습니다. 왜냐하면 지원 직무와 연관된 경험을 하더라도 회사에 와선 대부분의 것들을 새롭게 배워야 되고, 따라서 이 과정에서 중요한 것은 직접적인 연관 경험이 아닌 지원자의 논리성, 문제 해결 능력, 직무 이해도이기 때문입니다.

배터리 산업의 경우, 신사업의 특성상 타 직군에 종사하다가 이직한 중고신입 또는 경력 사원이 상당히 많습니다. 최종 입사한 경력 사원 분들을 봤을 때 배터리 관련 산업에 종사하지 않았더라도 이전 산업의 경험을 배터리 산업에 어떻게 적용할 것인지에 대한 이해가 명확히 되어 있었습니다. 그리고 업무 또는 프로젝트 진행 중 어떠한 문제 상황이 있었고, 어떻게 해결했는지를 설명할 수 있어야 합니다. 여기에서 중요한 것은 왜 그렇게 해결했는지, 그랬을 때의 다른 문제점은 없는지(Trade-Off), 그럼에도 불구하고 그렇게 한 이유는 무엇인지, 다른 문제도 개선할 수 있는지 등 WHY? WHAT? HOW?에 초점을 맞춰서 대응할 수 있어야 한다는 것입니다. 따라서 중고 신입 또는 경력 사원으로 지원한다면 이전 회사에서의 경험이 배터리 산업에 어떻게 적용될 수 있는지, 입사 후 어떤 역량을 좀 더 계발해보고 싶은지 고민해 보는 것을 추천합니다.

직무 면접은 지원 직무의 실무자, 실무자 중에서도 백전노장이라 할 수 있는 팀장급이 면접을 진행하기 때문에 어렴풋이 아는 척하거나 거짓말을 할 경우 정말 치명적일 수 있습니다. 제가 경험한 팀장님들은 모두 논리가 정말 탄탄하고 공학적인 사고 능력이 매우 뛰어난 것처럼 보였습니다. 임원 면접은 인성을 검증 받는 느낌이라면 실무 면접은 실력을 검증 받는 것이라 생각이 들었고, 직무 면접이 더 많이 긴장되었습니다. 하지만 직무 면접에서도 살아남는 방법이 있습니다. 하나씩 알아보겠습니다.

2. 1분 자기소개: 면접관이 지원자의 서류를 확인하며 특징을 파악하는 시간

모든 면접의 시작은 내가 누구인지 소개하는 1분 자기소개입니다. 사실 1분 자기소개 시간에 면접관님들은 지원자의 서류 및 인적성 검사 점수 등을 확인합니다. 즉 1분 자기소개를 정말 경청하는 면접관은 극히 드뭅니다. 그렇다면 1분 자기소개는 대충 시간만 채우면 될까요? 아닙니다. 저는 1분 자기소개서에 '저는 이런 경험을 했고 저런 경험을 해서 생각보다 능력이 있습니다.'라는 콘텐츠를 전달하기 보다는 함께 일하고 싶은 열정과 능력 있는 신입 인상을 심어 주기 위한 1분 자기소개를 구성했습니다. 저는 저의 이름을 소개한 이후 아래와 같이 말했습니다.

"저는 지금 이 면접에 서기 위한 능력과 인품을 갖추기 위해 항상 배움을 자세를 가지고 겸손한 마음으로 성장해왔습니다."

저는 제가 했던 경험 및 역량 개발을 할 때 기저에 있던 저의 태도를 먼저 말하면서, 위와 같은 인상을 전달하였습니다. 이후 어떤 핵심 경험을 통해 어떤 역량을 개발했는지 아래와 같이 하나씩 나열했습니다.

"저를 보여 드릴 수 있는 소중한 기회를 주신 것에 감사드리며, 진솔한 모습을 보여 드릴 수 있도록 노력하겠습니다. 감사합니다."

기대와 감사의 말을 전달하며 면접을 시작하였습니다. 1분 자기소개에 대한 답변 구성을 어떻게 해야 되는지 정말 많은 가이드와 템플릿이 있습니다. 하지만 기계같이 외운 자기소개보다는 정말 내가 어떤 사람인지, 어떤 태도를 가졌는지를 먼저 어필한 이후 직무 역량을 보여 준다면 좋은 인상이라는 엄청난 가점을 받은 상태로 면접을 시작할 수 있을 것입니다.

3. 지원 동기: 지원 직무에서의 비전 제시하기

자기소개에 지원 동기를 함께 말하는 면접도 있지만 지금 경우에선 분리해서 보도록 하겠습니다. 지원 동기는 회사 지원 동기가 아니라 직무 지원 동기를 말해야 됩니다. 저는 직무 지원동기에 지원자의 지원 직무에서의 비전을 제시하는 것을 추천합니다. 다음은 저의 지원 동기 중 일부입니다.

"저는 시스템의 열적 안정성을 증가시킬 수 있는 방향으로 차세대 배터리 시스템을 설계 및 평가하고, 열유동 시뮬레이션 수행을 통한 설계 방향성을 제시하여 글로벌 배터리 시스템의 표준을 만들겠습니다."

저의 지원 동기는 회사에 관심이 있어서가 아니라, 여기서 이루고 싶은 꿈과 비전이 있어서 지원했다. 그리고 그 비전은 회사의 비전과 목표와 동일하다는 것을 강조하였습니다. 지원 동기는 어떻게 보면, 직무와 관련된 구체적 경험을 제시하는 것보다는 지원자의 인상, 포부를 강조하는 인상을 결정하는 질문이라 생각합니다.

4. 직무 면접 답변 방법: 특별한 경험보다는 특별한 깨달음을 강조하기

면접관들은 하루에도 수십 명의 면접자들을 만나기 때문에 지원자의 경험은 지원자 입장에서는 특별할 수 있어도 면접관 입장에서는 이전 지원자에게 들었던 비슷한 경험일 수 있습니다. 따라서 경험 그 자체에 차별성을 두는 전략은 효과적이지 않습니다. 특별한 경험이 면접관들에게 호기심을 불러일으킬 수는 있어도 호감을 사기에는 쉽지 않기 때문입니다. 회사 입장에서는 작은 경험이더라도 큰 깨달음을 얻은 지원자를 오히려 더 선호합니다. 특별한 깨달음을 만들기 위해서는 첫째, 경험의 목표를 만들어야 하고 둘째, 목표 달성 정도를 평가해 보고, 셋째, 달성 수준을 높일 수 있는 방법을 다시 고민해 봐야 될 것입니다.

면접관들은 면접자의 답변에서 구체적이고 목표 의식 있는 경험을 쌓아왔는지를 확인하고 싶어 합니다. 따라서 여러분들의 모든 경험에는 취업을 위해 그냥 해 본 활동이 아닌, 명확한 목적이 있어야 좋습니다. 만약 특별한 목표 없이 수행한 활동들이 있다면 여러분들이 구체적으로 하고 싶은 일과 어떻게 연결할 수 있을지 깊게 고민을 해보면 도움이 될 것입니다.

5. 직무 면접 마인드셋: 나는 부족한 사람이다. 하지만 배움에 열정이 있고, 키워 볼 만한 사람이다.

면접을 진행하는 중에 꼬리 질문이라고 불리는 압박 면접이 들어오는 경우가 있습니다. 그럴 경우, 지원자가 미처 고민하지 않았던 부분을 질문하여 난감한 경우가 있을 것입니다. 이런 경우 완벽한 답변을 하지 못했다고 생각하여 매우 긴장을 하곤 합니다. 저 역시도 그랬습니다. 하지만, 면접관들은 완벽한 답변을 기대하는 것이 아니라 좋은 태도를 가지고 있는 키워 볼 만한 사람인가 를 보고 싶어 합니다. 이미 완성되어 있는 지원자는 없습니다. 따라서 예상치 못한 질문이 들어오 게 된다면 모르는 부분은 모른다고 인정을 하고 배움의 자세를 보여 준다면 좋은 인상을 남길 수 있을 것입니다.

1. 임원 면접의 핵심: 조직 적합성

직무 면접까지 통과하셨다면 마지막으로 임원 면접을 보게 됩니다. 임원이라는 직급은 조직에서 어떤 위치인지 먼저 알아보겠습니다. 회사마다 조직 구성이 다르겠지만 배터리 산업에서는 연구소를 기준으로 임원 직급을 셀 개발과 시스템 개발로 구분합니다. 따라서 여러분께서 임원 면접을 보게 될 때 임원으로 마주하게 되는 분은 셀 또는 시스템 연구 개발 조직의 장이라고 보시면 됩니다. 직무 면접이 여러분이 지원한 직무 단위 팀의 팀장이라고 한다면, 임원은 지원 부서가 속한 큰 단위 조직의 장이라고 생각하시면 됩니다.

제가 회사에 입사하고 보니 임원 면접 시즌 때 임원 분들은 현업으로 스케줄이 바쁘기는 해도 면접을 위해 사전 서류 검토, 팀장의 의견 청취 등 인재 한 명 한 명을 선발하는 데 상당한 시간을 투자하고 있는 것으로 보였습니다. 임원 분들은 직무 면접을 통과한 지원자를 평가할 때 지원자가 얼마나 유능하고 열정이 있고 창의적인지를 보는 것이 아니었습니다. 오히려 우리 조직에 새로운 구성원으로 들어왔을 때 잘 적응하고, 조직을 좀 더 건강하고 젊게 의욕과 자극을 줄 수 있는지에 대한 태도와 자세를 검증합니다. 따라서 직무 면접에서는 본인의 전공 역량, 직무 역량을 강조하였다면, 임원면접에서는 학교 생활 중에 조직에 잘 적응해서 조직의 발전에 기여하고 신선한 변화를 줬던 경험을 답변으로 준비하는 것을 추천합니다. 다음으로 임원 면접에서의 사소한 팁을 알려드리겠습니다.

2. 임원 면접 마인드셋: 긴장되지만 당당하고 겸손하게 밝게

직무 면접이 다소 딱딱한 분위기에서 전공 용어와 발표를 하는 시간이었다면 임원 면접의 질문 난이도는 '지식'을 몰라서 답변을 못 하는 것이 아니라 '지혜'가 부족하여 답변의 퀄리티가 떨어지는 경우가 많습니다. 저는 임원 면접에서 "OO님의 이력을 보면 꾸준하게 리더, 팀장 역할만 맡아서 했는데, 회사에서 신입사원으로 입사하게 된다면 팀원으로 선배들을 도와주는 일을 할 경우가 많습니다. 리더로만 일해서 누군가를 도와주는 일엔 서툴지 않나요?"라는 질문을 받았습니다. 학교에서 주도적으로 과제를 하고, 연구를 했던 이력이 회사에선 다른 시선으로 보일 수 있다는 것을 면접 중에 깨닫게 되었죠. 그만큼 임원 분들은 십 수 년간 회사생활을 하시면서 다양한 구성원들을 경험하였기 때문에 지원자가 과연 우리 조직에 적합한지 아닌지 판단하기 위한 촌철살인과 같은 질문을 합니다.

하지만, 긴장이 되더라도 당당하고 겸손한 자세와 옅은 웃음으로 밝게 대답을 한다면 그 어떤 질문에도 태도에서는 좋은 인상을 남길 수 있을 것입니다. 하지만 면접에서 미소를 자연스럽게 짓는 건 정말 어려운 일입니다. 제가 이를 극복한 방법을 알려드리겠습니다.

먼저 저는 카메라로 면접을 보는 제 모습을 녹화하고 부자연스럽거나 고칠 부분을 보면서 고치려고 노력했습니다. '면접복기'가 중요하다는 것은 누구나 알고 있습니다. 하지만 보통의 경우, 어떤 질문을 받았고 내가 어떻게 답했는지 만 복기를 하게 됩니다. 의사소통은 언어적인 형태로 전달할 수 있는 것과 비언어적 형태인 몸짓, 표정, 호흡 등으로 전달할 수 있는 것이 있습니다. 저는 언어적 형태의 의사 전달 과정뿐만 아니라 비언어적 의사 전달 방식에 있어서 개선점을 찾아보고 이미지 트레이닝을 했습니다. 어색하더라도 거울을 보면서 자연스럽게 웃는 연습을 해 보고, 칭찬을 받았을 때 겸손하게 "감사합니다!"라고 하면서 옅은 웃음을 띠는 정도로 조절해 보며 저에 대한 이미지 트레이닝을 꾸준하게 하니 확실히 면접 때마다 답변 수준이 올라가고 면접이 아니라 '대화'처럼 자연스러운 수준까지 도달할 수 있었습니다.

두 번째 방법은 저는 임원 면접을 보는 계기로 다양한 철학적인 질문, 가치관에 대한 스스로의 답변을 만들어 보았습니다. 저는 취업을 준비하는 28살이 될 때까지 현실적인 스펙과 연구 실적에 급급하여 정작 중요한 삶의 가치와 그에 대한 생각을 정리할 기회가 없었다는 것을 알게 되었습니다. 임원 면접을 준비하는 시간 동안(면접을 위해서였겠지만) 저 자신에 대한 인생의 대답을 스스로 만들어 보자고 생각하고 하루에 몇 개씩 질문을 만들고 답변을 정리해 보았습니다. 직무 면접이 지식의 깊이를 보는 면접이었다면, 임원 면접은 제가 갖고 있는 지혜의 깊이를 보여 드리고자 노력했습니다.

3. 고집보단 인정과 지지를

면접을 진행하다 보면 면접관과 의견이 엇갈리는 경우가 있습니다. 일상에서는 다른 사람들과 의견이 갈릴 때야 그냥 '나와 생각이 다른가 보다~' 하고 넘어가면 될 일이지만, 면접은 조금 다릅니다. 면접관은 본인의 생각과 다르다고 생각하지 않고, 면접자의 생각이 틀렸다고 생각하기 때문입니다.

특히 임원 분들은 산전수전을 겪으며 높은 자리까지 올라간 분들이기에 본인 생각대로 이해가 안 되면 싫어하실 때가 많습니다. 이러한 생각에 대해 이해하지 말고 일단 받아들이는 것도 좋은 방법입니다. 즉 면접관들에게 꼬리를 내리고 보상해 주는 느낌으로 이야기를 풀어보세요. 그래야 면접관들의 마음을 살 수 있습니다.

10 미리 알아두면 좋은 정보

1 취업 준비

처음 취업 준비를 하게 되면 막막할 것입니다. 배터리 산업 관련 기업만 해도 국내에만 수십 곳의 기업이 존재하고, 학부라면 본인이 어느 직무가 맞을지 누구든 잘 모르기 마련입니다. 따라서, 막연히 걱정만하고 어디로 지원할지 고민하기보다는 4가지 방향에서 현실적으로 준비하는 것을 추천합니다.

1. 학점은 성실성을 보여주기 가장 좋은 지표이다

학점은 학교 생활 중에 지원자의 성실성을 보여주기 가장 좋은 지표입니다. 학교마다 수강 과목이 다르고, 지원자마다 수강 과목이 다르지만 어느 과목이든 열심히 수업을 듣고 좋은 성적을 받았다면 그 과목에 대한 전문성뿐만 아니라 학교 생활 중에 성실성을 보여주기 가장 좋은 지표입니다. 따라서, 전체 학점을 가급적 B 이상으로 취득하는 것을 추천합니다.

2. 공대생도 이젠 외국어는 기본이다

10년 전엔 공대생이 토익 성적만 들고 있어도 "공대생도 토익 점수 있어?"라는 말이 나올 정도로 토익 점수에 대한 기준이 없거나 매우 낮았습니다. 하지만 요즘은 토익, 토스, 오픽 등 다양한 형태의 영어 시험이 존재하고 기업들도 지원 가능한 최소 영어 성적을 요구하고 있습니다. 그만큼, 사업이 글로벌하고 외국어를 현업에서 사용할 일이 많기 때문이라고 할 수 있습니다. 진짜 영어 실력을 기르기 위해서는 오랜 시간을 투자해야 되지만 취업을 위한 영어 성적은 단기간에 집중해서 준비하는 것을 추천합니다. 독학이든 학원이든 형태는 관계없습니다. 방학이나 휴학 등 비교적 여유로운 시기에 목표를 정하고 단기간 집중해서 취업을 위한 최소 요건은 만들어 두고 지원 자격을 준비하는 것을 권합니다.

3. 방학 중엔 학교 밖에서 더 크고 넓게 배우기

어느 정도 전공 수업을 수강한 3학년 여름 방학이 되면 학교 밖을 떠나 다양한 경험을 하는 것을 추천합니다. 저는 여러분이 학교 밖에서 하는 경험을 단순히 취업에만 그 목적성을 두고 하지 않았으면 합니다. 저 같은 경우엔 학교에서 파견해 주는 해외 대학 교환 학생 프로그램에 총 3회 참가하였습니다. 1학년일 때는 어학연수, 3학년일 때는 전공 계절학기, 4학년일 때는 친선 교류 학생으로 해외 대학에서 짧게는 일주일, 길게는 한 달여간 생활하고 그 나라에 문화를 직접 느끼며 생활했습니다. 학기 중에 도서관에서 글로만 배우던 지식들보다 방학 중에 해외에서 꿈을 더 크게 가지고 내 전공을 그저 돈을 버는 하나의 수단이 아니라, 사회적으로 인정받고 전문성을 키울 수 있는 좋은 도구라고 생각하고 귀국했습니다. 이후에 더욱 더 학업에 열중하고 전문성을 키울 수 있는 활동을 스스로 찾아보는 자발성을 키웠습니다. 여러분들도 방학 중에 여행이든, 학교에서 가는 체험활동이든, 현장 실습이든 관계없이 넓은 세상에서 책에서 배울 수 없었던 지식을 몸소 느껴 보는 것을 추천합니다. 처음 취업을 준비한다면 이렇게 직무 경험을 쌓는 것에 우선순위를 두진 않을 것입니다. 직무 경험이야 기본적인 SPEC이 갖춰져 있고, 방향만 잘 잡아놓는다면 나중에도 누구나 충분히 쌓을 수 있기 때문입니다. 그러니 너무 직무 경험을 쌓는 것보다는 시기마다 해야 할 것들에 집중했으면 좋겠습니다.

4. 면접 준비는 서류 접수 끝나고 시작해도 늦지 않다

처음 취준생이 되면 취업에 대한 불확실성, 불안함으로 서류 접수도 안 했는데 면접 스터디를 미리 구해서 하는 등 조바심을 내는 경우를 많이 보았습니다. 결론부터 말씀드리자면, 서류 접수 이후에 집중적으로 면접을 준비해도 충분히 준비할 수 있습니다. 저는 취업에서 중요한 것은 절대적인 양이나 시간보다는 밀도라고 생각합니다. 짧은 시간에 많은 시간을 집중해서 투자하는 것이 취업 기간에 지치지 않고 장기전에서 성공할 수 있는 방법이라고 생각합니다.

1. DART(전자공시시스템)를 활용한 최신 트렌드 기술 파악

DART란 상장법인 등이 공시서류를 인터넷으로 제출하고, 투자자 등의 이용자는 제출 즉시 인터넷을 통해 조회할 수 있도록 하는 종합적 기업공시 시스템입니다. 지원하려는 회사가 무슨 일을 하는지, 어떤 사업전략이 있는지, 특히 최근에 개발하는 트렌디한 기술과 제품은 무엇인지 파악하려면 DART만한 것이 없습니다.

제가 이전에 Image Sensor에 관심이 있어서 삼성전자에서 어떤 기술을 연구하고 있는지 찾아본 적이 있었습니다. 이때 DART를 어떻게 활용했는지 알려드리겠습니다.

먼저 DART에서 삼성전자를 검색합니다. 그리고 가장 최근 사업보고서, 분기보고서, 반기보고서 중 하나를 클릭합니다. 보고서에서 다양한 정보를 확인할 수 있습니다. 여기에서 검색창에 '연구'를 검색해 봅니다. 연구에 투자하지 않는 회사는 미래가 없으므로 대부분 회사에서 연구에 대한 정보를 제시해 줄 것입니다. 검색해 보니 'DRAM 내장 3단 적층 구조 적용 ISOCELL, 테트라셀, 슈퍼PD기술' 등 정말 트렌디한 기술들이 많이 보입니다. 이제 이 키워드를 다시 구글링하여 검색해 봅니다. 이렇게 관련 기사나 블로그를 방문하여 공부하면 됩니다.

삼성전자뿐 아니라 LG전자, 현대자동차 등의 대기업, 심지어는 상장되어 있는 중소/중견기업들의 연구 내용과 실적에 대해서 나와 있습니다. 따라서 이 방법은 삼성전자, SK하이닉스와 같은 큰 기업 말고도 다른 회사에도 활용할 수 있는 치트키라고 생각합니다.

[그림 2-36] DART 사이트 메인 화면

2. 배터리 시스템 관련 논문 검색 TIP

[그림 2-37] 구글 스칼라 사이트 메인 화면

　과제를 수행하다 보면, 데이터를 분석할 때 참고할 만한 선행 연구들을 찾아볼 일이 많습니다. 뿐만 아니라 최신 기술 동향이 어떻게 되는지 요약해서 볼 수 있는 가장 좋은 자료가 논문이기도 합니다. 이제 논문은 더 이상 석박사 출신 연구원만 보는 것이 아니라 학부 출신 개발자들도 참고하고자 할 때 어떻게 검색하고 찾는지 알아야 합니다.

　저는 한글 논문은 연구 분야나 내용이 굉장히 제한적이고 논문길이도 짧기 때문에 되도록이면 영문으로 작성된 해외 저널에 게재된 논문을 봅니다. 이때 활용하는 사이트가 바로 '구글 스칼라'입니다. 구글 스칼라에 'Battery system thermal management'라고 검색해보겠습니다.

[그림 2-38] 구글 스칼라 검색 화면

　상단부터 검색한 키워드에 맞는 연관 연구 결과를 보여 줍니다. 찾고자 하는 내용과 논문이 일치하는지의 여부는 각 논문을 하나씩 들어가 보며 초록 → 결론 → 본문 순으로 내용을 파악하면 연구 내용이 참고할 만한지 파악하기가 용이합니다. 대부분의 회사에서 논문을 열람할 수 있도록 유료 이용권을 가지고 있기 때문에 적극적으로 활용할 것을 바랍니다. 저는 연구를 찾아보고 읽는 것도 업무의 연장선이라 생각하기 때문에 집보다는 회사에서 논문을 보는 편입니다.

③ 현직자가 전하는 개인적인 조언

현업에 종사하며 많은 후배들의 자소서 및 면접을 도와주면서 취준생들이 취업 준비를 하면 주눅이 많이 든다는 것을 느꼈습니다. 그 이유는 본인의 스펙이나 경험이 부족하다고 생각되고 약점이 많다고 생각하기 때문일 것입니다. 하지만 저는 여러분에 자신 있게 말할 수 있습니다. 취업은 언젠간 하게 되고, 목표하던 곳을 한 번에 가지 못하더라도 반드시 다시 도전할 수 있는 기회는 옵니다. 저는 저희 회사에 입사한 분들 중에 면접만 3번 보고 합격한 분도 봤습니다. 또한, 본인의 2순위, 3순위 기업에 입사했다고 해서 취업에서 2, 3등한 것은 결코 아닙니다. 어느 곳에 있던지 본인 일에 책임감을 가지고 배움의 자세로 일하다 보면 이직의 기회, 헤드 헌팅의 기회가 찾아오는 것을 많이 경험하였습니다.

취업은 끝이 아니라 긴 사회생활의 시작입니다. 지금 이 책을 보고 있다면 이제 막 취업 준비를 시작했거나 취업 준비를 해 봤던 분일 것이라고 생각됩니다.

취업 과정이 쉽지 않더라도 극복하지 못할 것은 아닙니다. 포기하지 말고 도전해서 저와 함께 배터리 산업을 이끌어 나갈 동료로 함께할 때까지 기다리겠습니다.

MEMO

11 취업 고민 해결소(FAQ)

💬 Topic 1. 학사 vs 석사

Q1 모듈/팩 개발 직무 내에서 학사와 석사 비율이 어떻게 되나요?

A 먼저 학석사 비율을 나누기 이전에 경력과 신입의 비중을 알려드리는 것이 좋을 것 같습니다. 배터리 사업이 신사업이다 보니 다른 산업군에서 이직하신 경력신입이 많습니다. 따라서 최종학력이 학사인 경우는 타사업에서 연구개발 업무를 3년 이상한 경우가 대다수입니다. 현재 신입 채용으로 채용되는 구성원들도 학사인 경우엔 타사업 경력이 있는 중고 신입이 대다수이고, 학사 졸업 후 개발 직무로 오는 경우는 흔치 않습니다.

Q2 현업에서 석사출신과 학사출신에 따라 맡게 되는 업무가 다른가요?

A 개발 직군으로 입사하게 되면 현업에서는 석사와 학사가 맡는 업무가 다르지 않습니다. 하지만, 학사로 입사하여 개발 경력이 많으신 분이 주로 설계를 많이 하시고, 석사로 입사하신 분들이 분석 업무를 많이 하는 추세인 것으로 보입니다. 하지만, 근본적으로 맡는 업무의 특성은 다르지 않습니다.

Q3 개발 직무이다 보니 석사가 더 유리할 것 같아 대학원 진학을 고민하고 있는데 과연 취업에 유리한지, 대우가 크게 다른지 궁금합니다.

A SK온을 기준으로 석사 졸업 후 연구 개발 직군으로 입사할 경우 학사와 계약 연봉 차이가 납니다. 또한, 개발 직군 모집 시 학사 지원 가능이지만 석사 우대 조건이 있기 때문에 취업에 유리합니다.

Q4 2차전지이다보니 아무래도 화학/물리/소재 관련 학과가 더 적합할 것 같은데, 정말 해당 전공자가 압도적으로 많은지 궁금하고 혹시 우대하는 이공계 전공 계열이 있을까요?

A 먼저 셀 개발과 시스템 개발로 많은 전공을 말씀드리면, 셀 개발은 화학 계열 전공자가 많고 시스템은 기계 전공자가 많습니다. 하지만, 배터리는 많은 전공이 함께 도와 설계를 해야 하기 때문에 본인 전공이 배터리 산업에 도움이 된다면 지원하시는 것을 추천 드립니다.

Q5 면접관이나 선임으로써 모듈/팩 개발 직무 지원자가 기본적으로 알고 왔으면 하는 지식/경험/역량이 혹시 있으신가요?

A 2차 전지 산업에 종사하기로 마음먹으셨다면 가장 기본적인 셀 공부는 하고 지원하시는 것을 권해드립니다. 2차 전지의 구성 요소, 구동 원리, 현재 이슈, 산업 동향 등을 관심있게 보고 공부하고 오시길 권해드립니다.

Q6 학사라면 대학교에서 어떤 과목이나 활동을 중점으로 공부하면 유리할까요? 직무 경험이 없는 학부생들에게 자소서나 면접을 위해 추천해주실 만한 부분이 있는지 궁금합니다.

A 학사라면 학교에서 주관하는 다른 산업의 라인 투어, 인턴 등을 경험해보고 오실 것을 적극 권해드립니다. 배터리 산업은 제조업입니다. 제조업 특성상 다양한 공정이 있고 공정마다 관리 포인트들이 존재합니다. 다른 산업에서 유사한 경험을 해보는 것은 향후 배터리 산업에 오셨을 경우 업무에도 도움이 될 것이라 확신합니다.
자소서나 면접은 현직자를 통한 멘토링을 추천드립니다. 현직자 입장에서 자소서 작성이 적절하게 잘 이루어졌는지 면접 답변은 적절한지 확인이 필요합니다. 현업에서 어떤 이슈가 발생하고 있는지도 관심을 가지는 자세도 크게 도움이 될 것입니다.

PART 02 | 현직자가 말하는 2차전지 직무

Chapter 02 | 모듈/팩 개발

모듈/팩 개발 직무를 희망하는 석사생들을 위해 논문을 작성할 때나 자소서/면접에서 조언해주고 싶은 내용이 있으실까요?

A   먼저 논문을 작성하신다면 배터리 산업과 직접 연관이 될 경우가 좋긴 하겠지만 대다수가 직접 연관이 되어있지 않을 것입니다. 하지만, 대학원에서 했던 실험, 분석, 해석 등은 현업에서도 동일하게 사용됩니다. 따라서, 본인의 연구가 배터리 연구가 아니더라도 본인이 대학원에서 길렀던 역량을 위주로 자소서와 면접을 준비하시는 것이 좋은 전략입니다.

Q8 솔리드웍스 카티아와 같은 설계능력이 중요한지 아니면 열유체해석 Ansys, CFD 능력이 더 필요한지 궁금합니다.

A   모두 아닙니다. 물론, 엔지니어링 툴을 다룰 수 있다는 점은 현업에서 큰 장점입니다. 하지만, 현업에서 대부분의 툴을 새롭게 배워야하기 때문에 툴 사용 능력으로 채용되는 것이 절대 아닙니다. 툴을 사용해보았다는 경험에 집중하기 보단 툴을 통해 어떤 역량을 길렀고 무엇이 부족한 것을 느꼈으며, 앞으로 어떻게 개선을 해나갈 계획인지를 강조하시는 것을 추천드립니다.

Q9 모듈/팩 개발 직무 지원 시 셀/모듈/팩, 소재, 공정 등 2차전지에 대한 지식이 어느 정도 있어야할지 궁금합니다.

A   지식의 수준을 나누기 애매모호 하긴 해도 기본적인 셀에 대한 공부는 선행되어야 합니다. 또한, 모듈, 팩이 무엇인지 정도는 알고 오면 좋고, 구성 요소도 구글링을 통해 알 수 있으니 공부하시고 오면 좋습니다. 다만, 이는 면접을 위한 용도이기 보단, 배터리 산업에 진출하기 위한 사전 준비 단계라 생각하시고 꾸준하게 공부하시길 권해드립니다.

Q10 현직자 입장에서 모듈/팩 개발 엔지니어로서 가장 중요한 역량 또는 성격이 뭐라고 생각하시나요?

A   어떤 문제 상황이 있는지 인지하고, 현상을 분석하고 개선하기 위한 아이디어를 제안하는 것이 가장 중요하다고 생각됩니다. 모듈을 설계할 때, 물리적인 현상에 기반하여 설계를 하기 때문에 어떤 물리 현상에 기반하여 설계를 할지 평가 결과를 분석하고 이를 통해서 모듈 설계 방안을 제안할 수 있어야 좋은 설계를 할 수 있습니다. 이는 쉽게 길러지는 역량이 아니기 때문에 산업에 종사하면서 차차 길러 나가면 언젠가는 모듈, 팩의 물리 현상을 기반으로 안전하고 성능이 뛰어난 제품을 설계 할 수 있는 시스템 개발자가 될 것입니다!

공정기술

들어가기 앞서서

이번 챕터에서는 공정기술 직무에는 어떤 다양한 직무가 있는지 살펴보고, 이 직무에서는 어떤 업무를 진행하는지 살펴보겠습니다. 배터리 회사는 어떻게 돌아가는지와 공정기술 직무의 중요성에 관한 설명을 통해 여러분의 궁금증을 해결할 수 있고, 현직자와 같은 전문성을 확보할 수 있는 지식 습득 방법을 통해 '차별성' 있는 지원자가 될 수 있을 것입니다.

지원자로서는 머릿속에 상세하게그 려지지 않았던 사항들을 구체화할 수 있도록 구성하였습니다. 저의 지식을 가감 없이 전달하여 성공적인 취업 준비가 될 수 있도록 돕겠습니다!

01 저자와 직무 소개

1 저자 소개

공멘토

연세대학교 국제대학 환경에너지공학(Energy and Environmental science) 전공, 공대 전기전자공학부 복수전공 학사 졸업

前 스타트업 제품설계팀
 1) MCU Firm-ware 설계 / 고객 대응
 2) 타사 Bench-marking 자료작성

現 LG사 자동차 전지 공정기술 및 생산 R&D
 1) 유럽향(向) 배터리 Pilot 생산 담당자
 2) 신규 모델 및 신규 설비 적용 담당 팀

안녕하세요! 2차전지 공정기술 직무를 맡은 **공멘토**입니다. 반갑습니다!

저는 연세대학교에서 환경에너지공학을 본 전공하였고, 다양한 분야에 걸쳐 활동할 수 있는 전공을 하나 더 가지고 싶어 전기전자공학부를 복수전공 하였습니다. 전기전자공학부에서 수업을 들을 때 반도체에 크게 관심이 없어서 이 분야 저 분야를 헤매던 중 배터리라는 분야에 관심을 가지게 되었습니다. 그렇게 스스로 **배터리 분야**를 공부하고 연습하여 학사 출신으로 R&D 직무에 지원했고, 합격하게 되었습니다.

현재 저는 대기업 LG사에서 자동차 전지 공정기술 R&D 직무를 맡고 있습니다. 그리고 제가 소속된 팀은 새로운 기술과 새로운 트렌드를 따라가는 배터리를 **시험/생산**하여 정상적인 **양산**[1] 절차로 이어질 수 있도록 **가이드**하는 역할을 맡고 있습니다.

저의 직무 소개에서 공정기술에 R&D까지 덧붙인 이유는, 담당 부서가 자동차 제품 공정기술에 속해 있지만 진행하는 업무가 R&D와 겹치는 부분이 상당히 많고 팀에서 공정기술 지원자와 R&D 지원자를 동시에 받고 있기 때문입니다.

---

1 [10. 현직자가 많이 쓰는 용어] 1번 참고

제가 담당하고 있는 분야가 공정기술 전반에 걸쳐있는 여러 부서와 연관성이 있기 때문에 더욱 생생하게 부서별로 어떻게 연관되어 회사가 움직이는지 보여드릴 수 있을 것 같습니다. 또한 스스로 제작한 다수의 배터리 분야 관련 전자책과 컨설팅 경험으로 저의 모든 꿀팁을 공개하려고 하니 많은 도움이 됐으면 좋겠습니다!

2 공멘토의 취업 Story

저의 배터리 기업에 대한 관심의 첫 시작은 엉뚱하게도 주식 투자때문이었습니다. LG화학에서 LG에너지솔루션이 분사되기 전에 배터리 기업에 대한 기대감으로 LG화학의 주가가 고공행진했고, 뉴스와 유튜브에서 2차전지, 배터리 시장의 밝은 미래에 대한 설명으로 관심을 가지게 되었습니다. 그러나 처음에는 '유망한 사업 분야구나'라고만 생각했습니다. 고학년이 되면서 많은 동기가 전기전자공학을 전공했으면 반도체 분야로 취업하는 것이 당연하다고 듯이 생각했지만, 공부해보니 저에게 반도체는 맞는 분야가 아니라는 생각이 들었습니다. 그러다 배터리 기업에 점점 더 관심을 가지게 되었고, 알아볼수록 매력적인 이 시장에서 일하지 않을 수 없겠다는 생각이 들었습니다. 그래서 제가 결정적으로 이 회사, 이 직무에서 근무하게 된 이유는 다음과 같습니다.

1. 대학원? 취업?

아마 모든 공학 계열의 대학생이라면 한 번쯤 하는 고민이지 않을까 생각합니다. 특히 요즘은 대학원까지는 진학하려는 추세이고, 어차피 회사에서 인정해준다면 2년 정도 더 배워서 전공 분야를 확실하게 하고 싶다는 생각을 하는 것 같습니다. 저도 그랬으니까요. 하지만 이런 고민을 하고 대학원 입학 서류를 넣은 후 합격 메일까지 받은 저는 결국 학사 출신으로 취업을 하기로 결정했습니다. 왜일까요?

'대학원을 가는 게 맞냐, 취업을 하는 게 맞냐'라는 질문에는 정답이 없는 것 같습니다. 정말 오랜 시간 고민하고 주변에 조언을 구하지만, 결국 결정하고 책임을 져야 하는 것은 '나' 자신이기 때문이죠.

제가 결국 취업을 선택하게 된 계기는 수많은 분야 중 내가 전공하고 싶은 분야가 없었기 때문입니다. 오히려 빨리 사회에 나가서 더 많은 것을 경험하고 싶다는 생각을 했고, 석사를 하게 되면 전공 분야가 더 좁혀지기 때문에 오히려 선택지가 좁아져서 더 불리할 수 있겠다는 생각도 했죠.

지금 와서 보면 학사 때 배우는 것과 회사에서 직접 업무를 위해 배우는 것에는 다른 점이 아주 많기 때문에 학사 신분으로 회사에 취직하는 것도 좋은 방안이라고 생각합니다!

> 저는 왜 석사를 하지 않고 학사로 회사에 지원했는지 면접에서 질문도 받았어요. 뒤에서 더 자세히 이야기할게요.

2. 회사 선택: 기업의 미래 성장성, 나의 성장성

취업을 준비할 때 중요하게 생각했던 것 중에 하나가 바로 '미래 성장성이 밝은 회사에 가자'였습니다. 주변 지인들로부터 '회사에서 더는 인재를 채용하지 않아서 자기 후임이 들어오지 않는다', '급여가 더 이상 오르지 않는다'라는 이야기를 들어서인지 위와 같은 생각을 했습니다. 그래서 미래 성장성이 뚜렷한 배터리 시장에서 나의 전문성을 쌓아보고자 지원하게 되었습니다.

3. 직무 선택: 배터리에 대한 전체적인 흐름

회사에 입사하면 전체적인 흐름에서 아주 작은 일부분을 다루는 팀으로 세분됩니다. 그래서 정작 내가 배터리를 다루고 있지만 내가 담당하는 업무 전과 후에 어떤 일이 생기는지 이해하지 못 하는 경우가 많다고 생각합니다.

배터리 산업은 현재 가장 빠르게 성장하고 변화하는 산업 중 하나입니다. 이에 따라 저는 회사의 가장 선두되는 기술을 접하여 기술적으로 산업의 트렌드를 가장 빠르게 파악하고 싶었습니다. 또한 공정의 일부분을 맡기보다는 모든 공정을 도맡아서 배터리에 대해 포괄적으로 이해하는 것을 추구했기 때문에 해당 직무가 저에게 최고의 직무라고 판단했습니다.

4. 들어가기에 앞서

직무 설명에 들어가기에 앞서 배터리가 어떤 흐름으로, 어떤 팀과의 협업으로 생산되는지 아주 간단하게 설명하려고 해요. LG사의 자동차 사업부를 예시로 설명하겠습니다.

[그림 3-1] 협업 과정

배터리의 필요성은 어디서부터 비롯될까요? 바로 전기자동차나 전기스쿠터 등을 제작하는 회사로부터 시작합니다. 왜냐하면 친환경 및 더 나은 차세대 이동 플랫폼을 위해서 점점 트렌드가 옮겨가고 있기 때문입니다. 그러면 가장 먼저 자동차 업체에서 배터리를 만들기 위해 주문을 넣습니다.

> "자동차를 중소형으로 만들 건데, 소재는 NCMA로 제작하고...
> (디테일 생략) ... 이런 스펙으로 배터리를 만들어주세요."

고객이 원하는 배터리 합의가 영업, PM(Project Manager) 쪽에서 끝나면, 개발팀으로 합의된 내용이 넘어와서 세부적으로 어떤 재료를 사용할 것인지, 어떤 공정 과정을 거쳐서 고객이 원하는 배터리를 만들 것인지에 대해 설계합니다.

설계가 끝났다고 바로 고객에게 제공할 수는 없겠죠? 직접 만들어 보며 안전성, 생산성, 품질, 성능, 우리의 영업 이익성 등을 평가하고, 몇 단계의 시생산 단계를 거쳐 양산 출하[2]를 했을 때 문제가 없을지 검증합니다. 여기서는 개발팀과 공정기술팀의 노력이 들어갑니다. 하지만 공정기술팀이라고 한 팀만 있는 것은 아니에요! 하나의 배터리를 만들기 위해서 전극[3]을 담당하는 전극기술팀, 파우치를 담당하는 파우치기술팀, 시생산 설비를 전체적으로 담당하는 EGL팀 등 많은 팀이 동원됩니다. 생산한 배터리가 잘 만들어졌는지 평가하고, 고객에게 보내도 되겠다고 판단하는 팀은 품질팀입니다. 이렇게 많은 전문가가 모여서 몇 단계의 관문을 통과해야 본격적으로 사회에 나갈 수 있는 제품을 생산하는 단계인 양산 단계로 넘어갈 수 있습니다. 안전한 배터리가 세상에 나갈 수 있도록 생산기술팀의 노력이 들어가야 합니다. 이와 관련한 사항은 뒤에서 더 자세하게 다루겠습니다. 또한 구매, SCM(Supply Chain Managment)팀에서 원활한 재료 수급[4]과 물류 이동을 위해 각 팀을 지원하며, 원활하게 배터리 제작이 이루어질 수 있도록 도와줍니다. 이렇게 각종 테스트와 안전 점검을 거친 정상 배터리가 최종적으로 고객에게 납품되는 것이죠.

자, 위와 같이 아주 간단하게 배터리가 만들어지는 데 필요한 유관 부서를 다뤄보았습니다. 어떤가요? 이렇게 보니 배터리 회사가 큰 틀에서 어떻게 움직이는지 생각보다 머릿속에 잘 그려지지 않나요? 위 내용은 회사의 전체적인 틀에서 어떤 직무가 있는지 살펴보는 아주 간단한 설명이었습니다. 실제로 각 팀을 자세히 살펴보면 생각지도 못한 업무를 진행하는 팀이 많이 있습니다.

하지만 지원자 입장에서 당장 중요한 것은 이러한 큰 틀을 이해하고 내가 어떤 분야에서 일하고 싶은지 정하는 것, 그리고 그 분야를 조금 더 조사하고 나의 장점을 어필해서 성공적인 취업을 준비하는 것입니다.

자, 그럼 저와 함께 각각의 직무 특성과 그에 따른 준비 방법에 대해 알아볼까요?

---

2 [10. 현직자가 많이 쓰는 용어] 2번 참고
3 [10. 현직자가 많이 쓰는 용어] 3번 참고
4 [10. 현직자가 많이 쓰는 용어] 4번 참고

02 현직자와 함께 보는 채용공고

먼저 LG사에 대해 가장 많이 이해하고 있기 때문에 LG사의 취업 공고를 통해 공정기술 분야에 어떤 직무가 있는지 소개하겠습니다. 이를 통해 회사가 어떻게 유기적으로 연결되어 있는지, 배터리를 만들기 위해 존재하는 여러 팀 중에 나는 어떤 팀에서 업무를 하고 싶은지, 어떤 업무를 잘할 것 같은지 고민해 보면 좋을 것 같습니다.

제가 취업을 준비할 당시에도 취업 공고를 보면 '아니 이게 다 무슨 말이야…'라는 생각과 함께 내가 들어가서 하게 될 일에 대한 이미지가 전혀 그려지지 않았습니다. 내가 회사에 들어가서 어떤 일을 하게 될지에 대해 스스로 이해하지 못하면 그만큼 자기소개서와 면접을 제대로 준비할 수 없기 때문에 저와 함께 하나씩 훑어보기로 해요.

1 자동차제품기술

채용공고 자동차제품기술

주요 업무	자격 요건
• 전극/조립 **공정 최적화**(자동차용 전지 공정기술개발/최적 공정 파라미터 도출) • **신규공정 검토** 및 중점 검증 항목 도출 • **양산 안정화**(Control Plan 제정, 수율/품질 안정화 활동)	• 해외출장가능자 • 전공무관
우대 사항	**근무지**
• 외국어 회화 가능자(영어/중국어) • Minitab **공차분석** 가능자	• 대전광역시 유성구 충청북도 청주(오창)

[그림 3-2] 자동차제품기술 채용공고 (출처: LG에너지솔루션)

먼저 자동차제품기술입니다. 앞서 말했듯이 고객사에서 배터리를 요청했다고 해서 바로 설계하고 납품할 수는 없습니다. 그 전에 회사 내부적으로 정한 검증 과정을 통과해야 고객에게 안전한 배터리를 판매할 수 있습니다.

그러므로 양산(Mass Production) 전에 시생산(Trial Production)을 하는데, 이 배터리 시생산을 주도하여 진행하는 팀이 바로 자동차제품기술팀입니다. 참고로 양산 전에 시생산 하는 것을 '파일럿(Pilot)[5] 생산을 진행한다'라고 표현합니다. 주요 수행업무에 '전극/조립 공정 최적화' 업무를 담당한다고 기재되어 있는데, 각 공정 설비에서 특정 배터리에 맞는 최적의 온도/압력/시간 등을 실험하고 판단하는 업무를 진행합니다. 양산을 시작하여 판매되는 모든 배터리는 이 팀을 거친다고 생각하면 됩니다. 기존 배터리 생산을 담당하는 것이 아니라 새로운 배터리를 만드는 업무를 진행하기 때문에 공정에 새로운 기술이 도입되며, 이를 안정화하고 최적의 배터리를 양산 단계로 인도시키는 역할을 맡고 있습니다. 출장이 잦기 때문에 해외 출장에 대한 질문이 필연적으로 따르는 팀이므로 이에 대한 어필할 만한 포인트가 있다면 이야기하는 것도 좋은 전략입니다. 또한 우대사항에 '공차분석 가능자'라고 기재되어 있듯이, 생산 과정에서 측정한 수많은 데이터를 활용하여 이번 생산이 성공적인지 판단하는 업무가 중요한 부분이기 때문에 Minitab 이외에도 각종 분석 툴의 사용 경험이나 노력을 어필하는 것도 좋은 방법이라고 생각합니다.

2 전극기술, 파우치형기술

채용공고 전극기술

주요 업무	자격 요건
• **제품 Spec 정합화** 및 적기 개발을 통한 제품 기술력 확보 • 양산라인 수율 극대화 및 불량 근본 개선을 통한 제조 경쟁력 확보 • 차별화된 시장 선도기술 개발 및 핵심 요소기술 고도화 • 자동화/정보화/지능화가 반영된 스마트팩토리 구축 및 빅데이터 분석 • 신규 모델 전극공정 **양산 안정화** • **고질불량 개선** 및 신규 전극 기술/공정 조건 셋업 • 전극 설계 및 Risk 검토	• 화학공학계열/기계공학계열/ 산업공학계열 • 해외출장가능자
우대 사항	근무지
• 외국어 회화 가능자(영어/중국어) • 레이저 용접 역량 보유자 • 빅데이터 분석 역량 보유자	• 대전광역시 유성구 충청북도 청주(오창)

[그림 3-3] 전극기술 채용공고 (출처: LG에너지솔루션)

---

5 [10. 현직자가 많이 쓰는 용어] 5번 참고

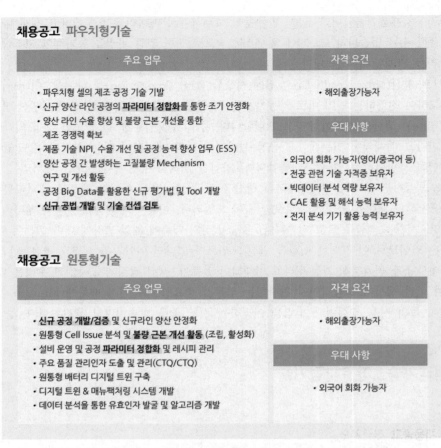

채용공고 파우치형기술

주요 업무	자격 요건
• 파우치형 셀의 제조 공정 기술 기발 • 신규 양산 라인 공정의 **파라미터 정합화**를 통한 조기 안정화 • 양산 라인 수율 향상 및 불량 근본 개선을 통한 제조 경쟁력 확보 • 제품 기술 NPI, 수율 개선 및 공정 능력 향상 업무 (ESS) • 양산 공정 간 발생하는 고질불량 Mechanism 연구 및 개선 활동 • 공정 Big Data를 활용한 신규 평가법 및 Tool 개발 • **신규 공법 개발** 및 **기술 컨셉 검토**	• 해외출장가능자
	우대 사항
	• 외국어 회화 가능자(영어/중국어 등) • 전공 관련 기술 자격증 보유자 • 빅데이터 분석 역량 보유자 • CAE 활용 및 해석 능력 보유자 • 전지 분석 기기 활용 능력 보유자

채용공고 원통형기술

주요 업무	자격 요건
• **신규 공정 개발/검증** 및 신규라인 양산 안정화 • 원통형 Cell Issue 분석 및 **불량 근본 개선 활동** (조립, 활성화) • 설비 운영 및 공정 **파라미터 정합화** 및 레시피 관리 • 주요 품질 관리인자 도출 및 관리(CTQ/CTQ) • 원통형 배터리 디지털 트윈 구축 • 디지털 트윈 & 매뉴팩처링 시스템 개발 • 데이터 분석을 통한 유효인자 발굴 및 알고리즘 개발	• 해외출장가능자
	우대 사항
	• 외국어 회화 가능자

[그림 3–4] 파우치형기술, 원통형기술 기술 채용공고 (출처: LG에너지솔루션)

배터리를 제조하는 가장 대표적인 세 가지 형태는 파우치형[6], 원통형[7] 그리고 각형입니다. 그 중 SK온과 LG에너지솔루션은 파우치형, 원통형 배터리를 주력으로 생산하며, 삼성SDI는 각형 배터리를 주력으로 생산하고 있습니다.

파우치형기술과 원통형기술 모두 각 제품 기술팀에서 생산한 모델의 조건, 재료 상황을 수집하고 분석하는 업무를 맡고 있습니다. 예를 들어 'A사의 알루미늄 파우치보다 B사의 알루미늄 파우치가 더 좋은 품질을 낸다고 하는데, 생산 결과를 통해 맞는지 확인해 보고, B사 제품을 적용해도 좋을지 검토해 보자', 'C재료와 D재료가 들어간 경우 150℃, 0.5MPa를 적용하면 되고, E재료와 F재료가 들어간 경우 180℃, 0.7MPa를 적용하면 되구나. 다음에 신규 모델에 비슷한 사례를 적용할 때 빠른 안정화를 위해 이를 정리하고 검증해야겠다'와 같은 수집 및 분석 업무를 진행합니다.

---

6 [10. 현직자가 많이 쓰는 용어] 20번 참고
7 [10. 현직자가 많이 쓰는 용어] 21번 참고

그러므로 주요 업무 사항에서도 확인할 수 있듯이 다양한 툴을 사용할 수 있는 인재를 구인하며, 빅데이터 쪽으로 인재를 키우기 위한 계획을 하는 것으로 보입니다. 또한 스마트팩토리(Smart Factory)[8] 구축에 많은 인력을 지원하고 있기 때문에 깊은 지식이 없더라도 해당 직무에 관심이 있어서 지원한다면 디지털트윈과 스마트팩토리에 대해 학습하고, 자신의 포부를 드러내는 것도 좋은 어필 방안이라고 생각합니다.

3 EGL기술

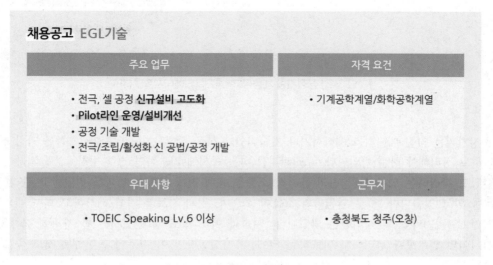

[그림 3-5] EGL기술 채용공고 (출처: LG에너지솔루션)

EGL기술팀은 'Engineering Golden Line'의 줄임말로, 신규 모델을 생산하는 파일럿 라인에서 공정의 특정 설비를 맡아 관리하는 업무를 담당합니다. EGL기술팀은 활성화[9] 공정이든 조립[10] 공정이든 하나의 설비를 담당하여 각 설비에 대한 깊은 이해를 하고 있습니다. 해당 설비를 전문적으로 다루기 때문에 출장을 가지 않는 게 특징이며, 설비를 다루기 때문에 신규 설비의 어떤 점을 개선할 수 있을지에 대한 기계적 지식을 겸비하고 있는 인재를 구인합니다.

또한 협력업체 근무 일정 조율과 모델별 생산 일정 조율을 맡아 계획하에 신규 모델을 생산할 수 있도록 하는 기술적 담당자라고 할 수 있습니다. 꼼꼼하고 기록과 보고를 잘하는 등의 특징이 있다면 이러한 부분을 살려 어필하는 것이 좋을 것입니다.

---

8 [10. 현직자가 많이 쓰는 용어] 6번 참고
9 [10. 현직자가 많이 쓰는 용어] 3번 참고
10 [10. 현직자가 많이 쓰는 용어] 3번 참고

4 공정기획

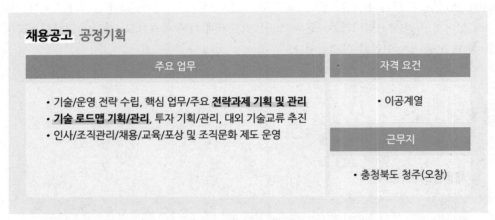

채용공고 공정기획

주요 업무	자격 요건
• 기술/운영 전략 수립, 핵심 업무/주요 **전략과제 기획 및 관리** • **기술 로드맵 기획/관리**, 투자 기획/관리, 대외 기술교류 추진 • 인사/조직관리/채용/교육/포상 및 조직문화 제도 운영	• 이공계열
	근무지
	• 충청북도 청주(오창)

[그림 3-6] 공정기획 채용공고 (출처: LG에너지솔루션)

공정기획은 직접 배터리를 제작하거나 기술적인 분석을 진행하지는 않지만, 흐름을 가장 빨리 파악하고 정리해야 하는 팀입니다. 조직관리를 하는 동시에 기술적인 진행 방향, 전략 과제 등을 기획하고 관리하는 업무와 각 팀의 유기적 소통을 통해 진행 상황과 결과를 전달받고 관리하는 업무를 맡고 있습니다. 주로 임원과의 소통이 잦으며, 정리 자료를 기획/제작하고 회사 내의 전체적인 흐름을 파악 및 정리하는 팀입니다. 기술과 어느 정도 접해 있지만 한 가지에 집중하는 엔지니어의 업무보다 정리하고 발표하는 것에 더 자신있다면 이 직무에 도전하는 것도 좋을 것 같습니다.

이렇게 채용공고에서 공정기술 내 채용 직무를 살펴보며 어떤 팀이 있고, 어떤 일을 하는지에 대해 간단하게 알아보았습니다. 크게 배터리 사업 분야가 어떻게 움직이는지 살펴보고, 그 속에서 각 팀이 어떻게 유동적으로 협력하고 어떤 업무를 하는지의 순서로 살펴보았습니다. 위와 같은 설명이 여러분의 머릿속에 이미지를 그리는 데 조금이나마 도움이 되었으면 좋겠습니다.

그럼 다음으로는 제가 속한 팀이 어떤 업무를 하고 있는지, 저의 경험을 좀 더 자세히 들여다보도록 하겠습니다!

MEMO

03 주요 업무 TOP 3

주요 업무를 크게 세 가지로 나누어 봤습니다. 개발 모델을 담당하고 있는 저희 팀이 실제로 현업에서 어떤 업무를 진행하고 있는지 궁금할 것 같은데요! 사례와 실제 사용하는 툴 등을 통해 현장감을 잠시나마 느낄 수 있도록 소개하겠습니다.

1 고객의 5~10년을 책임질 새로운 배터리 제조

1. 신규 배터리 모델의 공정기술 전문가

저희 팀에서 하는 가장 주된 업무는 신기술, 신물질, 새로운 성분 조합, 새로운 차별점이 들어간 설비를 사용하여 앞으로 고객의 신제품에 들어갈 배터리를 제조하는 업무입니다.

아직 시도해 보지 않은 기술이기에 검증할 사항도 많고, 실제 배터리 생산에 적합한지 조건은 어떻게 확립시켜야 할지에 대한 안정화를 거쳐야 하기 때문에 개발 업무와 비슷하다고 생각합니다. 배터리는 아주 섬세하고 민감한 제품이기 때문에 수많은 제조 과정 중 하나의 변경 사항만으로도 특징이 바뀔 수 있고, 잘못 만들었을 시에는 수많은 불량으로 이어질 수 있습니다. 또한 수작업으로 만드는 것이 아니라 대량 생산을 위해 기계 설비를 활용하기 때문에 적합한 제조 환경과 조건을 찾는 것 또한 저희 업무의 아주 중요한 부분 중 하나라고 할 수 있습니다.

[그림 3-7] 배터리 공정 과정 (출처: 메리츠증권, 리포트 「EV war 배터리 리포트 vol.2」)

특히 배터리 셀이 만들어지는 과정과 설비에 대한 이해도가 높아야지만 해당 업무를 원활하게 진행할 수 있기 때문에 배터리와 설비에 대한 이해는 필수입니다. 배터리의 전체적인 흐름과 생산 과정을 제어하고, 앞으로 고객의 주된 배터리를 다뤄보고 싶다면 제격인 팀이라고 할 수 있습니다.

2. 해외 증설 라인용 셀 양산성 검증 및 개선

배터리 기업의 생산 공장은 한국에도 있지만, 점차 생산 거점을 해외로 늘리고 있는 추세입니다. 미국 내에서 생산된 배터리만 구입할 것이라는 미국의 방향성을 따르기도 해야 하고, 해외의 저렴한 인건비나 이송 비용, 지자체 특혜를 받을 수 있는 부분때문에 이러한 추세는 앞으로 더 심화될 것입니다.

그러므로 국내 생산 설비에서 검증한 배터리를 해외 사이트[11]에서 생산해 보는 과정이 필요합니다. 따라서 국내에서 생산과 테스트 과정을 거친 후, 해당 배터리 제품에 대한 이해를 바탕으로 해외 출장지에서 각 공정을 최적화하고, 실제 대량의 규모로 배터리를 만들었을 경우 고객에게 납품할 수 있을 정도의 품질이 나오는지 검증하는 업무를 담당합니다.

위와 같은 업무에 대응하기 위해 미국, 유럽, 중국, 인도네시아 등 다양한 국가로 출장을 가는 경우가 종종 있습니다. 고객의 입장에서 제품으로 받게 될 배터리가 안전한 품질을 보증하는지, 약속했던 생산량을 지킬 수 있으며 이전에 언급한 기술이 도입되었는지를 확인하고 검증하는 과정이 필요하기 때문이죠. 공정기술팀은 해당 설비와 공정에 대해 가장 잘 이해하고 있기 때문에 고객사의 감사(Audit) 과정에 큰 도움을 주는 팀 중에 하나입니다.

---

11 [10. 현직자가 많이 쓰는 용어] 7번 참고

2 최적화 배터리 만들기 & 자체적 품질 테스트

1. 고객 맞춤 배터리 제작

파우치형 배터리의 가장 큰 장점 중 하나는 형태가 자유롭기 때문에 각 고객사의 요구를 반영하여 변형 디자인을 제작할 수 있다는 것입니다. 이러한 장점 때문에 대부분의 자동차 업체에서는 배터리를 파우치형으로 제작하는 것을 선호하며, 이를 통해 자신들의 자동차에 맞는 배터리 플랫폼을 구축합니다.

[그림 3-8] 현대차 전기차 플랫폼 E-GMP (좌), 폭스바겐 전기차 플랫폼 MEB (우) (출처: 매일경제, autodaily)

각 고객사가 요구하는 배터리의 크기, 용량, 가격, 성분은 천차만별입니다. 자동차에 소형/중형/대형, 프리미엄, 이코노미 라인이 있듯이 배터리도 차등적으로 제작하고 있습니다. 각 고객사에 맞는 최적화 배터리를 제공하는 것이죠. 고객의 요구사항에 맞추기 위해 저희 팀에서는 각 고객사에 맞는 공정 툴(Tool)을 제작하고 관리합니다. 3D CAD를 활용하여 현재의 완성품 배터리를 개선할 수 있도록 부품을 설계하고, 부품 제작사에 요청하여 완성된 공정 툴을 받은 후 해당 툴을 활용하여 개선품 배터리를 제작합니다.

2. 배터리 공정 과정 중 품질 테스트

이렇게 제작된 배터리가 회사 내부의 품질 판단 기준을 통과하는지에 대한 자체적인 테스트 또한 진행하고 있습니다. 배터리 공정 과정 중 품질 테스트는 배터리를 제작하는 과정에서의 중간 검증 과정이라고 할 수 있습니다. 예를 들어 지금 만들고 있는 양극/음극의 수분 정도는 적절한지, 규격은 딱 맞게 만들어졌는지, 전기적으로 잘 작동하며 누설전류는 없는지 등을 테스트해 보고 지금 만들고 있는 배터리가 성능적으로 문제가 없음을 보증하는 과정을 거칩니다. 이런 업무를 진행하기 위해서는 먼저 배터리 공정 과정에 대해 깊이 이해하고 있어야 합니다.

이에 대해 어필하고 싶다면 배터리의 공정 과정에 대해 조금 더 깊이 공부하는 것과 더불어 배터리 화재 원리 및 배터리 품질 검증 기업과 관련한 내용을 조사하여 공부하는 것을 추천합니다.

3 수율[12] 관리 & 공정능력[13]평가 & 품질 / 혁신 과제 작성

1. 빌드 계획 및 정리

테스트 사항을 정하고 사용할 물질의 성분과 생산 설비 계획을 짠 뒤 한 번의 생산 과정을 거치는 것을 하나의 빌드(Build)[14]라고 합니다. 앞에서 언급했듯이 저희 팀은 개발 단계에 있는 배터리에 대해서 (1) 계획을 짜고, (2) 계획을 실행하여 생산하고, 마지막으로 (3) 생산한 결과를 정리하고 그 다음을 준비하는 업무를 담당하고 있습니다.

한 번의 빌드를 정리하는 과정에서 잘 만든 양품이 얼마나 나왔고, 못 만든 불량품은 얼마나 나왔는지 산출하는 것을 '수율 정리'라고 하며, 생산한 배터리가 얼마나 일정한 품질을 가진 일관된 제품인지 평가하는 것을 '공정능력평가'라고 합니다.

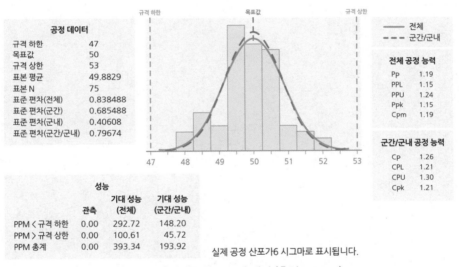

[그림 3-9] 공정능력 보고서 예시 (출처: minitab)

이러한 공정에 대해 정리하고, 이번 빌드에서 발생한 불량 문제를 개선하기 위해 앞으로는 어떤 방향으로 배터리를 만들어야 할지에 대해 고민하고 다음 계획을 짜는 것 역시 저희 업무 중 하나입니다.

---

12 [10. 현직자가 많이 쓰는 용어] 8번 참고
13 [10. 현직자가 많이 쓰는 용어] 9번 참고
14 [10. 현직자가 많이 쓰는 용어] 10번 참고

2. 품질 개선 자료 작성

　배터리 업체에서는 생산 품질을 발전시키기 위해 회사 전체적으로 수많은 테스트와 품질 검증 과정을 진행합니다. 하지만 각 부서의 모든 인원이 진행 중인 모든 테스트의 과거 사항과 진행 상황에 대해 알 수는 없기 때문에 한 번의 빌드에서 진행한 테스트에 대해 간단하고 명쾌하게 결과를 정리하는 작업은 필수입니다. 이러한 자료는 '품질/혁신 과제' 형식으로 작성하여 보관하며, 최종적으로 팀장과 결정권 인원에게 제공되어 회사의 방향성을 결정짓는 기반이 됩니다.

MEMO

04 현직자 일과 엿보기

1 평범한 하루일 때

출근 직전 (08:30~09:00)	오전 업무 (09:00~12:30)	점심 (12:30~13:30)	오후 업무 (13:30~18:00)
• 주간 팀 회의 및 스케줄 정리	• 09:00~11:00 조립 공정 조건 확립을 위한 외관 분석, 실링강도 측정 - 이후 셀 생산 • 11:00~12:30 이슈 사항을 사진 촬영한 후 정리 및 데이터 기록	• 사내 식당에서 점심 식사 후 자유 휴식 시간 (주로 커피 한잔하며 팀 사원들과 산책 또는 라운지 대화)	• 13:30~14:30 셀 외관 규격 변경에 대한 회의 건 참석 • 14:30~15:00 공정능력평가를 위한 셀 생산 데이터 수령 • 15:00~18:00 공정능력 보고서 작성 및 일일 이슈, 생산 현황 정리

저희 팀은 매일 또는 매주 규칙적인 업무가 있다기보다 생산 사이클마다 규칙적으로 하는 업무가 분포되어 있는 편입니다. 저희 팀의 업무 흐름을 설명하기에 앞서 여러분의 이해를 돕기 위해 배터리가 양산 과정까지 오기 위해 어떤 과정을 거치는지 먼저 설명하도록 하겠습니다.

배터리를 고객사에 양산 제품으로 납품하기 위해 특정 제조 개발 프로세스[15]를 거칩니다. 이는 다음과 같은 순서로 이어지죠.

$$BR \rightarrow CV \rightarrow DV \rightarrow PD \rightarrow PV \rightarrow MP$$

BR 단계에서 고객사와 협의했던 상세 내역을 토대로 배터리를 직접 만들어 보고, 성능과 효율 등을 테스트하는 과정을 통해 점점 수정하여 발전해 나가는 순서라고 생각하면 될 것입니다.
앞서 저희 팀은 아직 개발 단계에 있는 신규 공정 및 신기술을 도입한 배터리 제조 공정기술을 담당한다고 설명했습니다. 이는 CV, DV, PD 단계에 해당합니다. 하나의 단계에서 다음 단계로 넘어갈수록 점점 양산에 가까워지기 때문에 안정성이 높다고 볼 수 있습니다. 그렇지만 다음 단계

---

15 [10. 현직자가 많이 쓰는 용어] 11번 참고

로 넘어가기 위해서는 생산검증 과정인 게이트(Gate)를 통과해야 합니다.

그래서 저희 팀에서는 각 생산 빌드가 있을 때 불량을 최소화하여 공정적으로 문제없는 배터리를 만드는 것이 1차 목표이자 업무입니다(생산 시기). 그 후 게이트 통과에 필요한 자료를 만들고 다음 빌드 계획을 수립하고 준비하는 것이 2차 업무라고 할 수 있습니다(비생산 시기).

그럼 저희 팀의 업무 흐름을 크게 생산 빌드 진행 중일 때와 진행 중이지 않을 때로 구분하여 설명하도록 하겠습니다.

1. 생산 시기

● 불량 대응 및 개선

각 공정을 진행하면서 고객이 요구하는 모든 스펙을 충족하고 생산 기계의 공정능력까지 훌륭하게 만족하는 양품이 나오기까지 많은 양의 불량이 발생합니다. 공정 과정에서의 불량으로는 외관 불량, 절연 불량, 용량 불량, 저전압/저전류 불량 등 수많은 종류의 불량이 있습니다. 불량의 종류가 많다 보니 그 원인도 제각각입니다.

공정 과정에서 나오는 불량 원인으로는 극판 눌림 또는 구김 현상, 공정상 박막 내 분리막 훼손 및 구김, 분리막과 배선연결 용접 부위 이상(강용접/약용접), 분리막 내 이물질 존재, 분리막 및 혼합 재료의 적정 농도와 균일한 분포 미흡, 절연테이프 미부착 등 언급한 내용 외에도 수많은 원인이 존재합니다.

불량을 개선하기 위해 사용하는 검사 방법의 몇 가지 예로는 다음과 같은 방법이 있습니다.

- 이물질: 샘플 파괴 검사, SEM 검사
- 분리막: 샘플 파괴 검사
- 재료 농도 및 물성 균일 분포 검사: 저항값 측정 검사
- 박막 내 이물질: X-ray/초음파 검사
- 음극판 눌림: X-ray/초음파 검사 또는 샘플 파괴 검사

수정 과정을 거치면서 매번 조금씩 바뀌는 배터리를 문제없이 생산하기 위해 이전 조건을 토대로 조건을 확립하고, 다양한 측정 및 검사 방법을 통해 원래 설계한 배터리 셀을 만들기 위한 분석 및 조정, 적용, 테스트하는 것이 생산 시기에 저희 팀의 주된 업무입니다.

내가 공정 직무에서 특징적으로 어필할 부분을 찾고 싶다면 위 설명 외에 발생할 수 있는 불량과 검사 설비 등에 대해 세부적으로 찾아보는 것을 추천합니다. 하나의 공정에 대해 자세히 찾아보면 대기업과 협력 중인 중견 업체들을 찾을 수 있는데, 여기에서 본인만의 문제해결 방법과 설비 특성에 대한 힌트를 더 찾을 수 있을 것입니다.

전극공정
전지 원단에 양극, 음극
활물질 도포, 일정크기로
절단하는 단계

코터 검사기 | Roll-Press & Slitter 표면 검사기 | 절연 코팅 검사기 | 소형전지 검사기

조립공정
제작 극판을 캔 또는
파우치 셀 형태로
조립하는 단계

초음파 융접 검사기 | 레이저 용접 검사기 | 전면 테이프 높이 검사기 | Seal pin 융접 검사기 | 스패터 검사기 | 폴리머 Sealing 두께 측정기 | 원통형 외관 검사기
격층 검사기 | J/R 폭 | 3D CAN-CAP 검사기 | 가융접 검사기 | 폴리머 치수 검사기 | 폴리머 Cell-Checker

활성화(화성) 공정
완성 배터리의 전지
활성화 불량품 선별,
전지등급 부여 단계

상부 외관 검사기 | Tape 높이 검사기 | 5면 외관 검사기 | DMC 라벨 검사기 | 실핀 검사기

모듈 및 PACK 공정
각 배터리를 용접,
전기차에 탑재 가능하게
제작하는 단계

상부/측면 용접 검사기 | 하부 용접 검사기 | End-Plate 검사기 | HV 홀 검사기

[그림 3-10] 공정별 검사 설비 (출처: 유진투자증권, 리포트 「2차전지 전공정 검사장비 공급업체」)

2. 비생산 시기

(1) 수율 및 공정능력 검사

생산을 마치고 나서는 얼마나 잘 만들었는지 평가하고 분석해서 자료를 남겨놓는 작업도 중요하겠죠? 생산 시기가 끝나면 공정별로 수율은 얼마나 되는지, 공정능력평가를 통해 얼마나 일관성 있게 제품이 만들어졌는지를 판단합니다.

예를 들어 모두 생산하고 보니 15일에 만든 A 샘플과 18일에 만든 B 샘플이 일정하지 않고 조금씩 차이가 난다면, 고객사에서는 제품의 품질면에서 만족할 수 없을 것입니다. 그러므로 철저하게 데이터를 통해 분석하고, 이를 바탕으로 개선 방향을 찾아야 합니다. 판단은 주로 Minitab과 같은 통계 프로그램을 활용하여 6시그마[16] 기법을 바탕으로 평가합니다. 이를 맞추고 유지하는 것은 고객의 주요한 요구 조건 중 하나입니다.

---

16 [10. 현직자가 많이 쓰는 용어] 12번 참고

《표 3-1》 시그마 (출처: omagom)

분포현상	공정능력 지수	등급	공정능력 유무 판단	시정조치	비고	
					Cp값	σ
	Cp ≥ 1.67	0	공정능력은 매우 충분하다.	• 들쭉날쭉이 약간 커져도 걱정할 필요가 없다. • 비용절감이나 관리의 간소화를 생각하도록 한다.	Cp = 1.67	± 5σ
	1.67 > Cp ≥ 1.33	1	공정능력은 충분하다.	• 아주 이상적인 공정상황이므로 현재의 상태를 유지한다.	Cp = 1.33	± 4σ
	1.33 > Cp ≥ 1.00	2	공정능력이 충분하지는 않지만 그 정도면 괜찮다.	• 공정관리를 확실하게 하여 관리상태를 유지한다. • Cp가 1에 가까워지면 불량 발생의 가능성이 있으므로 주의해야 한다.	Cp = 1.00	± 3σ
	1.00 > Cp ≥ 0.67	3	공정능력이 부족하다.	• 불량품이 생기고 있다. • 전체 선별, 공정의 개선, 관리가 필요하다.	Cp = 0.67	± 2σ
	0.67 > Cp	4	공정능력이 매우 부족하다.	• 품질이 전혀 만족스럽지 않다. 서둘러 현황조사, 원인 규명, 품질 개선 같은 긴급 대책을 펴야 한다. • 상한/하한 규격 값의 재검토를 해야 한다.	Cp = 0.33	± 1σ

(2) PFD[17], CP[18], 제품규격서[19], PFMEA[20] 검토

우리는 배터리를 만들 때 A의 흐름으로 생산하고 있습니다. 위 공정에서는 B라는 문제가 발생할 수 있는데, C와 같은 방식으로 검출하고 방지하고 있습니다. 또한 제품설계는 다음과 같이 설계했으며 이 정도의 공차로 일관된 제품을 만들겠습니다.

위 설명은 일관되고 안정된 제품을 만들기 위해 공정기술팀에서 관리해야 하는 자료에 관한 내용입니다. 이러한 내용을 확인할 수 있는 자료에 대해 간단하게 설명하도록 하겠습니다. 먼저 제품규격서는 제품의 외부 규격, 측정 항목 등 상세 내역이 작성된 자료입니다. 규격에 따라 생산

17 [10. 현직자가 많이 쓰는 용어] 22번 참고
18 [10. 현직자가 많이 쓰는 용어] 23번 참고
19 [10. 현직자가 많이 쓰는 용어] 24번 참고
20 [10. 현직자가 많이 쓰는 용어] 25번 참고

을 진행하며, 특정 이유에 의해 제품규격이 바뀌어야 할 경우 이를 관리하고 수정합니다. 예를 들어 이번 생산에서 전해액이 너무 많아서 무게가 생각보다 많이 나왔다고 판단했다면 다음 생산을 위해서 제품규격서를 수정하고 차기 빌드를 준비합니다.

PFD는 Process Flow Diagram, PFMEA는 Process Failure Modes and Effects Analysis의 약자로, 둘 다 앞에 'Process'가 들어가는 만큼 '공정'의 필수 항목을 관리하는 내용입니다. PFD는 공정 중 모든 작업, 운반, 검사, 정체, 저장 등의 활동을 시각적으로 표현하여 흐름에 따라 발생하는 이상이나 문제점을 안전 관리하기 위한 항목입니다. PFMEA는 제품의 고장 심각도, 발생빈도, 검출도를 점수화하여 높은 위험 순위부터 조치하기 위한 관리 자료입니다.

Items	Function	Requirement	Failure Mode	Effects	Severity	Causes	Control Methods				RPN
							Prevention control	Occurence	Detection Control	Detection	
Capture device	Reeive direct impact of lightning strike	-Building height should be considered -Define protective angle according to required standards -Should have a continuation to complete the interception system - Protection angle should be respected	-Leakage current -Dielectric breakdown -Moisture	-Damage to surrounding areas -Electric surge -Fire -Explosions from surge	10	-Wrong device selected -Codes and design standards not followed -Design error	-Respect design requirements -Respect manufacture requirements -Building requirements	10	none	8	800
Main conductor -Conductor -Brackets -Roof brackets	-Conduct high voltage to ground -Protect the building by deviating high voltage -Protect devices from electrical surge	-Cable routing should not have bends -optimal routing practices to be opserved -Material selection according to design and design codes	-Leakage current -Dielectric breakdown -Moisture	-Ovrheating and damage -Power interruptions -Equipment damage - Electromagnetic surge	10	-Wrong conductor type - Wrong diameter -Design error -Bends and kinks -Wrong bracket spacing	Visual and design codes	10	none	8	800
		Dry and not damaged -Should have equipotential bonding between the condutor and building	-Leakage current -Dielectric breakdown -Moisture	-Ovrheating and damage -Power interruptions -Equipment damage - Electromagnetic surge			Visual and design codes	10	none	8	800
Secondary conductor -Lightning current meter -inspection joint -Protection system -Earthing protection	-Conduct high voltage to ground -Protect the building by deviating high voltage	- Sturdy and fixed on surface -Non-corrosive -Able to withstand electric loads due to lightning	-Leakage current -Dielectric breakdown -Moisture	-Ovrheating and damage -Power interruptions -Equipment damage - Electromagnetic surge	10	-Wrong conductor type - Wrong diameter -Design error -Bracket spacing error	Visual and design codes	10	none	8	800

[그림 3-11] PFMEA 예시 (출처: limblecmms)

마지막으로 Control Plan의 약자인 CP는 프로세스 결과가 사전에 계획한 대로 수행되고 있는지를 단계별로 측정, 검사하는 활동입니다. 공정별로 관리항목과 스펙, 관리방법, 주기, 주체, 조치사항 등을 기재하며, 자세하게는 설비점검과 공구 교체주기 등 폭넓지만 세세한 관리를 위해 작성하는 자료 중 하나입니다.

이렇게 비생산 시기에는 생산 시기의 결과를 정리하며 '어떻게 하면 다음 생산에 더 효과적이고 개선된 제품을 만들 수 있을까?'에 대해 고민하고 정리하는 시간을 가집니다.

어떤가요? 제대로 된 배터리 하나를 만들기 위해 관리해야 하는 자료도 생각보다 많고, 생각해야 할 것도 많지 않나요? 이러한 검증과 검토를 통해 안전과 품질이 보증된 배터리를 만들 수 있고, 그래야지만 고객에게 선택받을 수 있지 않을까 생각합니다. 저의 업무 설명으로 입사했을 때 여러분의 모습을 잠시나마 상상해볼 수 있었으면 좋겠습니다.

2 해외 출장을 갈 때

배터리 기업의 생산 공장은 해외에 많이 위치하고 있습니다. 회사에서는 인건비도 중요한 사항 중 하나이고, 그 외에도 건설토지 가격과 국가에서 지원하는 혜택, 운송비 등 여러 사항을 고려하여 전략적으로 해외 지사를 선택하고 있습니다. 그러므로 해당 산업에 종사하면 해외로 출장을 가는 경우가 다분합니다. 해외 출장에 대해 많은 기대를 하는 지원자도 있을 텐데, 너무 짧은 주기로 가는 출장으로 인해 스트레스를 받고 퇴사를 결정하는 분도 있습니다. 외국인을 상대해야 하는 것과 시차가 단점으로 작용할 수 있으나, 업무 측면에서 많은 경험을 할 수 있고 출장비로 인해 추가적인 소득이 생길 수 있다는 장점이 있습니다.

다음으로는 저와 함께 해외 출장을 갔을 때의 일과는 어떤지 같이 한번 느껴보도록 해요.

출근 직전 (06:30~08:00)	오전 업무 (08:00~12:00)	점심 (12:00~13:00)	오후 업무 (13:00~20:00)
• 아침 식사 • 숙소에서 대략 30분 거리 회사 출근 • 아침 회의 준비	• 아침 회의 간단히 가진 후 일일 업무 분배 • 공정별 나누어 불량률 안정화	• 회사 구내식당에서 식사 (현지식 및 한식 등 다양한 선택지)	• 설계된 DOE[21]를 통해 공정 조건 최적화 • 생산 수율 정리 및 공정별 공정능력 계산

먼저 해외 사이트에서는 근무 기준 시간이 8시부터 시작하기 때문에 한국에 있을 때보다 조금 이른 시간에 하루를 시작합니다. 출장을 가서는 보통 업무를 더 많이 하고, 근무하는 시간도 한국에서보다 좀 더 많은 편입니다. 배터리를 생산할 수 있는 공장과 설비가 더 많아서 1년 내내 생산 일정이 잡혀있기 때문에 그 사이사이 내가 맡은 모델이나 담당하는 설비를 위해 출장을 와서 업무를 진행하는 것입니다.

전극 공정, 조립 공정, 활성화 공정을 거쳐 셀을 만들고 난 뒤 팩/모듈을 만드는 공정까지, 앞에서 언급한 한국에서 진행하는 업무와 크게 다르진 않으나 더 동시다발적으로, 더 많은 양의 생산량을 감당해야 합니다. 전극 공정, 활성화 공정을 마친 후 한 번씩 그다음 공정을 진행해도 괜찮은지 수율과 주요 불량 등을 검토하고, 고객 출하를 진행해도 괜찮은지 검토하는 과정을 거칩니다. 이는 최적의 배터리를 만들기 위해 모든 인원의 노력이 투입되는 과정이라고 할 수 있습니다.

불량이 관용 수준 이상으로 발생했을 때는 문제 원인을 분석하고 다음 생산 일정에 어떻게 이를 개선할 것인지에 대한 계획을 구축하는 등 생산 일정이 지날수록 양산 단계에 걸맞은 품질, 공정 수준을 만들어 내어 고객 납품을 성공적으로 마치는 것이 출장 인원의 최종 목표라고 할 수 있습니다.

주말 또한 필요에 따라 출근할 수도 있지만, 출근을 하지 않을 때는 근거리로 여행을 가거나 주변 시내를 여행하는 것이 고된 출장 와중의 소소한 묘미이지 않을까 생각합니다.

---

21 [10. 현직자가 많이 쓰는 용어] 26번 참고

[그림 3-12] LG에너지솔루션 전기차 배터리 현지 법인 현황 (출처: Digital Today)

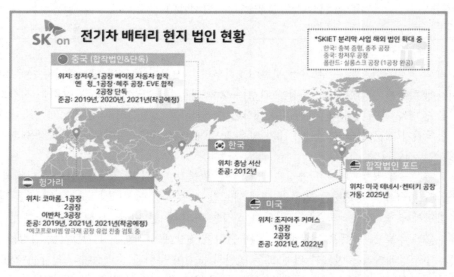

[그림 3-13] SK온 솔루션 전기차 배터리 현지 법인 현황 (출처: Digital Today)

[그림 3-14] 삼성SDI 전기차 배터리 현지 법인 현황 (출처: Digital Today)

많은 회사에서 그렇듯이 직급이 높을수록 처리할 수 있는 업무의 범위는 넓어지고, 그에 따라 책임져야 할 업무가 늘어나게 됩니다. 그렇다고 '저년차는 이 업무를 할 수 없어', '높은 직급만 이 업무를 수행해야 해'와 같은 분위기는 전혀 아닙니다. 오히려 배터리 산업은 새로 부흥하는 분야이기 때문에 경력으로 들어오는 인력 또한 배터리에 대한 지식이 없는 경우가 많습니다. 그렇기 때문에 3~4년 차 사원이 책임급이 맡는 업무를 수행하는 경우도 종종 볼 수 있습니다. 물론 입사하자마자 수행하기 힘든 벅찬 업무를 맡기지는 않지만, 본인이 빠르게 업무 능력을 향상시키고자 한다면 그만큼 팀 내에서 믿고 성장할 수 있는 분위기가 형성될 것입니다. 그러면 간단하게 각 직급이 수행하는 업무에 대해 알아보도록 하겠습니다.

1 사원(1~4년 차)

처음 입사하면 배터리 관련 회사는 교육에 대해 아주 진심이라는 것을 느낄 수 있습니다. 특히 기술, 개발, 생산과 같이 배터리를 직접 다루는 직무는 약 한 달간의 배터리 아카데미(Battery Academy)를 통해 사전에 아무런 지식이 없더라도 업무 수행하기에 앞서 지식을 배양할 수 있도록 교육을 진행합니다.

막 입사한 사원에게는 업무에 적응할 수 있도록 적응 시간을 주는 편이며, 보고 배울 수 있도록 큰 업무를 주지는 않는 편입니다. 그렇기에 너무 부담을 가질 필요는 없습니다. 오히려 이 시간을 활용하여 사내에 갖춰진 교육 프로그램을 수강하면서 본인의 업무 역량을 향상할 기회의 시간이라고 생각하는 것이 좋습니다. 수강할 수 있는 프로그램은 비즈니스 언어에서부터 엑셀, PPT, 배터리 관련 수업 등 다양하게 구성되어 있습니다. 더 나아가 본인이 관심 있다면 AI(Artifical Intelligence), 빅데이터 활용 프로그램, 머신러닝, 스마트팩토리 등 차별성을 만들 수 있고 더 높은 차원의 업무 능력으로 향상할 수 있는 강의를 수강할 수도 있습니다.

> 나중에는 이러한 교육을 듣고 싶어도 시간이 없을 수 있으니. 눈치 보지 말고 이때 많이 들어두길 바랍니다.

초년생 사원은 보통 선임, 책임급의 선배를 따라다니며 측정 설비를 다루는 방법을 숙지하고 간단한 업무를 수행하며 기초를 밟아갑니다. 특히 배터리를 분해, 분석하는 작업은 화재 위험을 수반하므로 철저한 교육을 받고 수행해야 합니다.

어느 정도 업무를 숙지한 사원급 직원은 높은 직급의 선배와 함께 하나의 모델을 맡습니다. 보통 2~3명으로 구성된 한 팀에서 하나의 모델을 담당하며, 업무 특성상 발생하는 단순 반복 작업을 사원이 담당합니다. 이때 아래와 같이 생각할 수도 있습니다.

'아니, 대학교에서 힘들게 공부해서 입사하고 담당하는 일이
현장 단순 반복 업무야?!'

결론부터 말하면, 네, 맞습니다. 제 동기와 후배 중에 반복되는 업무로 인해 이와 같은 생각을 하고 허탈감을 느끼는 경우를 다수 보았습니다. 하지만 이는 관점의 차이라고 생각합니다. 이제 막 입사한 사원의 경우 귀찮은 업무부터 차근차근 밟아야 합니다. 그리고 나서야 비로소 높은 연차가 됐을 때 모든 업무를 능숙하게 수행할 수 있다고 생각하기 때문에 어느 정도 필요한 업무이지 않을까 생각합니다. 또한 배터리 분야는 기본적으로 제조업이기 때문에 문과 직무가 아닌 이상 현장에서의 업무는 동반될 수밖에 없습니다.

오히려 본인이 많은 업무를 더 빨리 수행해 보고 싶은 욕심이 있다면, 본인이 맡은 업무를 능숙하게 수행할 정도가 된 후에 다른 업무를 추가로 요청하고 분배 받아서 업무 능력을 향상시킬 수 있으니 너무 조급하게 생각하지 않았으면 좋겠습니다.

2 선임(5~8년 차)

선임은 이제 하나의 배터리 모델의 메인 담당자(정 담당자)로 배정받기에 충분한 직급입니다. 그만큼 챙겨야 하는 문서와 업무가 많으며, 참석해야 하는 회의와 논의해야 할 협력 부서 역시 많아집니다.

먼저 메인 업무로 시생산 단계에 있는 배터리를 담당하여 생산합니다. 이번 생산에서 어떤 공정 조건으로 생산을 진행할지 정해야 하며, DOE와 목표 수율을 산정하여 필요한 원재료[22]를 요청해야 합니다. 또한 CP와 PFMEA 등 팀의 메인 업무를 담당하고 관리해야 하죠. 팀 담당 업무에 대한 자세한 설명은 [03] 주요 업무 TOP 3와 [04] 현직자 일과 엿보기에서 확인해 주세요.

---

22 [10. 현직자가 많이 쓰는 용어] 13번 참고

3 책임(9년 차~)

사원과 선임의 업무를 포괄적으로 진행하는 동시에 다룰 수 있는 프로그램이 더 많기 때문에 CAD, Spotfire를 활용한 공정설비 설계 변경, 공정능력분석 자동화 등 고난도 업무를 맡아 수행합니다. 이외에도 다양한 TF에 속해서 회사 전체적으로 이슈되는 불량 개선을 위해 개설된 팀을 운영하기도 합니다.

4 팀장(약 16년 차~), 담당(약 22년 차~)

책임 직급까지는 어느 정도 연차가 쌓이면 진급할 것이라는 기준이 정해져 있지만, 팀장과 담당 직급부터는 그렇지 않습니다. 팀장부터는 하나의 모델을 맡는 것이 아니라 팀을 운영해야 하기 때문에 전반적으로 업무를 보게 됩니다. 지금까지 쌓아왔던 본인의 업무 노하우를 통해 인원을 배치하고 계획 및 통합을 해야 합니다. 한 팀에 대략 10~20명의 인원이 있기 때문에 팀 전체적으로 업무가 잘 돌아갈 수 있도록 조언하고, 결과물을 도출해야 하죠. 업무 능력 외에도 본인과 함께 일할 사람을 다루는 직급이기 때문에 리더십이 요구됩니다.

담당은 그 위로 여러 팀을 모아서 관리하는 직급입니다.

선임급의 연차와 업무 숙련도가 쌓이면 이제 선택할 수 있는 범위가 어느 정도 생깁니다. 지난 몇 년간의 업무 만족도, 타부서와 협업을 통해 본인이 느낀 바를 종합하여 추후 커리어를 선택할 수 있습니다.

1. Job Rotation

먼저 타부서로의 Job Rotation입니다. 다년간 해당 직무에서 업무를 진행하고 타부서와 협업하며 '저런 업무를 좀 더 해보고 싶은데...' 또는 '나는 지금 업무보다는 좀 더 한 분야에 전문화된 일을 해보고 싶어'와 같은 생각을 할 수 있습니다. 이런 경우 나의 업무 역량을 인정받아 Rotation을 희망하는 부서의 부서장에게 자기소개서 등을 제출하면 직무 변경이 가능합니다.

그러나 희망한다고 해서 모두 직무 변경이 가능한 것은 아닙니다. 현재 수행 중인 직무에서 업무 역량을 높이 인정받고 고과를 착실히 받은 경우에 좀 더 수월하게 지원하고 통과할 수 있습니다.

2. 이직

이직을 택할 수도 있습니다. 해당 업종이 아니라 반도체 쪽으로 이직하는 경우도 가끔 있습니다. 이 회사가 마음에 들지 않아서가 아니라 내 몸값을 올리기 위해 전략적으로 직장을 옮기는 경우도 있기 때문에 이는 본인의 성향에 따라 선택합니다. 2019년도 인력 유출과 관련한 LG–SK 소송 건 이후에 각 회사에서는 타배터리 회사 인력을 채용하는 것에 대해 아주 민감한 상태입니다. 이와 같은 이유로 배터리 업계에서는 같은 업계로 이직이 불가하다는 점을 참고하기 바랍니다.

> 특히 LG와 SK는 이에 관해 엄격하게 조치하고 있습니다.

3. 학위 취득

마지막으로 높은 고과를 받아 회사의 지원을 통해 학위를 취득하거나 소수 정예 수업을 들을 수 있는 기회를 얻는 소위 말하는 '엘리트 코스'를 밟는 방법도 있습니다. 회사에서는 이러한 코스를 밟는 사람을 '핵심 인재'라고 부릅니다. 업무 역량을 인정받아 높은 고과를 지속해서 받는다면 회사에서는 그에 맞는 대우를 하고, 스스로 능력을 향상할 수 있도록 지원합니다.

06 직무에 필요한 역량

1 직무 수행을 위해 필요한 인성 역량

1. 대외적으로 알려진 인성 역량

먼저 각 회사의 인재상을 통해 각 회사가 추구하는 인성 역량을 살펴보도록 하겠습니다.

- **LG에너지솔루션**
  - Passion: 꿈과 열정을 가지고 세계 최고에 도전하는 사람
  - Originality: 팀웍을 이루며 자율적이고 창의적으로 일하는 사람
  - Innovation: 고객을 최우선으로 생각하고 끊임없이 혁신하는 사람
  - Competition: 꾸준히 실력을 배양하여 정정당당하게 경쟁하는 사람

- **SK온**
  - '할 말 하는 문화': 치열하게 토론하고 합의하는 소통문화
  - 문제의식을 통해 생각의 Frame 전환, 지식 혁신 나아가 이해 관계자의 행복 추구

- **삼성SDI**
  - Passion: 끊임없는 열정으로 미래에 도전하는 인재
  - Creativity: 창의와 혁신으로 세상을 변화시키는 인재
  - Integrity: 정직과 바른 행동으로 역할과 책임을 다하는 인재

위와 같이 회사 인재상을 보면 막연히 좋은 내용만 써놓은 것 같고, 두루뭉술하다는 느낌이 들 수 있습니다. 따라서 현직자가 실제로 느끼는 회사가 원하고, 특히 공정기술 직무 지원자에게 필요로 하는 역량 세 가지를 소개하겠습니다.

(1) 협력

인성 역량 중 가장 중요하다고 생각하는 항목입니다. 관리자가 면접을 볼 때 가장 중요하게 보는 사항 중 하나가 우리 팀에 들어와서 잘 적응하고 어울려서 배우고 협력할 수 있는지라고 합니다. 따라서 연구실이나 팀 프로젝트 등에서 본인의 역할과 협력을 통해 결과를 낸 사례를 소개하는 것도 좋은 어필 포인트가 될 수 있을 것입니다.

(2) 문제해결능력

배터리 분야는 이제 막 발전을 시작한 사업 분야입니다. 따라서 발생하는 문제를 해결하기 위해 기술은 지속해서 발전하고 변화할 것이기 때문에 여러분은 현직에서 수많은 공정적 문제를 맞이하게 될 것입니다. 그때마다 좌절하고 정체되어 있는 사람도 있겠지만, 어떻게든 다양한 방법으로 문제를 적극적으로 해결하려는 사람도 있을 것입니다.

만약 여러분이 면접관이라면 어떤 사람을 뽑고 싶을까요? 내가 겪은 문제를 해결하기 위해 어떤 노력을 했는지, 어떤 마음가짐을 가졌는지 등 자신의 가치관을 녹여서 기술하는 것을 추천합니다.

(3) 꼼꼼함

체계적이고 계획적인 성격은 회사에서 필요로 하는 요소 중 하나입니다. 공정설비 및 설계를 다루다 보면 점검해야 하는 사항이 아주 많은데, 단 하나의 실수가 큰 악효과를 불러일으킬 수 있습니다. 완벽하지 않더라도 체계적으로 업무에 임하고자 노력하는 모습을 보여주는 것만으로도 꼼꼼하다는 이미지를 심어주기에 충분합니다.

저 역시 자기소개서를 작성하기 전에 '이 회사가 어떤 인재상을 추구할까?'를 생각하면서 회사 사이트에 들어가 찾아보았고, 회사별 사이트에서 앞서 살펴본 인재상에 대한 내용을 볼 수 있었습니다. 그리고 '그냥 좋은 것들만 다 때려 넣은 거 아니야?'라는 생각을 했습니다. 제 결론은 '맞아'였습니다. 회사에서는 창의적이고 열정적이면서 협력을 잘하고 경쟁력 있는 인재를 뽑고 싶어 합니다. 그러면 나는 회사에서 원하는 모든 인재상을 갖춘 사람일까요? 물론 아닙니다. 그렇기 때문에 많은 취업준비생이 좌절하고 자기소개서 작성과 면접 과정을 힘들어하는 것 같습니다.

여기에서 포인트는 차별성 있는 지원자가 되는 것입니다. 나만의 무기가 무엇인지 알고 그것을 잘 포장해서 면접관이 관심 가질만한 지원자가 되는 것, 그것이 지원자로서 우리의 의무입니다. 그럼 차별성 있는 지원자가 되기 위해서는 어떻게 해야 할까요?

2. 차별성 있는 지원자가 되자

● 공정에 대한 남다른 이해

공정기술 직무에 지원했으니 면접에 앞서 공정과 관련한 공부는 필수겠죠? 하지만 대부분의 지원자가 비슷한 수준으로 공정 관련 내용을 공부할 것이라고 생각하는데, 어떻게 하면 면접관이 특별하게 나만 보게 할 수 있을까요?

그것은 바로 **현직자가 직접 보고 참고하는 자료를 최대한 보려고 노력하고, 그 단어와 표현에 익숙해지는 것**입니다. 면접관 입장에서 현재 일하는 실무진 수준의 단어를 구사하고 현직에서 가장 대두되는 문제점에 대해 언급하며 자기 생각을 말할 수 있는 수준의 면접자가 있다면 관심을 가질 수밖에 없습니다.

그러기 위해서는 먼저 기초부터 시작해야 합니다. 배터리를 만들기 위해서는 집전체 위에 전극을 올려놓는 '전극 공정'에서부터, 전극을 쌓아서 외관을 만들어 내는 '조립 공정'을 거쳐 배터리로서의 작동을 할 수 있게 만드는 '활성화 공정'까지, 큰 틀에서 어떤 작업을 거쳐야 배터리가 만들어질 수 있는지 살펴보는 것입니다.

[그림 3-15] 2차전지 생산 공정

기본을 숙지하고 이제 배터리의 생산 구조에 대해 이해했다면, 조금 더 심화 과정으로 넘어가는 첫 번째 방법으로 증권사 리포트가 있습니다. 증권사 리포트라고 해서 주가나 알기 어려운 경제 이야기가 많을 것으로 생각하여 거부감이 들 수 있지만, 그런 부분은 넘기고 필요한 부분만 발췌해서 얻어가면 배울 점이 많은 알짜배기 정보처라고 할 수 있습니다. M 증권사에서 작성한 'EV War vol 1, 2', E 증권사에서 작성한 '2차전지 장비 업체의 턴이 시작된다'와 같은 리포트에는 일반적으로 알기 힘든 기업의 투자와 기술, 시장 방향에 대한 양질의 압축된 정보를 제공하고 있습니다. 각 공정 또는 설비에서 중요하게 생각하는 부분과 신경 써야 할 인자까지 다루고 있기 때문에 자기소개서나 면접에서 입사 후 다루고 싶은 안건이나 기술적 개선점에 대해 발표해야 할 때 사용하기 좋은 자료라고 생각합니다.

두 번째 방법으로는 협력 중견기업 업체 사이트 참고입니다. 앞서 말한 리포트를 참고하면 내가 흥미를 가진 공정에서 대기업에 원자재/설비를 납품하는 중견 업체를 접할 수 있습니다. 화학적으로 어떤 원자재를 써야 더 고효율의 고밀도 배터리를 생산할 수 있는지가 궁금하다면 그것에 관한 업체를, 내가 불량을 잡아내는 비전[23] 설비와 관련하여 더 어필하고 싶다면 그와 관련된 업체를 좀 더 세부적으로 공부해 보는 것입니다.

'공정 공부하고 대기업 공부하기도 바쁜데, 언제 중소기업까지 공부하지?'

충분히 위와 같이 생각할 수 있습니다. 하지만 이 단계는 중소기업의 세세한 부분까지 공부하는 것이 아니라 면접에서 나의 무기가 될 수 있을 만한 포인트를 찾기 위해 편하게 둘러본다는 생각으로 접하길 바랍니다. 이해를 위해 간단한 예시를 들어보도록 하겠습니다.

조사하다 보니 조립 공정에서 어떤 불량이 발생하는지 궁금해져서 불량 검출을 담당하는 업체를 찾아 보기로 합니다. 리포트를 통해 관련 기업으로 '브이원텍'이라는 기업이 있다는 것을 알 수 있었습니다. 이를 좀 더 알아보기 위해 브이원텍 홈페이지에 들어가 보니 스태킹(Stacking)[24] 상태까지 완성된 배터리가 분리막이 일부분 찢어져 있고 탭이 접혀있는 모습이 보이며, 해당 셀이 더는 공정을 진행되지 않게 검출된 모습을 볼 수 있었습니다. 어떤 기술로 불량을 검출할 수 있을까에 대해 좀 더 조사해 보니 '머신비전' 기술을 활용하여 제품의 결함을 빠르게 파악하고 있다는 점을 알 수 있었습니다. 흥미가 생겨서 조금 더 읽어 보니 '스마트팩토리', '폐배터리 재활용'과 같은 연관키워드가 있었는데, 이를 조금 더 알아보면 어필 포인트로 활용할 수 있을 것 같았습니다.

---

23 [10. 현직자가 많이 쓰는 용어] 14번 참고
24 [10. 현직자가 많이 쓰는 용어] 15번 참고

Stacking & Folding

Tab vision, Sealing vision 검사 등

[그림 3-16] 2차전지 검사 시스템 (출처: v-one Tech)

이러한 흐름으로 나의 관심 분야를 조금씩 넓혀 조사하다 보면 현직자가 현장에서 사용하는 현업 단어를 접할 수 있고, 다른 지원자들은 감히 따라 할 수 없는 나만의 차별적인 지식으로 한 단계 높은 답변을 할 수 있습니다.

2 직무 수행을 위해 필요한 전공 역량

전공 관련 역량에 관해 설명하기에 앞서 지원자들이 가장 많이 하는 질문 두 가지에 대해 말해 보려고 합니다.

"배터리 회사는 배터리 유관한 수업을 많이 수강하거나 관련 연구실을 다닌 사람만 지원할 수 있고, 그러한 지원자가 대다수이지 않나요?"

제가 들은 질문 중 가장 큰 비중을 차지하는 질문인데, 답부터 하자면 '아니요'입니다. 제가 본 배터리 회사 지원자는 대부분이 배터리 관련 경력을 쌓지 않은 분들이었습니다. 여러분이 학교에 다닐 때도 배터리에 특화된 수업은 많지 않았을 거라고 생각하는데, 그렇기에 이러한 경험을 가진 인원이 많지 않다는 게 저의 생각입니다. 경력 입사자들은 조선업, 반도체, 전자제품 등 다양한 산업군에서 오고 있습니다. 워낙 빠르게 성장하고 있는 산업이기 때문에 회사에서 필요로 하는 인력은 많은 데 반해 아직 그만한 인재가 많지 않기 때문에 다양한 산업군의 인재를 대상으로 채용을 진행하고 있는 상황이죠. 그렇기 때문에 저년차 사원이 경력 입사자보다 배터리 업무에 대해 더 높은 이해도를 가지고 있는 경우도 종종 볼 수 있습니다.

또한 배터리 기업이기 때문에 화학 공학 또는 신소재 관련 전공자만 지원하고 채용할 것이라고 생각하는 사람이 많습니다. 이 또한 '아니다'라는 말하고 싶습니다. 물론 채용하는 팀마다 상황은 다를 수 있지만, 저도 위 전공이 아닌 전기전자공학을 전공하였고 오히려 화학공학보다 다른 분야의 지식을 필요로 하는 팀이 더 많습니다.

배터리 기업은 특정 화학물과 특정 화학물의 조합을 전기화학적으로 분석하는 업무가 대부분이라고 생각하지만, 그것은 개발을 진행하는 일부 팀의 업무라고 할 수 있습니다. 반도체를 쓰는 팀도 있고, 기계를 다뤄야 하기 때문에 압력, 온도, 회전, 속도 등에 대한 이해가 필요한 팀도 많죠. 해외 출장이 잦기 때문에 풍부한 공학적 언어 경험이 큰 어필 포인트가 되는 팀도 있기 때문에 본인이 지금까지 경험한 것을 토대로 회사의 어떤 사업/업무에 나의 경험을 연관시키면 더 좋을지 차차 고민해 보는 게 좋을 것 같습니다.

"석사가 아니고 학사인데 경쟁력이 있을까요? 그냥 대학원을 다녀오는 게 좋을까요?"

저희 팀뿐만 아니라 주변 팀에도 학사로 입사하는 분이 석사로 입사하는 분보다 더 많습니다. 오히려 아직 젊고 다듬어지지 않은 원석이라는 점을 잘 어필하여 본인의 장점을 보여주는 것이 좋을 것이라고 생각합니다. 저 또한 임원 면접에서 위와 비슷한 맥락의 질문을 받았습니다. 저는 석사 과정을 밟았을 때의 장단점을 정확하게 알고 있었기 때문에 저의 장점을 엮어서 현명하게 답변할 수 있었습니다.

"석사 과정을 밟는다면 한 분야에 대한 뾰족한 전문 지식을 얻을 수 있지만,
빠르게 입사하여 업무를 한다면
배터리의 재료에서부터 생산, 유통까지 폭넓은 지식을 얻을 수 있습니다.
저는 복수전공 과정을 성공적으로 마쳤듯이 여러 지식을 배우는 것에 능하고
이를 융합하여 실전에서 활용하는 것에 특화되어 있습니다.
저의 이런 능력을 통해 다양한 지식을 필요로 하는 배터리 공정 분야에서
가장 필요한 인재가 되도록 노력하겠습니다!"

제가 면접 당시에 한 위와 같은 답변에서 알 수 있듯이 배터리는 한 분야의 지식이 아니라 여러 분야의 지식을 융합적으로 이해해야 하는 분야입니다. 그러므로 '전기전자공학을 했는데 지원할 때 불리한가?'라고 생각할 필요가 전혀 없습니다. 이제 이러한 걱정은 접어두고 저와 함께 어떤 전공 지식이 필요한지 알아보도록 하겠습니다.

1. 축전기(Capacitor)

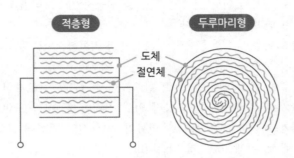

[그림 3-17] 축전지의 형태 (출처: 사이언스올)

　전기전자공학 전공생이라면 필수로 다루는 것이 캐패시터(Capacitor)입니다. 배터리는 기본적으로 캐패시터입니다. 전기를 충전하여 필요에 의해 사용하는 전자기기이기 때문이죠. 캐패시터에 대해 이해하면 왜 양극과 음극 사이에 분리막을 넣는지 등 배터리의 원리에 대해 조금 더 쉽게 이해할 수 있습니다. 그리고 더 나아가 전류, 전압, 용량에 대해 알아둔다면 배터리를 화학적, 기계적으로 제조하는 것뿐만 아니라 전기적으로 이해할 수 있습니다.

　면접관에 따라 다르지만, 특정 면접관은 지원자의 전공과 무관하게 축전지, 산화, 환원, 각 배터리의 특성 등 배터리에 대한 기본적인 전공 지식이 함양되어 있는지 물어보기도 합니다. 그러니 너무 자세히는 아니더라도 간단한 개념은 숙지하고 면접에 임하기를 바랍니다.

2. 에너지밀도(Energy density)

- 에너지밀도: 단위 부피에 저장된 에너지
- 에너지밀도 단위 계산법
  - 전류(A)×시간(H)=용량(AH)
  - 용량(AH)×전압(V)=에너지밀도(WH)
  - 1셀(cell)당 약 3.7V 정도의 전압 → 현대 자동차 코나 EV 100cell = 370V 전압 출력

　'배터리의 에너지밀도를 최대한으로 끌어올린다', 이는 에너지밀도를 계산할 때 나오는 개념입니다. 최대한 비는 공간 없이 물질을 집어넣어 배터리가 최대의 에너지를 가질 수 있도록 하기 위해서는 에너지밀도가 중요합니다. 에너지밀도는 주로 전지의 효율을 나타내기 위한 지표입니다. 업무할 때 자주 나오는 개념으로, 결국 배터리 기업의 최종 목표는 최고의 에너지밀도와 최고의 안정성이기 때문에 위 내용의 연장선으로 이해하면 도움이 될 것입니다.

3. 산화, 환원

* 산화: 전자를 잃은 상태   * 환원: 전자를 얻은 상태

　금속을 오래 방치하여 부식되는 현상을 산화 현상이라고 합니다. 이는 금속과 산소의 화학적 활동으로 물질(원소)의 변화가 일어나는 현상입니다. 이렇게 특정 물질끼리 접촉하면 화학적 반응이 일어납니다. 이때 각 물질 속에 있던 전자가 이동하며 반응 전과 후의 물질이 바뀌게 되죠. 화학적으로 산화, 환원은 전자를 주고받는 반응이라고 생각하면 이해하기 쉽습니다. 산화는 전자를 잃게 되고 환원은 전자를 얻게 됩니다. 한 물질은 전자를 잃고, 한 물질은 전자를 얻게 되므로 동시에 일어나는 반응이라고 할 수 있습니다. 전지에서도 이러한 산화 – 환원 반응으로 전자가 이동합니다. 전자 이동의 반대 방향으로 전류가 생성되는데, 이 전류를 활용하여 전자기기를 사용할 수 있습니다.

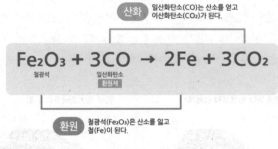

[그림 3-18] 산화 – 환원 반응 (출처: 한화토탈에너지스)

이와 같은 반응을 통해 철광석과 일산화탄소 산화 – 환원 반응 사이에서 철과 이산화탄소가 생성됨을 확인할 수 있습니다. 이러한 방식으로 전자의 이동에 의해 그 반대 방향으로 전류가 생기는데, 이를 최대한 활용한 것이 바로 배터리입니다.

저와 함께 전공 필수 지식에 대해 간단히 알아보았습니다. 제가 알려드린 부분은 아주 일부분에 불과합니다. 필수 지식 내용을 모두 다루기에는 해당 도서의 공간이 부족할 것 같아 이만 줄이지만, 위 개념을 검색해 보면 자세한 내용을 쉽게 찾을 수 있을 것입니다. 면접을 앞두고 제가 소개한 개념을 꼭 숙지하여 최소한의 전공 질문에 대비할 수 있길 바랍니다.

참고   자동차 스펙으로 성능 살펴보기

복잡한 내용을 다뤘으니 쉬어갈 겸 자동차의 스펙을 보며 배터리 발전을 살펴볼까요?
현대차의 전기차 제품규격서를 보면 해당 차의 구동 스펙에 대해 짐작할 수 있습니다. 2020년에 출시된 현대 코나EV와 2021년에 출시된 아이오닉5을 비교해 보겠습니다. 최대한 비슷한 비교를 위해 둘 다 순수 전기차를 비교군으로 선정했습니다. 다음 그림은 D 포털의 신차 홈페이지에서 확인할 수 있는 코나EV와 아이오닉5 제원 표입니다.

현대 코나 일렉트릭 (1세대)		현대 아이오닉 5 (1세대)	
연료	전기	연료	전기
연비	5.8km/kWh	연비	5.1km/kWh
충전주행거리	254km	충전주행거리	421km
배터리 종류	리튬이온	배터리 종류	리튬이온
배터리 용량	64.0Ah	배터리 용량	111.0Ah
충전방식	-	충전방식	-
충전시간(급속)	-	충전시간(급속)	-
충전시간(완속)	-	충전시간(완속)	-
구동방식	FF	구동방식	FR
모터 최고출력	100kw	모터 최고출력	160kw
모터 최대토크	395.0Nm	모터 최대토크	350.0Nm
공차중량	1540.0Kg	공차중량	1920.0Kg
최고속도	167km/h	최고속도	-
제로백	7.6	제로백	-

[그림 3-19] 현대 코나EV와 아이오닉5 (출처: Daum 자동차)

표를 보면 코나EV의 배터리 용량이 64Ah인 것에 비해 아이오닉5의 배터리 용량은 111Ah인 것을 알 수 있습니다. 이를 통해 1년 뒤에 출시된 아이오닉5가 더 향상되고 큰 용량의 배터리를 탑재하여 출시했다고 유추할 수 있습니다. 충전 주행거리를 비교해도 254km와 421km로 엄청난 차이를 보이고 있습니다. 오른쪽 공차 중량을 보면 아이오닉5는 1920kg인 것에 비해 코나EV는 1540kg인 것을 알 수 있습니다. 코나EV는 소형차이지만 아이오닉5는 중형 SUV이기 때문에 차의 크기가 큰 만큼 무게도 많이 나가고, 배터리도 더 많이 탑재했다는 사실을 유추할 수 있습니다.

모터의 최고 출력 스펙을 확인해보면 아이오닉5은 160kw인 것에 비해 코나EV는 100kw인 것을 확인할 수 있습니다. 이를 통해 코나EV에 비해 아이오닉5의 최고속도가 더 높고 제로백이 더 낮을 것이라는 사실도 유추할 수 있습니다. 실제로 직접 확인해보니 아이오닉5의 최고속도 185km/h, 제로백 5.5초인 것과 비교하여 코나EV는 최고속도 167km/h, 제로백 7.6초가 소요되는 것을 알 수 있었습니다.

[그림 3-20] 현대차의 전기차 전용 배터리 탑재 플랫폼 (출처: 매일경제)

현대차의 전기차에 대해 조금 더 알아보면, 현대차는 위와 같이 E-GMP(Electric Global Module Platform)라는 전기차 전용 배터리 탑재 플랫폼을 가지고 있습니다. 중앙 바닥에 배터리 시스템이 모듈 형식으로 설치되어 있고 앞뒤로 모터를 가지고 있죠. 이와 같이 현대차는 통합된 모듈 플랫폼을 통해 짧은 시간 안에 빠르게 전기차 라인업을 늘려가고 있습니다. 전 세계 자동차 업체들은 각 차량의 라인업마다 배터리 종류가 다르기 때문에 개발 속도가 더딘 반면, 현대차는 통일된 전기차 플랫폼으로 가격과 생산성을 향상시킨 사례라고 할 수 있습니다.

3 필수는 아니지만 있으면 도움이 되는 역량

1. Minitab

Minitab이란 데이터를 기반으로 의사결정을 가능하게 하는 필수 시각화와 연계하여 예측분석을 제공하는 통계 프로그램입니다. 공정능력을 평가할 때 생산 현장의 규모가 작다면 별다른 문제 없이 엑셀만으로도 가능하지만, 분석해야 하는 정보가 수만 개, 수십만 개 정도가 되면 Minitab 프로그램을 사용한다고 생각하면 좋을 것 같습니다.

공정능력평가는 공정에 있어서 매우 중요한 요소 중 하나입니다. 제품이 얼마나 일관성 있게 만들어지는지를 판단할 수 있는 지표로써 Cp, Cpk, Pp, Ppk등 여러 지표를 활용하여 판단하게 됩니다. 그중 가장 활발히 사용하는 프로그램이 Minitab이라고 할 수 있습니다. 이 데이터를 토대로 어떤 값을 어떻게 더 개선할지 판단하고 조치합니다.

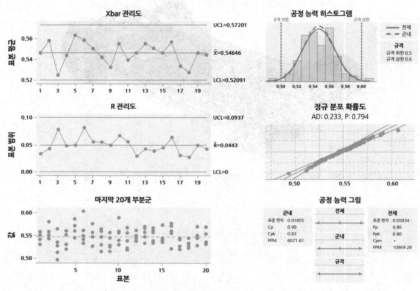

[그림 3-21] Process Capability Sixpack 보고서 (출처: DataLabs)

2. 6시그마 GB

6시그마 자격증은 현직에서 필수로 취득해야 하는 자격증 중 하나입니다. 취업준비생은 서류 전형과 면접 전형에서 어필할 수 있는 소재 중 하나이지만, 재직자의 경우에는 실제로 업무할 때 품질개선, 원가 절감, 생산성 향상, 고객 만족, 재고 관리, 프로세스 개선 등에 직접 활용하는 데 필요합니다. 6시그마는 업무 실수 및 제품 불량을 통계적으로 관리하여 6 수준에 도달하기 위해 도입하는 방법입니다. 이는 앞서 언급한 Minitab과 연관있으며, 최고의 품질을 만들어내기 위한 하나의 지표라고 생각하면 좋을 것 같습니다.

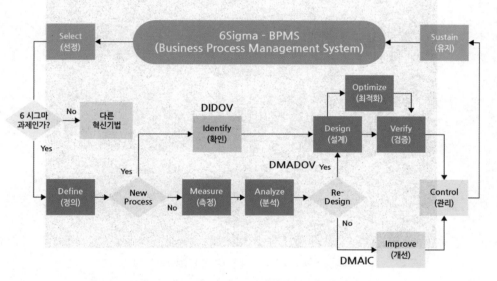

[그림 3-22] 6시그마 과제 개선 흐름도 (출처: 한국커리어개발원)

3. CAD

　필요한 제품을 설계하여 제작해서 쓰거나 제품설계 디자인을 할 때 사용하는 프로그램입니다. 부서마다 다르겠지만 직접 CAD를 사용하는 팀에 배치될 경우 사용이 잦을 수 있습니다. 특히 BMS[25]와 같이 반도체와 연관이 있는 부서일 경우 OrCad, 기계디자인과 관련 있는 부서일 경우 AutoCad를 사용할 수 있다면 좋은 어필 포인트가 될 수 있습니다.

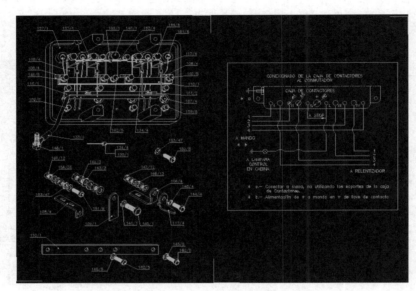

[그림 3-23] CAD 설계도 (출처: DesignsCAD)

---

25 [10. 현직자가 많이 쓰는 용어] 16번 참고

MEMO

07 현직자가 말하는 자소서 팁

채용 단계에서 자기소개서와 면접 전형을 진행하는 이유는 지원자에 대해 알고 싶기 때문입니다. 그래야지 지원자가 어떤 사람인지 알 수 있고, 회사에 필요한 인재를 찾을 수 있기 때문입니다. 그러므로 자기소개서와 면접만큼은 회사를 칭찬하는 것이 아니라 나의 능력과 경험을 소개하며, 자신이 어떻게 회사에 잘 어우러질 수 있을지에 대한 이미지를 제공하는 것이 중요합니다. LG에너지솔루션의 자기소개서 항목을 하나씩 보며 자기소개서 항목을 어떻게 풀이하며 접근해야 하는지 알아보도록 하겠습니다.

Q1 지원분야/직무에 대한 지원 동기와 해당 분야/직무를 위해 어떤 준비를 해왔는지 소개해주세요.

먼저 1번 문항은 각 기업에서 이 회사에 왜 지원했는지를 확인하기 위한 필수 문항입니다. 회사마다 생각하는 인재상은 다릅니다. 그리고 회사에서는 자신들이 제시한 인재상을 갖춘 사람을 뽑길 원합니다. 그러므로 좋은 기업에 가고 싶어서 지원한 지원자보다 회사의 인재상에 부합하고 자신의 장단점을 알며, 그것을 최대한 활용할 준비가 되어있는 지원자가 더욱 눈에 들어올 것입니다. 따라서 본인이 지원하는 분야에 관심이 많고 본인이 배운 것을 통해 어떻게 귀사에 활용할 준비가 되어있는지에 대해 어필하는 것이 중요합니다.

개인적으로 안타까운 점은 해당 질문에서 많은 지원자가 지원한 회사를 칭찬하는 데 많은 시간을 할애한다는 것입니다. 지원하는 회사가 좋은 회사라는 것은 누구나 알고 있는 사실입니다. 700자는 나를 소개하기에도 부족한 분량이기 때문에 '나'를 더 어필할 수 있는 부분에 중점을 두었으면 좋겠습니다.

대표적으로 학부를 막 졸업한 공정기술 직무 지원자들이 작성하는 내용은 대학원 인턴 연구생 또는 전공 수업을 통한 기본 역량 향상에 대한 것입니다. 배터리와 완벽하게 관련된 연구실에서 인턴을 진행하지 않아도 괜찮습니다. 지원자들이 생각하는 것보다 그런 연구실 출신 학부 지원자는 얼마 없기도 하고, 어차피 입사하면 연구실에서 다루던 내용과는 다른 새로운 업무 지식을 배워야 하기 때문입니다. 이보다 더 중요한 것은 어떻게 면접관에게 자신을 흥미로운 지원자로 보이게 할 것인지입니다. 예를 들어 본인이 복수전공을 했다면 여러 전공 지식을 동시에 가지고 있기 때문에, 첫째로 더 다양한 접근 방법으로 배터리를 이해할 수 있고, 둘째로 새로운 지식을 배우는 데 빠르게 적응하여 업무에 가장 적응을 잘 할 수 있다는 점을 어필할 수 있을 것입니다. 이와 같이 내 장점을 어떻게 가장 잘 포장하여 전달할 수 있을지 고민해 보길 바랍니다.

지원자 본인은 관련 경력에 대해 어필할 부분이 없어서 고민할 수도 있을 것이라고 생각합니다. 그러나 최근에 이 분야에 관심이 커져서 공부를 많이 했음을 어필할 수도 있습니다. 이에 대해 다른 지원자들은 쉽게 접할 수 없는 특정 불량이나 현재 회사에서 이슈되는 사항을 공부하여 어떻게 개선할 수 있는지 등 나만의 고민을 제시하는 것 또한 좋은 방법일 수 있습니다.

해당 항목을 작성하기 전에 자신의 장단점, 지원하는 회사의 인재상에 대해 한 번 생각하는 시간을 가지는 것을 추천합니다.

Q2 본인의 특성 및 성격(장점/보완점)을 자유롭게 기술해주세요.

자신의 장단점을 소개하는 부분이지만 '저는 운동을 좋아하고 잘합니다'와 같은 사적인 장점이 아니라 회사 업무와 연관된 장점을 소개해야 합니다. 단점 또한 소개해야 하지만 업무에 너무 치명적인 단점보다는 슬쩍 비껴갈 수 있는 단점을 제시하여, 어떤 방식으로 단점을 극복하고 긍정적으로 발전했는지를 어필하는 것이 좋습니다.

유튜브에 '자소서 단점'이라고 검색하면 많은 예시를 볼 수 있는데, 생각지도 못한 공격에 당하지 않을 단점이 무엇인지 참고하기 좋습니다. 해당 문항에 대한 답변 중 가장 인상적이었던 답변은 '꼼꼼하고 철저한 성격 때문에 일을 끝까지 무리하여 밀어붙이다 그르친 경험이 있습니다. 이를 극복하기 위해 업무 시작 전에 철저한 사전 계획과 목표 방향을 수립하여 더 효율적이고 효과적인 업무 수행을 하고 있습니다'와 같은 스토리라인을 갖춘 답변이었습니다.

이에 대한 자세한 사항은 06 직무에 필요한 역량 중 '직무 수행을 위해 필요한 인성 역량' 부분을 참고하길 바랍니다.

Q3 전지사업본부에서 이루고 싶은 나만의 꿈과 비전을 소개해주세요.

가장 중요한 자기소개서 항목 중 하나입니다. 저는 해당 질문을 장단기적인 접근으로 나눠서 답하는 게 좋다고 생각합니다.

단기적으로 회사 업무에 빠르게 적응하기 위한 본인의 계획을 제시하고, 그 후 어떻게 역량을 발전시켜서 다른 업무를 수행할 것인지에 대해 어필해야 합니다. 해당 직무의 공고에 특정 프로그램 사용자 우대나 해외 출장에 대한 언급이 있다면 이를 활용하는 것도 좋습니다.

장기적인 접근으로는 자신이 회사의 장단점에 대해 얼마나 잘 이해하고 있는지를 제시하는 방법도 있고, 앞으로 회사가 나아가야 할 기술력이나 개선 사항, 그리고 그중에 내가 맡고 싶은 역할을 어필할 수도 있습니다. 앞으로 귀사의 기술 방향성을 제시하거나 주력으로 연구하고 있는 분야에 대한 본인의 생각을 어필하면, 그만큼 해당 분야와 회사에 관심이 많고 학습을 많이 했다는 것을 보여줄 수 있습니다. 면접 전형에서 자기소개서에 작성한 내용을 토대로 해당 지식에 대해 얼마나 알고 있는지 확인하기 위한 질문을 할 수 있으니 이후 전형까지 내용 숙지는 필수입니다.

본인이 회사에 대해 공부를 많이 한 티를 내고 싶다면 이 항목이 제격입니다. 특히 회사에서 우선으로 연구하는 신기술 분야라든지 개선하고 싶은 문제점에 대해서 나만의 해결 방법을 고민한 후 작성하는 것도 아주 좋은 차별성 있는 어필 방법입니다. 당장 해결 방법이 생각나지 않으면 '이러한 이슈가 있는 것으로 조사했는데, 그에 대한 내 포부 이렇다'라는 식의 포부를 밝히는 것만으로도 본인이 회사에 관심이 많으며, 회사에 대해 조사를 많이 했음을 어필할 수 있습니다.

이러한 포인트를 찾는 더 자세한 방법은 06 직무에 필요한 역량 중 '차별성 있는 지원자가 되어 보자'를 통해 더 자세하게 다뤘으니 참고하길 바랍니다.

MEMO

08 현직자가 말하는 면접 팁

1 외국어 면접

외국인을 오랜만에 만나서 대화한다고 생각할 정도로 분위기가 가볍습니다. 면접관이 계속 질문을 던지고 흥미로운 주제를 이어서 추가 질문하는 방식으로 진행됩니다. 결과적으로 해당 언어를 구사할 수 있는 수준이 어느 정도인지를 확인하는 용도이기 때문에 합격 당락에 아주 중요한 요소는 아닙니다. 해당 면접은 최근에 한 일, 좋아하는 것, 관심사 등에 대해 친구와 가볍게 프리토킹한다는 마음으로 준비하면 좋을 것 같습니다.

2 직무 면접 / 임원 면접

직무 면접은 주로 팀장급 면접관이 진행하며, 임원 면접은 그 위의 담당급 면접관이 면접을 진행합니다. 컨설팅 후 후기를 들어보면 면접관별로 물어보는 질문의 유형이 다르기 때문에 최대한 많은 상황을 가정하고 준비하는 것이 좋습니다. 전공 내용 중에서 특히 배터리와 관련하여 질문할 수 있는 부분(Capacitor, 회로 등)은 다시 한번 개념을 정리하는 것이 좋습니다.

다음으로 제가 면접 준비를 하며 느낀 꿀팁을 소개하도록 하겠습니다.

1. 면접 연습은 필수! (표정, 제스처, 자기소개)

면접에서 큰 부분을 차지하는 것 중 하나가 자신감이라고 생각합니다. 왜냐하면 연습을 많이 한 사람과 그렇지 않은 사람에게 보이는 능숙함의 차이는 눈에 보일 정도이기 때문입니다. 저의 경우 학교 커뮤니티와 취업준비생 SNS에서 면접 스터디원을 구해서 최소 4회 정도 연습을 하고 면접에 임했습니다. 스스로 어느 정도 정리한 후 면접에 임하면 정리한 대로 말이 잘 나올 것 같지만, 긴장되는 자리에서는 생각보다 정리한 것을 표현하기가 쉽지 않습니다. 여러분도 다른 사람과 면접 스터디를 한번 해보면 이렇게 말을 더듬고 긴장을 많이 한다는 것에 놀랄 수도 있습니다. 면접 스터디를 하면 생각지도 못한 질문에 대해 생각해 볼 수 있고, 빠르게 그때그때 질문을 응용하여 답변하는 능력을 기를 수 있습니다. 만약 모르는 사람과 면접 스터디하는 것이 무섭다면 주변 친구나 가족에게 부탁하여 연습한 후에 면접에 임하기를 바랍니다.

또한 모든 면접에서 1분 자기소개와 나를 어필하는 마지막 한마디는 필수로 준비해야 합니다. 이왕 말하는 거 강력한 문구로 면접관에게 나를 강력하게 인식시키는 게 좋습니다. 저는 제 가치관인 '생각하는 대로 살지 않으면 사는 대로 생각하게 된다'라는 신념을 토대로, '새로운 아이디어를 제공할 수 있는 저를 꼭 뽑아야 하는 이유를 오늘 면접에서 보여드리겠습니다'와 같은 면접관의 머리에 남으면서 강한 의지를 보여주는 한마디로 면접을 시작했습니다.

면접 준비를 어느 정도 했고 좀 더 능숙한 면접 능력을 원한다면 자신의 면접 영상을 녹화하여 한 번 돌려보기를 바랍니다. 생각보다 말할 때 굳어있는 나의 몸과 표정을 볼 수 있을 것입니다. 사소할 수 있지만 면접에 임하는 동안 밝은 이미지를 줄 수 있는 웃는 표정과 말할 때 간단한 손 제스처를 미리 연습한다면 조금 더 전문적이고 능숙한 이미지를 보여줄 수 있을 것입니다.

2. 특별한 경험을 공유 차원에서 마치지 말고 그것을 통해 무엇을 배웠는지, 궁극적으로 회사에서 어떻게 기여할 수 있는지 말하기

많은 지원자가 하는 실수 중 하나입니다. 좋은 경험이 많은데 이를 잘 가공하지 못하고 경험 그 자체를 면접관에게 말하는 경우가 많습니다. 이는 비싼 보석을 가공하지 않고 있는 그대로 판매하는 것과 같습니다.

특별한 경험은 최대한 압축하여 간단 명료하게 소개하고, 이를 통해 내가 무엇을 배웠고 더 나아가 회사에 이를 어떻게 활용할 수 있는지를 설명하는 것이 중요합니다. 이는 면접관이 '이 지원자를 뽑으면 우리 팀의 이런 면에서 능숙하게 업무를 하겠구나'와 같이 지원자가 부서에서 업무를 수행하는 모습을 상상할 수 있도록 할 것입니다.

예를 들어 팀 프로젝트를 위한 협업 경험을 소재로 협력의 중요성에 대해 작성하고 그 경험에서 나타난 본인의 장점을 어필하고 싶다면, 상대방이 그 상황을 한 번에 이해할 수 있도록 간단하게 한, 두 줄 요약한 후에 설명하는 것이 좋습니다. 그리고 마지막으로 '타인과의 커뮤니케이션 능력을 바탕으로 설계 단계에서 조금이라도 불확실한 부분들은 꼭 확인하고 넘어가겠습니다. 또한 추후 발생 가능한 문제에 대해 꼼꼼히 파악하고 대비하여 양산 후 설계 품질 문제 Zero를 달성하겠습니다'와 같이 자신의 포부 및 경험을 통해 느낀 점과 회사에 기여할 수 있는 점을 어필하면 면접관 입장에서 더 상상하기 쉽고 마음이 가는 답변일 것입니다.

3. 뭐라도 하나를 파서 강력한 의지 보여주기, 많이 공부했다는 것을 보여주기

지원한 분야에서 하나라도 깊게 공부한 후 면접에 임한다면 면접관에게 해당 지원자가 아주 전문적이라는 이미지를 심어 줄 수 있습니다. 해당 회사에 지원하기 위해 준비를 많이 했다는 인식을 심어 줄 수 있으며, 나의 미래 계획과 목표를 어필하는 데도 사용할 수 있는 좋은 방법입니다.

예를 들어 저의 경우에는 전공을 가장 잘 활용할 수 있는 방법으로 BMS(Battery Management System)를 선택했고, 스스로 조사한 현재까지의 문제점과 이를 어떻게 개선하고 싶은지에 대해 언급하며 저의 의지를 보여주었습니다. 결과적으로 지금 진행하고 있는 업무는 제가 어필한 부분과 직접적인 관련은 없지만, 이는 면접관에게 저의 가능성을 보여줄 수 있는 아주 좋은 어필 방법이었다고 생각합니다.

따라서 지원 분야와 본인의 강점을 종합하여 본인이 초점을 맞추고 싶은 공정, 설비 등을 하나 고른 후 깊게 조사하고 공부하는 것을 추천합니다.

4. 두괄식으로 말하는 법 연습하기: 내가 말하는 것 남이 들으면 지루하다. 본론을 먼저 말하자!

말을 하다 보면 내 의지와 다르게 길게 이야기하고 있는 모습을 볼 수 있습니다. 많은 지원자를 마주하는 면접관에게 이런 긴 이야기는 머리에 와닿지 않습니다. 이 친구가 무슨 말을 하고 싶은지 파악해야 하기 때문에 해당 지원자에 대한 집중력이 떨어져서 그 이후로는 무엇을 어필하고 싶은지 이해하지 못하는 경우가 많습니다.

이러한 실수를 범하지 않으려면 '두괄식 말하기' 방법을 사용해야 합니다. 이는 말하고자 하는 결론을 가장 먼저 말하여 말의 의도를 더욱 정확하게 전달하는 방법입니다. 모든 답변에서 면접관이 지루해 하지 않고 내가 말하고자 하는 부분을 이해시킬 수 있도록 두괄식으로 답변을 준비하고, 그렇게 말하는 연습을 하길 바랍니다.

MEMO

1 취업 준비가 처음인데, 어떤 것부터 준비하면 좋을까?

요즘은 취업을 고민하기 전에 먼저 대학원에 가야 할지, 말지에 대해 고민하는 것 같습니다. 저 또한 이런 고민을 많이 했었는데 이에 대한 결론을 내기가 정말 힘들었습니다. 주변에서 친구들이 대학원 진학을 결정하니 괜히 대학원에 가지 않으면 나만 뒤처지는 것 같은데, 그 와중에 심도 있게 공부하고 싶은 분야가 없다 보니 이런 고민을 하게 되는 것 같습니다. 대학원에 가지 않고 취업을 준비하겠다고 마음먹어도 고민이 되는 건 어쩔 수 없죠. 대학교에서 전공과 교양 수업만 주야장천 듣다 왔는데 내가 어떤 일을 잘 할지도 모르고, 이 많은 직무가 정확하게 무슨 일을 하는지도 모르니 '나와 맞는 일은 무엇일까?'에 대해 고민하고 걱정하는 것은 당연한 일입니다.

이러한 고민을 해결하기 위해 가장 먼저 해야 하는 일은 자기 자신에 대해 이해하는 것입니다. 이제 취업을 처음 준비하고 어디서부터 시작해야 할지 모르겠다고 생각하는 분들은 나에 대해 생각해 보는 시간을 가지면 좋을 것입니다. 저 또한 조용한 카페에서 내가 대학 생활 동안 어떤 활동을 했는지, 어떤 수업을 들었는지 쭉 나열해 보는 것부터 시작했습니다. 성적표를 확인하여 내가 어떤 전공과 교양 수업을 들었는지 확인하고, 내가 진행한 학회나 동아리, 봉사활동, 서포터즈, 멘토링, 대학교 연구실 활동 등에 대해 나열합니다. 그리고 그 활동을 하면서 어떤 일을 했는지 세부적으로 적어 보면 더욱 좋습니다. 해외로 여행가는 것을 좋아하고 이 점에서 어필할 점이 있다면 이 또한 적어서 어필할 만한 것에 대해 생각하는 시간을 가지는 것을 추천합니다.

1학년부터 4학년까지의 대학 내외 활동에 대해 생각하는 시간을 가진 후, 각 기업의 홈페이지에 들어가서 직무 소개를 확인합니다. 물론 홈페이지에는 큰 틀로 아주 간단하게 설명해 놓았지만, 이 설명을 읽어 보며 나는 어떤 직무를 선택해서 일하고 싶은지 생각해 보아야 합니다. 대학원에서 하는 것처럼 연구를 하고 싶다든지, 배터리를 직접 만들어 보고 싶다든지, 넓고 얕게 아는 것보다 하나의 전문 분야만 파고 싶다든지 등 본인만의 기준을 통해 자신에게 부합하는 직무를 선택해 봅니다.

[그림 3-24] LG에너지솔루션 직무소개 (출처: LG에너지솔루션)

그리고 마지막으로 내가 처음 나열하고 정리했던 나의 대학 생활 동안의 활동을 직무와 매칭하여 '이런 부분을 어필하면 되겠다'와 같은 틀을 잡고 자기소개서와 면접을 준비하면 아무런 틀이 없을 때보다 더 쉽게 취업 준비를 시작할 수 있을 것입니다.

혹시나 아직 졸업을 앞둔 것이 아니라면, 몇 가지 꿀팁을 알려드릴 테니 참고하면 좋을 것 같습니다. 첫째, 졸업생/졸업 예정자를 대상으로 하는 채용이 아니라 3학년 또는 4학년 1학기 학생을 대상으로 정직원 채용 연계형으로 구직 공고를 올리는 대기업이 꽤 많습니다. 특히 LG는 이 채용 전형에 합격하면 정직원 전환율도 상당히 높은 편이기 때문에 취업 준비를 경험해 본다는 생각으로 가볍게 지원해 봐도 좋을 것 같습니다. 합격하면 다른 곳도 지원해 볼 수 있는 동시에 마음이 편안해질 수 있으니까요! 저희 회사에도 이 전형으로 정직원으로 입사한 분들이 몇몇 있는데, 남은 4학년 기간에 학점 걱정없이 입사 후 힘들 수 있는 해외여행을 마음껏 다녀왔다고 들었습니다. 대다수 대학생이 이러한 전형에 대해 알지 못하는 경우가 많고, 취직에 대한 생각을 4학년 말까지 미루는 경우가 많기 때문에 빈틈을 노려 도전해 보는 것을 강력 추천합니다.

둘째, 저는 대학원 연구실 인턴으로 6개월 정도 일해 본 것이 큰 도움이 되었습니다. 이 경험이 앞으로 대학원에 진학하여 진로를 결정할지에 대한 고민 해결에 큰 도움을 주었고, 자기소개서를 쓰고 면접을 볼 때도 장점으로 어필할 수 있는 경험이 되었습니다. 학업과 연구실 인턴을 병행하는 것이 힘들 것이라고는 생각하지만, 어차피 졸업 논문을 작성해야 한다면 미리 졸업 논문 작성을 연습한다고 생각하거나 대학원을 경험한다고 생각하면 큰 부담이 아닐 수 있습니다. 본인이 관심 있는 전공 교수님께 연락을 드리면 오히려 이야기 한번 해 보자고 하시면서 좋아할테니 너무 겁먹지 말고 도전해 보세요!

셋째, 4학년 2학기를 마치고 취업을 하지 않은 상태인데, 졸업을 해야 할지 아니면 졸업을 유예할 지에 대해 고민하는 분들이 많을 것 같습니다. 여러 팀장님의 면접을 지켜보았을 때, 졸업을 유예하는 것이 더 좋은 선택이라는 생각이 듭니다. 결국 면접을 볼 때 면접관은 수업을 언제 들었는지보다 언제 졸업했는지를 확인할 텐데, 졸업 시기와 취업 시기의 차이가 크다면 이에 대해 공격 질문이 들어올 수 있기 때문입니다. 물론 자신만의 특별한 이유로 공백기가 있었다면 모르겠지만, 공격 질문을 피하고 싶다면 취업 전까지 졸업을 유예하는 것도 좋은 방법이라고 생각합니다.

2 현직자가 참고하는 사이트와 업무 팁

1. 배터리 인사이드(inside.lgensol.com)

LG에너지 솔루션에서 운영하는 배터리 전문 디지털 커뮤니티로, 배터리 관련 동향과 현직자가 사용하는 전문적인 단어나 배터리의 각종 개념에 대해 이해하기 쉽게 설명해 놓은 사이트입니다. 비교적 최근에 오픈하여 알고 있는 사람이 많지 않습니다. 여기에 있는 지식만 모두 습득해도 배터리에 대한 이해력을 크게 높일 수 있다고 생각합니다. LG에너지솔루션에서 연구하고 있는 차세대 배터리, 배터리 재활용 기술, ESG 등 많은 정보를 확인할 수 있습니다.

이뿐만 아니라 각종 신입사원의 하루를 엿볼 수 있는 '새내기 엔솔인의 하루'라는 칼럼도 운영 중입니다. 이를 통해 임직원의 하루는 어떤지, 어떤 일을 진행하는지 확인할 수 있고, 또한 회사에서 진행하고 있는 복지 사항이나 사내 모습은 어떤지 볼 수 있기 때문에 가볍게 회사의 이미지를 그리기에도 좋습니다.

2. 유튜브(엔지○○TV)

배터리 전문 지식 유튜버로, LG에너지솔루션에 직접 초청되어 배터리 관련 토론 및 강연을 했을 정도로 배터리의 이해도가 높은 테크(Tech) 유튜버입니다. 해당 채널의 콘텐츠는 배터리의 다양한 부분에 대한 기술적 리뷰와 어려운 논문을 쉽게 풀어서 해석해 주는 것 등입니다. 이 채널은 제가 취업을 준비하는 과정 중 면접을 준비할 때 많이 참고했습니다. 기술적으로 심화 지식을 쌓고 싶은 분들이 참고하기 좋다고 생각합니다.

3. 배터리 관련 증권사 리포트

한 기업에 대해 자세히 알기 위해서는 그 회사가 영위하는 사업의 흐름과 트렌드를 꼭 알아야 한다고 생각합니다. 협력 기업에는 어떤 기업이 있는지, 어떤 나라에 공장이 있고 앞으로 투자 계획과 자동차 시장에서 기업들이 추구하는 방향은 어떤지 등을 알아야 합니다. 이런 트렌드를 가장 빠르게 캐치해서 전달하는 매체 중 하나가 증권사 리포트입니다.

증권사 리포트는 앞으로의 주가는 어떻게 될 것인지, PER이 얼마인지와 같은 정보뿐만 아니라 회사의 기술력과 전 세계 원재료 흐름, 계약 관계 등 일반적으로 관심 가지기 힘든 분야에 대해서도 아주 상세하게 다루고 있습니다. 저 또한 이런 리포트에서 다양한 지식을 얻고 있으니, 양질의 심도 있고 폭넓은 배터리 지식을 찾고 있는 분들에게 추천합니다. 추천하는 리포트로는 M 증권사에서 나온 EV war vol2가 있습니다.

10 현직자가 많이 쓰는 용어

1 익혀두면 좋은 용어

옛말에 '그 사람과 30초만 대화해 보면 어떤 사람인지 알 수 있다'라는 말이 있습니다. 그만큼 사용하는 언어와 용어, 말하는 방식이 나에 대한 많은 것을 보여 준다는 것을 의미합니다.

자기소개서를 작성하고 면접을 볼 때 요즘 현업에서 이슈가 되는 단어를 활용하거나 현직자와 대화하는 데 큰 무리가 없다면, 면접관 입장에서는 해당 면접자의 차별성이 더욱 도드라져 보일 것입니다.

그럼 또 한번 차별성을 키울 수 있는 익혀두면 좋은 용어에 대해 알아볼까요?

1. 양산 주석 1

파일럿(Pilot) 단계를 마치고 고객에게 납품하기 위한 제품을 만드는 단계입니다. 셀 기준으로 파일럿 단계에서는 몇천 개 단위의 생산품을 만들었다면, 양산 단계에서는 몇만, 몇십 만개 단위의 생산품을 만듭니다.

파일럿 단계에서 불량을 조율하고 생산 안정화, 최적화 과정을 진행했다고 하더라도 양산 단계를 거치면서 이전에는 발생하지 않았던 불량이나 문제가 발생할 수 있습니다. 워낙 허용 오차의 단위도 작고 정교한 기계를 이용해서 세밀한 작업을 하기 때문에 이러한 문제가 지속해서 발생하죠. 이러한 세세한 문제점을 해결해서 정상적인 납품이 이루어질 수 있도록 하는 것이 엔지니어들의 업무이자 몫입니다.

2. 출하 주석 2

완성된 물품이 고객사에 나가는 것을 출하라고 합니다. 이와 연관하여 물품이 나가기 전의 충전 품질 상태를 '출하 충전'이라고 합니다.

3. 전극, 조립, 활성화 주석 3 주석 9 주석 10

전극, 조립, 활성화는 공정기술 직무에서 기본적으로 숙지해야 하는 용어입니다. 공정의 순서대로 공정 흐름이 어떻게 이루어지는지 이해하는 동시에 내가 지원하는 직무에 따라 공정에서 파생되는 세부 용어 또한 찾아 숙지해야 합니다.

전극	활물질과 도전재, 바인더 등을 올바른 비율로 섞은 후 호일(집전체)에 펴 바르는 공정
조립	전극 공정에서 만든 양극, 음극을 분리막과 함께 합쳐 모노셀을 만들고 모노셀을 쌓은 후 외곽 포장재에 포장하는 공정
활성화	조립 공정에서 만든 배터리가 전지로써 제 기능을 할 수 있도록 전기적으로 활성화시키는 공정으로 전지를 특정 조건에서 숙성시키는 것 외 충·방전이 이루어짐

보통 배터리 공정에 관해 검색하면 전극, 조립, 화성 공정이라고 나와 있는데, LG 채용사이트를 보면 전극, 조립, 활성화 공정으로 나누고 있습니다. 핵심 공정에 대해서 회사별로 칭하는 용어가 다르기 때문에 이를 파악해 두는 것이 좋습니다.

4. 수급, 발주 주석 4

원재료가 들어오고 나가는 것을 수급이라고 합니다. '수급 현황', '수급 내역' 등 원활한 빌드 진행을 위해 원재료 수급 확인은 필수입니다.

원재료를 주문 넣는 행위를 '발주 넣다'라고 표현합니다. 요식업에서 재료를 주문할 때 사용하는 단어와 동일하죠.

5. 파일럿(Pilot) 주석 5

양산을 시작하기 전에 제품이 정상적으로 만들어질 수 있는지 테스트하는 단계를 파일럿 단계라고 합니다. 개발 쪽에서 넘어온 제품규격서를 기반으로 제품을 생산하는데, 그 과정에서 불량도 많이 생길 것이고 기계 자체의 한계로 인해 생산 불가능한 한계 부분도 생길 것입니다. 이러한 기계적으로 불가능한 부분과 불량이 많이 생기는 부분을 변경하고 개선해 나가는 단계라고 할 수 있습니다.

양산 단계의 전 단계이므로 생산 물량은 몇천 개 단위로 생산합니다. 파일럿 단계에서 모든 제조 과정에 큰 문제가 없어 양산으로 넘어가도 되겠다고 임원급에서 판단하면 양산 단계로 넘어갑니다.

6. 스마트팩토리(Smart Factory) 주석 8

공장 내 설비와 기계에 사물인터넷(IoT)를 설치하여 공정 데이터를 실시간으로 수집하고, 이를 분석해 목적한 바에 따라 스스로 제어할 수 있는 공장을 말합니다. 공장을 많이 짓는 회사에서는 가장 화두가 되고 집중하는 분야 중 하나로써 관련 인재를 많이 채용하고 있습니다.

7. 사이트(Site) 주석 11

해외 공장이 있는 위치를 해외 사이트라고 합니다.

8. 수율 주석 12

• 수율 = (전체 생산 양품) ÷ (전체 생산품)

생산한 전체 물량 대비 양품이 얼마나 생산되었는지를 판단하는 지표입니다. 정상적으로 출하할 수 있는 셀이 불량품 대비 얼마나 많이 생산되었는지를 보는 것이기 때문에 가장 중요한 지표라고 할 수 있습니다. 해외 사이트에서는 수율을 가지고 '황금 수율을 달성했다/못했다'로 얼마나 생산이 안정화되어 있는지를 판단할 수 있습니다.

또한 꼭 마지막 단계에서만 수율을 계산하는 것은 아니고, 현직에서는 실제로 각 생산 단계 과정 중간에 수율을 계산하고 파악합니다.

9. 공정능력 주석 13

수율이 양호한 수준으로 올라왔을 때 제품규격과 비교하여 양품이 얼마나 일관성 있게 잘 만들어졌는지를 판단하는 지표입니다. 제품의 다양한 규격 품질을 테스트하여 설계된 중앙값 대비 차이가 나지 않는지, 중앙값에 집중되도록 잘 제작되고 있는지를 평가합니다.

10. 빌드(Build) 주석 14

배터리를 만드는 한 번의 사이클을 빌드(Build)라고 합니다. 전극 공정에서부터 활성화까지 배터리가 완성되는 과정이 한 빌드 사이클이라고 할 수 있으며, 모듈까지 생산하는 모델의 경우 모듈 생산까지를 한 빌드 사이클이라고 할 수 있습니다. 배터리를 수주받고 고객사에 양산 납품하기까지 수많은 빌드를 거쳐야 하며, 그 과정에서 세세한 변경사항을 반영하여 점차 발전해 나가는 배터리를 볼 수 있습니다.

11. 제품 개발 프로세스 [주석 15]

● BR(Business Review) → CV(Concept Verification) → DV(Design Verification) → PD(Product) → PV(Product Validation) → MP(Mass Production)

어떠한 물품을 만들어서 고객에게 거래되기까지의 과정입니다. 각 단계를 통과하기 위한 배터리를 생산하여 통과해야 하는 품질과 공정에서의 수준이 있습니다. 회사 내부적 기준 또는 고객사의 요청 사항을 반영하여 높은 수준의 배터리를 생산하기 위한 검증 과정이라고 할 수 있죠.

12. 6시그마(6 sigma) [주석 16]

100만 개의 제품 중 불량 발생 제품이 어느 정도 수준일지에 대한 지표로, 생산 품질을 평가하기 위해 자주 사용되고 있습니다.

13. 원재료(활물질, 도전재, 바인더, 집전체 등) [주석 22]

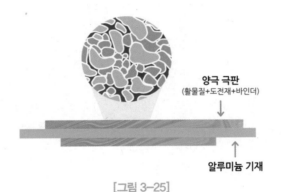

양극 극판
(활물질+도전재+바인더)

↓

알루미늄 기재
↑

[그림 3-25]

배터리를 만드는 데 필요한 구성 물질이자 구매해서 들여오는 기초 단위를 원재료라고 합니다. 전극을 구성하는 단위로 활물질, 도전재, 바인더, 집전체가 있으며, 그 외에 전해액, 리드(Lead), 알루미늄 파우치, 분리막 등이 필요합니다.

집전체	알루미늄, 구리 호일이 있으며 양극 물질을 뿌리게 되는 기반임
활물질	전지가 방전할 때 화학적으로 반응하여 전기에너지를 생산하는 물질
도전재	전지에서 전극이 통할 수 있도록 하는 물질로 양극, 음극 내에 전자 이동을 촉진하는 역할
바인더	활물질, 도전재가 잘 섞일 수 있도록 도와주는 역할

14. 비전(Vision) 주석 23

생산품 중 불량을 찾아내는 촬영/판단 설비입니다. 생산품 중에 문제가 있는 제품이 발견되었을 때 비전 설비에서 촬영 및 측정한 사진과 데이터를 활용하여 어떻게 해당 문제가 발생했는지 유추하며, 어떻게 개선할 수 있을지 고려합니다.

15. 스태킹(Stacking) 주석 24

배터리 조립 공정 중 양극, 음극, 분리막으로 이루어진 모노셀(Monocell)과 음극, 분리막으로 이루어진 하프셀(Halfcell)을 쌓아 올리는 공정으로, 하나의 배터리 셀은 다수의 모노셀과 하나의 하프셀을 적층하여 구성합니다.

16. BMS(Battery Management System) 주석 25

배터리의 충전 수준, 온도 및 이상 감지 등을 담당하는 부품입니다. 과충전, 과방전, 온도 이상 등이 있을 때 배터리에 무리가 가지 않도록 관리하며 사용자가 안전하게 배터리를 이용할 수 있도록 하는 시스템입니다.

17. NG

제품 충족 조건을 맞추지 못했거나 불량(전압불량, 저항불량, 출력불량, 무게불량, 외관불량 등)이 있는 경우 NG라고 판정합니다. 현장에서 사용하는 다른 표현으로는 '불량'이 있습니다.

18. OK

제품 충족 조건 Qualification을 맞췄으며, 불량이 전혀 없고 다음 생산 단계로 넘어가거나 출하해도 문제가 없는 경우 OK로 판정합니다. 현장에서 사용하는 다른 표현으로는 '양품'이 있습니다.

19. 클라이언트(VIP)

현업에서 고객을 클라이언트라고 합니다. 자동차 생산업체/배터리 구매 업체에서 생산 과정을 둘러보고 진행 상황을 보고 받기 위해 회사 공장에 자주 방문하는데, 이때는 VIP 일정이 잡혀 있다고 표현합니다. 고객 대응을 담당하는 인원이 별도로 있기 때문에 모두가 사용하는 용어는 아닙니다.

2 현직자가 추천하지 않는 용어

앞에서 자기소개서 및 면접을 위해 익혀두면 좋은 용어에 대해 알아보았습니다. 이와는 다르게 어설프게 사용하다가는 당황스러운 공격 질문이 들어오거나 취업준비생 입장에서 추가로 찾기 힘들기에 대응하기 힘든 대화가 형성될 가능성이 있는 용어들도 있습니다. 굳이 사용하지 않아도 되는 용어에는 어떤 것들이 있는지 같이 알아봅시다.

20. 파우치형 배터리 [주석 6]

뉴스 기사를 찾아보면 파우치형 배터리를 폴리머형 배터리라고도 하는데, 현업에서는 대부분 파우치형 배터리라고 합니다.

21. 원통형 배터리 [주석 7]

LG에너지솔루션에서는 주로 원통형 배터리를 소형 배터리라고 합니다. 회사별로 배터리를 칭하는 용어가 상이하므로 각 회사에서 사용하는 용어를 확인한 후 면접에 임하는 것이 좋습니다.

22. PFD(Process Flow Diagram) [주석 17]

앞에 'Process'가 들어가는 만큼 '공정'의 필수 항목을 관리하는 내용입니다. 공정 중 모든 작업, 운반, 검사, 정체, 저장 등의 활동을 시각적으로 표현하여 흐름에 따라 발생하는 이상이나 문제점을 안전관리하기 위한 항목입니다.

23. CP(Control Plan) [주석 18]

프로세스 결과가 사전에 계획한 대로 수행되고 있는지를 단계별로 측정 및 검사하는 활동입니다. 공정별로 관리 항목과 스펙, 관리 방법, 주기, 주체, 조치사항 등을 기재하며, 자세히는 설비 점검, 공구 교체 주기 등 폭넓지만 세세한 관리를 위해 작성하는 자료 중 하나입니다.

24. 제품규격서(제규) [주석 19]

배터리를 만들 때 필요한 거의 모든 정보가 들어있는 상세기술서입니다. 배터리뿐만 아니라 자동차나 반도체처럼 특정 제품을 제작하기에 앞서 해당 제품을 어떤 규격으로 만들 것이며, 어떤 품질 조건을 만족시키는지에 대한 상세한 설명이 기재되어 있습니다.

이전에 공장에서 근무한 경험으로 제품규격서를 다뤄본 경험이 있다면 면접관의 흥미를 끌 수 있는 좋은 어필 포인트가 될 수 있지만, 그렇지 않다면 추가 질문에서 당황할 수 있습니다.

25. PFMEA(Process Failure Modes and Effects Analysis) 주석 20

앞에 'Process'가 들어가는 만큼 '공정'의 필수 항목을 관리하는 내용으로, 제품의 고장 심각도, 발생 빈도, 검출도를 점수화하여 높은 위험 순위부터 조치하기 위한 관리 자료입니다.

26. DOE(Design of Experiment) 주석 21

실험계획이라는 뜻으로, 기존 설계에서 특정 조건을 변경하거나 다른 재료를 활용했을 때 어떤 품질 결과가 나오는지 등의 새로운 실험을 설계하는 것을 DOE라고 합니다. 현직자는 자주 사용하는 용어지만, 취업준비생이 사용하면 큰 어필 포인트가 없는 용어입니다. 오히려 설계 실험을 고안해보라는 수준 높은 질문이 들어올 수 있기 때문에 사용을 피하는 것이 좋다고 생각합니다.

27. NCR(Non-compliance Report)

품질팀에서 발급하는 부적합 보고서입니다. 제품을 생산하는 팀이 있듯이 제품의 품질을 검증하는 팀으로는 품질관리팀이 있습니다. 생산 배터리를 출고했을 때 문제가 생길 수 있어서 안전성 검증이 필요할 때 발급하는 것을 NCR이라고 부릅니다. 현업과 아주 직결되어 있는 용어로써 품질관리팀에 지원할 경우 필요할 수 있으나, 그 외에는 활용하기 힘든 용어라고 생각합니다.

MEMO

11 현직자가 말하는 경험담

1 저자의 개인적인 경험

1. 배터리 기업의 전형적 이미지

배터리 기업을 희망하는 많은 취업준비생을 만나면 공통적으로 그리는 이미지가 있는 것 같습니다. 대학원 연구실처럼 화학 물질을 섞어 차세대 배터리를 연구하는 모습이 이에 해당한다고 느꼈습니다. 저 역시 모를 때는 그렇게 생각했습니다. 하지만 이러한 이미지 때문에 '화학공학이나 신소재공학을 전공하지 않으면 힘들지 않을까?'라는 생각을 많이 하는 것 같습니다. 그러나 위에서 언급한 차세대 배터리에 관한 업무를 진행하는 팀은 회사 내에서도 극소수의 팀입니다. 회사는 기본적으로 이윤을 추구하는 집단이기 때문에 주력 상품인 배터리를 생산하고 판매하는 것이 주된 일입니다. 이전에 주로 사용하던 공정기술인 'Stack and Folding' 기법으로 생산하는 배터리를 아직도 많이 생산하고 있기 때문에 생산 직무에서는 이 옛날 기법을 오히려 더 많이 접할 수도 있습니다. 이처럼 면접을 준비할 때 직무의 특성을 정확하게 파악하고 면접관의 가려운 부분을 정확하게 긁어 줄 수 있는 지원자가 되는 것이 중요합니다.

2. 해외 출장의 현실

LG사는 폴란드, 중국, 미국, 인도네시아, 한국에 대표적인 생산 공장이 가지고 있습니다. 그중 증설 관련 업무를 맡는 팀이라면 인도네시아와 미국을 포함한 4개의 국가로 출장을 가고, 배터리 생산과 공정기술을 맡는 팀이라면 주로 폴란드와 중국으로 출장가는 것을 예상할 수 있습니다. 해외 출장을 해외 여행과 유사하게 생각하여 큰 부담이 없이 '해외 여행도 무난히 잘 다녀왔으니까, 해외로 출장 가는 것도 문제가 없어'라고 생각하는 지원자가 많습니다. 물론 모든 팀이 그런 것은 아니겠지만, 공정기술이나 생산기술 팀의 높은 퇴사 이유 중 하나가 해외 출장의 어려움에서 발생합니다.

출장을 가면 하나의 모델에 대한 빌드를 마치고 돌아와야 하기 때문에 짧으면 한 달, 길게는 세 달까지의 출장 일정을 고려해야 합니다. 출장이 잦은 팀의 경우 1년에 4회가량 출장을 예상할 수 있고, 덜한 팀의 경우 2회가량 출장을 예상할 수 있습니다. 또한 출장지 주변이 번화가인 경우는 거의 없습니다. 공장이 들어설 수 있는 땅, 인건비가 저렴한 지역에 위치하기 때문에 퇴근 후 여행을 할 수 있는 조건이 되지 않습니다. 또한 해외 출장 시에는 정해진 업무 시간이 없기 때문에 한국보다 업무 시간이 긴 경우가 대부분입니다. 폴란드의 경우 한국과 시차가 크기 때문에 한국의 지인과 연락이 원활하지 않다는 점도 현직자들이 단점으로 느끼는 부분 중 하나입니다.

이러한 무수한 단점이 있음에도 불구하고 해외 출장의 가장 큰 장점으로 꼽을 수 있는 것은 출장비가 많이 나온다는 것입니다. 하루에 약 10만 원의 출장비가 출장 일수만큼 정산됩니다. 이 밖에 해외 고객사와 직접 협업하며 실무 능력을 향상시킬 수 있다는 것 또한 해외 출장의 장점 중 하나라고 할 수 있습니다.

'해외 출장 가능자'라는 조건이 있는 직무에 지원할 경우, 앞서 설명한 내용에 대해 깊게 고민한 후 괜찮다고 생각될 때 지원해야지만 추후 업무를 진행할 때 뒤늦게 고민하지 않을 것입니다. 또한 해외 출장이 잦은 직무의 각 팀 팀장들은 막상 들어와서 해외 출장에 대해 불만을 가지는 구성원이 많다는 것을 이미 알고 있습니다. 만약 본인은 이에 고민되지 않고 해외 출장에 대해 긍정적으로 생각한다면 면접 시 해외 출장에 대해 강하게 어필하는 것도 좋습니다.

Q1 나는 공대생이라서 일단 엔지니어로 취업했지만, 꼭 서울에서 일하는 문과 직무로 갈 거야!

프로 이직러
옆팀 동기
C

개인마다 생각하는 미래의 직무가 다를 수 있습니다. 하지만 배터리 분야에서 계속 일하고 싶다면, 공정기술과 같이 직접 배터리를 만들면서 깊이 이해할 수 있는 직무에서 일하는 것은 아주 값진 경험이본라고 말하고 싶습니다.

실제로 경력 인원을 채용할 때 공정기술 직무에서 근무한 인력을 영업마케팅, PM(Product Manager)과 같은 문과 직무에서 가장 선호한다는 말을 자주 듣습니다.

Q2 해외 나가는 걸 좋아해서 출장을 자주 가는 팀에 지원했는데… 막상 일해 보니까 한국이 좋은 것 같아.

출장 많은
프로 고생러
팀 동기 K

해외여행을 가는 것과 업무를 위해 해외로 출장을 가는 것은 아주 다르다고 생각합니다. 지인이나 애인을 만나기도 힘들고, 업무 시간도 많고 환경이 지내던 곳만큼 좋지 않으니 애로사항이 많다고 생각합니다. 하지만 그만큼 출장비를 받기 때문에 장점이라고 생각하는 사람도 있으니 이런 직무에 지원할 때는 출장에 대한 부분을 충분히 고민한 뒤 지원하는 게 좋습니다.

MEMO

12 취업 고민 해결소(FAQ)

💬 **Topic 1. 워라밸과 커리어 패스가 궁금해요!**

Q1 양산 관련 업무는 야근이 많을 것 같은데 실제로 그런가요? 반도체의 경우 공정기술은 교대근무를 하는데, 2차전지 산업에서 공정기술 직무를 포함해서 교대근무를 하는 직무가 있나요?

A 　생산, 양산 관련 직무를 준비하는 분들이 근무 조건이 어떻게 되는지 많이 궁금해 할 것 같은데, 한국에서 제가 알고 있는 팀 중에는 교대근무를 하는 팀이 없습니다(사무직 기준). 하지만 출장을 가는 경우에는 정해진 스케줄 안에 생산해야 하는 수량이 많기 때문에 그 수량을 채우기 위해 주/야간 교대근무를 하는 경우가 종종 있습니다. 한국에서도 양산 모델의 경우에는 야간에도 생산이 진행되는데, 그 시간에 사무직이 상주하지는 않고 너무 급한 이슈가 발생했을 때 전화로 대응하는 수준입니다.

　회사에서 Flex Time이라는 근무 시간 자율화를 장려하기 때문에 추가 근무한 만큼 쉴 수 있으니 '내가 너무 일만 하고 보상은 받지 못 하는 것 아닐까?'라는 걱정은 하지 않아도 될 것 같습니다.

Q2 직무 이동이나 이직은 원활한가요?

A 　배터리 업계 안에서의 이직은 원활하지 않습니다. 오히려 법적으로 문제가 될 정도입니다. 최근 SK와 LG 배터리 기업 사이의 인력 유출 문제로 인한 국제적 소송 사건이 있었습니다. 이로 인해 배터리 업계에서는 인력 유출, 회사 기술 유출에 아주 민감한 상태입니다. 따라서 LG-SK-삼성 사이 배터리 업계로의 이직은 힘든 상황입니다.

　하지만 직무 이동의 경우 좋은 제도가 많이 개설되어 있습니다. 3년 이상 같은 팀에서 근무한 임직원은 다른 팀에 공모할 기회가 주어집니다. 그러므로 지원하기 전에 나의 업무 특성과 관심 가는 직무를 살펴보는 것이 좋습니다. 그 외에도 팀장과의 면담을 통해 어떤 분야에 관심이 많고 역량을 키우고 싶은지 공유하여 나의 희망 사항을 어필할 기회도 있으니, 여러 분야에 관심을 가지다 보면 기회가 올 수 있습니다.

Q3 공정기술 직무는 공정마다 사내 팀이 구분되어 있나요? 아니면 업무별로 팀이 나누어져 있나요?

A   위 질문은 팀의 특성마다 다릅니다. 공정기술 내 여러 팀 중에 전체 공정을 담당하며 생산 배터리 모델을 담당하는 팀도 있고, 공정 하나하나를 담당하며 생산 설비를 담당하는 팀도 있고, 더 세부적으로 설비 안에서 레이저 용접과 같이 특정 기술을 담당하는 팀도 있습니다. 팀마다 특성이 다르기 때문에 지원할 때도 내가 관심 있는 분야에 따라서 다른 전략으로 나를 어필해야 합니다.

    전체 공정을 맡고 싶다면 배터리에 관한 지식을 통해서 전반적으로 셀 제작은 어떻게 이루어지는지를 본인의 어필 포인트와 함께 조합하여 말하면 됩니다. 또한 하나의 공정에서 특별한 기술에 관심이 있다면 그 분야에 대한 다른 기업의 기술과 관련 기술에 대한 논문 등을 찾아 본 스스로의 준비성과 전문 지식을 어필하면 됩니다.

Q4 LG에너지솔루션 홈페이지 내 공정기술 직무 설명에 '제조 지능화 관련 DX 활동'이 있던데, 공정기술 직무 내에 DX 관련 인력을 따로 두는 것인지 아니면 기존의 공정기술 직무와 DX를 함께 담당하는 것인지 알고 싶습니다.

A   제조 지능화 관련 DX 활동은 스마트팩토리를 구축하기 위해 회사에서 밀고 있는 프로젝트 중 하나입니다. 기존의 공정기술 직무와 DX를 함께 담당하지는 않고 따로 DX 관련 인력을 채용하고 있습니다.

    하지만 각 팀에서 필요한 DX를 배우고 좋은 시너지를 낼 수 있도록 관련 교육도 많이 개설 중이니, 스스로 역량을 키우고 싶다면 DX 관련 수업을 들어보는 것도 좋은 방법일 것 같습니다. DX 관련 수업은 기초 수업에서부터 심화, 전문가 수업까지 있습니다.

Q5 공정기술 직무의 역할에서 신공정 개발, 수율 최적화 등의 업무는 공정 Recipe 조절의 개념이라고 생각하면 되는지 궁금합니다.

A 수율 최적화와 신공정 개발 모두 새로운 공정기술이 도입되었거나 신규 조합의 재료가 사용되었을 때 해당하는 내용입니다. 공정적으로 이전과 다른 점이 생겼기 때문에 충족해야 하는 기준을 맞추기 위해 최적의 공정조건을 찾아야 합니다. 그러기 위해선 해당 소재의 특성과 공정설비의 특성을 정확하게 이해하여 DOE(실험설계)를 통해 최적의 조건을 찾을 수 있습니다.

Q6 극판이나 화성공정에서 대표적으로 발생하는 공정상의 문제와 이를 해결하는 과정이 궁금합니다.

A 실제로 현업에서 어떤 과정으로 문제를 발견하고 이를 해결하는지에 대한 궁금증이 있으셨군요. 하나의 대표적인 불량을 예로 들어서 문제 발견 방법과 해결 방법에 대해 설명하도록 하겠습니다.

배터리의 정상 작동을 위한 가장 중요한 요소 중 하나는 '전압'입니다. 하지만 배터리 안에서 불량이 발생하여 다른 정상 배터리보다 누설전류가 많다면 전압이 미세하게 낮아지는 저전압 현상이 발생합니다. 이는 많은 배터리의 전압을 동시 측정하고 해당 전지의 전압을 확인하며 비교/분석하여 발견합니다.

저전압은 보통 미세한 전극 가루나 금속과 같은 이물질이 모노셀 사이에 끼이면서 해당 이물질이 분리막을 뚫고 그 부위로 리튬 이온이 이동하게 되어 생기는 현상입니다. 이러한 이해를 바탕으로 배터리를 분해하여 어떤 위치에 이물질이 있는지 분석하고 물질은 어떤 것인지 성분 분석으로 찾아내는 등 다양한 방법을 통해 해당 이물질의 원인을 찾아 봅니다. 해당 이물질의 위치와 성분을 알게 되었을 때 역추적 방법을 통해 어떤 공정, 어떤 설비에서 해당 문제가 발생할 수 있었는지를 찾게 되며, 저전압 문제가 발생하지 않도록 조처합니다.

이렇게 하나의 문제에 대해 다뤄보았지만 완성된 정상 배터리를 얻기 위해서는 수많은 검사와 확인 절차를 거쳐야 합니다. 따라서 그 과정에서 다양한 문제가 발생할 수 있겠죠.

Q7 공정기술 직무 엔지니어가 전고체 전지의 양산 실현을 위해 갖추어야 할 능력 또는 필요한 경험이나 준비과정에 어떤 것이 있을까요?

A 전고체 전지는 아직 양산까지 개발 과정이 많이 남아 있는 분야입니다. 세계 최고 기업들도 가장 빠르면 2027년 양산을 바라보고 있을 정도로 아직은 연구가 많이 필요한 분야가 아닐까 생각합니다.

따라서 이러한 분야는 대학교 연구실과 비슷합니다. 다양한 연구 논문과 자료를 습득하여 효율적으로 정리할 수 있어야 하죠. 이를 바탕으로 회사의 기술력과 자본을 활용하여 제작에 들어가는 과정을 거칩니다.

다양한 논문을 다뤄본 경험이 있거나 특히 배터리 분야에서 연구실 활동을 해 본 경험이 있으면 큰 도움이 될 것입니다. 다양한 정보를 분석하고 가공할 수 있는 능력을 어필하는 방향으로 자기소개서와 면접을 준비하는 것을 추천합니다.

Q8 공정기술 직무 지원 시 셀, 모듈, 팩 등의 공정에 대한 지식이 어느 정도 있어야 하는지 궁금합니다.

A 셀, 모듈, 팩은 결과적으로 모두 이어져 있기 때문에 서로 영향을 주는 분야입니다. 모듈 분야로 지원을 했다면 그 기초가 되는 셀에 대한 이해가 필요하고, 셀 분야로 지원을 했다면 모듈을 조립하기 위해 셀의 어떤 부분이 요구되고, 충족해야 하는지에 대한 상호 이해가 필요합니다.

하지만 내가 셀 분야로 지원했다면 셀 이해를 위한 시간을 더 많이 할애해야 합니다. 먼저 ESS, 소형전지, 모듈 등 자신의 지원 분야에 대해 이해한 후에 추가적인 이해와 지식을 얻는 수준으로 접근하는 것이 효율적인 접근 방법이라고 생각합니다.

Q9 생산/공정기술 혹은 품질 직무로 지원하고자 하는데, 직무마다 차이점이 있을까요?

A 　생산, 공정, 품질 직무 중의 선택은 지원자 입장에서 항상 고민될 것이라고 생각합니다. 이를 해결하기 위해서는 먼저 각 직무의 특성을 이해할 필요가 있습니다.

　모든 팀이 그렇지는 않지만 대부분의 공정기술 직무 종사자는 업무 특성상 앞으로 몇 년 뒤에 생산 예정인 신규 모델의 신규 공정이나 기술을 접하는 경우가 많습니다. 그러므로 다양한 기술을 동시다발적으로 이해하고 습득하는 자세와 배우려는 학습 능력이 중요합니다. 아직 검증된 기술이 아니기 때문에 제 판단 기준과 논리를 통해 분석하고 결론을 도출하는 결단력 또한 아주 중요한 직무 역량 중 하나입니다.

　이와 다르게 생산 직무는 이미 기술적으로 어느 정도 검증을 마친 모델에 대한 원활한 양산을 진행하는 팀입니다. 기존에 사용하는 생산 설비에 대한 깊은 이해와 동시에 담당 공정에 대한 이해를 바탕으로 양산 중에 문제가 생겼을 경우 이를 해결할 수 있는 능력이 있어야 합니다. 또한 생산하는 제품이 바로 매출과 직결되는 직무이기 때문에 스케줄 준수 및 현황 관리가 중요한 직무입니다.

　품질 직무는 생산, 공정기술 직무와 함께 협업하며 품질적으로 문제가 없는 제품을 만드는 것을 목적으로 합니다. 또한 검증 조건 및 과정 등 양품 판별을 위한 작업이 중요한 직무입니다. 그러므로 협업능력과 꼼꼼한 성격이 요구됩니다.

　위에 설명한 각 직무의 특성과 본인의 장단점 및 경험을 토대로 나는 어떤 직무에 지원하는 것이 좋을지 고민해 보길 바랍니다.

취업 준비 전, 나의 수준에 맞는 준비방법이 궁금하다면?

지금 무료로 진단받고 내게 맞는 준비방법을 확인하세요!

취업 준비 전, 나의 수준에 맞는 준비방법은 무엇일까요?

무료 레벨 테스트

지금 바로 무료로 실력 진단하고 **당신에게 딱 맞는 취업 준비 방법** 확인해보세요!

실제 6개년 기출 문제 기반! 산업별 무료 레벨 테스트

반도체 ▶	디스플레이 ▶	제약 · 바이오 ▶	2차 전지 ▶

반도체/디스플레이/제약바이오/2차전지까지

6개년 기출 문제 기반으로 출제된 산업별 레벨 테스트부터

삼성그룹 대표 인적성 시험인 GSAT 레벨 테스트까지

무료로 진단받고 여러분에게 딱 맞는 준비방법을 확인하세요!

지금 무료 레벨 테스트를 통해
맞춤 준비전략을 알아보세요!

PART 03
현직자 인터뷰

Chapter

01

PE(평가 및 분석)

저자 소개

취업플래너

화학공학과 학사 졸업

前 디스플레이 기술팀
現 S사 PE 그룹

💬 Topic 1. 자기소개

Q1 간단하게 자기소개 부탁드릴게요!

A 안녕하세요. 현재 원통형 배터리 개발부서에 PE(Product Engineer) 업무를 담당하고 있는 3년차 엔지니어입니다. PE 업무에 대해 생소할 텐데 간단히 설명하자면, 조립 완료된 배터리의 Formation 공정과 성능 및 안전성 평가를 담당하는 부서입니다.

Q2 다양한 이공계 산업 중 현재 재직 중이신 산업에 관심을 가지신 이유가 있으실까요?

A 테슬라의 전기차 양산 성공 이후 자연스럽게 2차전지 산업에도 관심을 가지게 되었습니다. 전기차 시장은 현재도 매년 20% 이상 성장하고 있고, 시장 점유율이 높아질수록 2차전지의 수요는 기하급수적으로 늘어날 것이라고 판단하였습니다.
또한 테슬라 및 많은 내연기관 업체들이 전지산업에 투자를 하는 것을 보고 미래 성장성도 확인할 수 있었습니다.

Q3 현재 재직 중이신 산업에서 많은 직무 중 해당 직무를 선택하신 이유는 무엇인가요?

A EV 시장에서 배터리는 여러 가지 중요한 부분이 있지만 저는 크게 2가지가 가장 중요하다고 생각합니다. 가격(성능 대비), 안전성 이렇게 두 가지가 배터리 산업의 Key 포인트라고 생각했습니다.

저는 고객에게 우리 배터리의 성능 및 안전성을 보장하는 업무를 담당하고 싶다고 생각했고 현재 업무에 지원하게 되었습니다.

Q4 취업 준비를 하셨을 때 회사를 고르는 기준이나 현재 재직 중이신 회사에 지원하게 된 계기가 있으실까요?

A 제가 취업 준비를 할 시절 저는 회사의 가치관과 저의 가치관의 일치 여부를 가장 중요하게 생각하였습니다. 많은 회사들의 기업 인재상과 핵심 가치가 있는데 비슷한 것 같지만 비교해 보면 회사별로 차이가 있습니다. 취업 준비 당시 저는 당사의 변화선도와 인재 제일의 핵심 가치가 가장 마음에 들었고 실제로 현업에서 일하고 있는 분들에게 질문을 했을 때도 실력을 인정받는 해당 기업의 문화에 매료되어 해당 회사를 위주로 준비하였습니다.

Q5 재직 중이신 부서 내에서 직무가 다양하게 나누어져 있는데 현재 재직 중이신 직무에 대해 좀 더 자세하게 설명 부탁드리겠습니다!

A 배터리 개발팀에서는 크게 설계부서, 극판, 권취/조립, 화성/평가 이렇게 구분됩니다. 그 중에서 저는 화성/평가 업무를 담당하고 있으며 신규 개발되는 배터리의 Formation 공정 최적화 및 불량 분석 업무를 진행하고 있고 이후 고객/내부 신뢰성 평가, 안전성 평가 Qual 평가 등 다양한 평가를 진행하고 있습니다. 해당 그룹 내에서는 과제 위주로 업무가 진행되며 개발 단계에서 양산 단계에 넘기기 까지 셀의 평가 업무를 담당한다고 보면 됩니다.

> Quality 평가의 개념으로 양산으로 넘기기전 셀 성능에 대한 최종 평가라고 보시면 됩니다.

초기 개발 단계에서는 평가 항목에 대한 고객 대응도 담당하고 있고, 양산으로 넘어가기 전에는 해당 개발품에 대한 평가 전체에 대한 자표준을 작성하여 양산 공정에 인수하고 있습니다. 쉽게 말해 해당 과제의 모든 평가에 대해 알고 있는 부서라고 생각하면 이해가 쉬울 것 같습니다.

> 작업표준서를 현업에서 자표준이라고 사용하고 있습니다.

이전에는 단순 평가 설비 사용 및 결과 데이터 정리가 위주였다면, 최근에는 EV 고객들의 많은 요구 사항과 긴 보증기간을 대변할 수 있는 예측 시뮬레이션 및 가속 평가법 고도화에 대해서 많은 연구 및 투자를 진행하고 있습니다.

> 기존 배터리 고객(Power Tool, 핸드폰)보다 보증 기간이 더 긴 EV시장에서는 장기간 검증 데이터를 요구합니다. 하지만 그러면 개발 기간이 길어지기 때문에 그걸 대체하기 위한 가속 평가 및 시뮬레이션 개발에 힘쓰고 있습니다.

Q6 취업을 준비할 때 가장 먼저 접하게 되는 공식 정보는 채용공고입니다. 그런데 정작 채용공고가 간단하게 나와 있어서 궁금하거나 이해가 되지 않는 내용이 생기는 경우가 많은데, 현직자 입장에서 직접 같이 보면서 설명해주실 수 있으실까요?

A

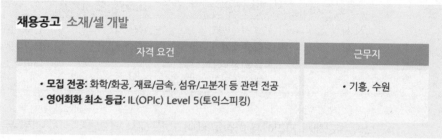

채용공고 소재/셀 개발

자격 요건	근무지
• **모집 전공**: 화학/화공, 재료/금속, 섬유/고분자 등 관련 전공 • **영어회화 최소 등급**: IL(OPIc) Level 5(토익스피킹)	• 기흥, 수원

[그림 1–1] 소재/셀 개발 채용공고 (출처: 삼성SDI)

소재/셀 개발 직무를 지원하면 됩니다. 합격 후 세부 직무가 정해지며 세부 직무를 타깃으로 취업을 준비한다면 많은 도움이 될 수 있습니다. 그렇기 때문에 모집 전공도 다양하고 근무지역도 다양하다고 보면 될 것 같습니다.

현재 저의 업무는 보통 개발 셀의 성능 및 안전성 평가를 진행하고, 평가 데이터에 대한 해석 및 예측 시뮬레이션 업무도 같이 진행한다고 생각하면 됩니다. 개발 단계에 따른 Validation을 진행하며 가끔 데이터 해석을 위해 통계적인 기법도 많이 사용하고 있습니다.

현직자들을 보았을 때, 채용공고에 기재된 전공이 대부분입니다. 기본적으로 전기화학적 지식이 필수이기 때문에, 전기화학이나 화학에 대한 지식이 없으면 처음 업무 적응에 어려움이 있습니다.

채용공고를 보면 근무 지역이 기흥, 수원, 천안, 울산, 청주, 구미 총 6개 지역이 있는데 각각 아래와 같다고 보시면 됩니다.

- 전자재료: 수원(연구소), 구미·청주(생산라인)
- 배터리: 수원(연구소), 기흥(개발)
- 천안(개발, 양산), 울산(양산)

Q7 회사에서 주로 하루를 어떻게 보내시나요?

A

출근 직전 (08:30~09:00)	오전 업무 (09:00~11:30)	점심 (11:30~13:00)	오후 업무 (13:00~17:30)
• 아침 식사 • 메일 읽기	• 셀 성능 평가 • 일정 챙기기 • 셀 화성 공정 • 데이터 정리	• 점심식사 • 동료와 티타임	• 업무 관련 회의 • 불량 분석 및 평가 데이터 관련 토론

보통 출근해서 자리에서 아침을 테이크아웃해서 먹으면서 회사 관련 뉴스 및 전날 온 메일을 읽습니다. 이후 각자 편한 시간에 메인 업무를 시작하고 그날 챙겨야 할 평가 내용을 리스트업하며 기존 평가되는 셀들은 특이점 없는지 자리에서 프로그램을 통해 확인합니다. 새롭게 진행해야 할 평가가 있다면, 평가법을 확인하여 맞는 평가법을 적용하여 진행합니다. 개발품 화성 공정이 진행됨에 따라 특이 불량은 없는지, 불량률은 어느 정도인지 모니터링도 같이 진행합니다. 이후 점심식사 후 보통은 동료와 커피 한 잔의 여유를 가집니다.

오후에는 협업 부서와 회의를 주로 하지만, 내부 현안에 대한 토론이 이어지거나 불량 및 공정 데이터 분석업무를 주로 하면 하루 일과는 끝이 납니다.

A   신입 사원의 업무는 배움이 가장 중요합니다. 흔히 현업에서는 4년차까지 배운 지식을 토대로 평생 회사 생활한다는 말을 종종 하곤 합니다. 돌아보면 제가 얻은 지식은 초반 3~4년에 다 얻은 것 같습니다. 그 이후에는 지식에 경험이라는 살이 붙어서 퍼포먼스를 낼 뿐입니다.

이후 대리 직급은 없고 책임으로 진급하면 한 과제의 서브리더격의 업무를 합니다. 과제 전체의 진행 사항을 챙기고, 고객과 우리 셀 성능에 대해 논의하며 새로운 평가법 제시 등 대외적인 업무를 많이 한다고 보면 됩니다.

책임급이 회사에서 능력을 인정받으면 주재원 및 석/박사를 갈 수 있는 기회를 제공받기도 합니다. 이후의 나의 회사 커리어는 해당 직급에서 정해진다고 보면 됩니다.

이후 수석 진급 후, 보직장을 맡거나 과제 전체를 총괄하는 리더의 역할을 담당합니다. 리더는 실질적인 현업보다는 대외부서 보고 및 다양한 경험을 통한 문제의 활로를 열어주는 역할을 주로 합니다.

Q9 해당 직무를 수행하기 위해 필요한 인성 역량은 무엇이라고 생각하시나요?

A 저는 꼼꼼함이라고 생각합니다. 셀 개발 특히 EV 셀 개발은 단기간에 이루어지지 않고 긴 기간 동안 꾸준한 Follow Up이 필요합니다. 초반에 달리는 토끼보다는 꾸준하게 완주하는 거북이가 더 좋다고 생각합니다. 실제로 한 과제를 시작하면 완료될 때까지 길게는 1~2년까지도 진행되는 경우도 보았습니다. 10차, 20차 런 결과를 꾸준히 꼼꼼하게 챙기고 비교해 봄으로써 과제가 잘 양산되도록 하는 게 연구개발 엔지니어의 큰 역량이라고 생각합니다.

그 외에는 커뮤니케이션 능력도 중요합니다. 흔히 연구소-개발-양산의 단계로 이루어지는데 중간에 있는 개발 부서에서는 연구소의 도움도 양산부서의 도움도 필요합니다. 개발에서 모든 걸 알 수 없고 진행할 수 없기 때문에 주변 부서의 도움이 정말 중요합니다. 2~3달이 걸릴 문제를 주변 부서의 도움으로 한 달 만에 해결하는 경우도 정말 많습니다. 그만큼 커뮤니케이션 능력도 중요합니다.

Q10 해당 직무를 수행하기 위해 필요한 전공 역량은 무엇이라고 생각하시나요?

A 기본적으로 전기화학에 대한 기초 지식이 필요합니다. 2차전지의 작동 원리 및 충/방전 프로파일을 해석하는 방법 등 기본적인 지식은 필수라고 생각합니다. 거기에 열역학 유체역학 등 발열에 대한 해석 기초를 알고 있어도 도움이 많이 됩니다. EV 시장에서는 결국엔 안전성이 우선이며 그럼 Thermal Runway(열폭주)에 대한 해석도 할 줄 알아야 합니다.

거기에 평가 데이터에 대한 신뢰도를 향상시키기 위해서는 통계학을 기초로 데이터 해석 및 분석이 이루어져야만 진정한 엔지니어로 인정받을 수 있습니다.

전기화학, 전자, 통계 및 분석기법에 관련된 전공과 과목 위주로 수업을 듣고 준비한다면 2차전지 회사에서 원하는 인재의 능력을 다 갖출 수 있을 것입니다.

Q11 위에서 말씀해주신 인성/전공 역량 외에, 해당 직무 취업을 준비할 때 남들과는 다르게 준비하셨던 특별한 역량이 있으실까요?

A 제가 준비했던 특별한 역량은 나를 객관화하는 것입니다. 많은 취준생들이 스펙에 집중할 때 저는 저의 장점/단점 분석, 나의 경험을 토대로 나의 가치관 정립, 내가 왜 이런 생각을 가지고 살게 되었는지에 대한 리뷰가 남들과는 다르게 저만의 강점으로 가지게 되었던 것 같습니다. 결국 취업이란 문턱은 나를 어필하고 소개하는 자리입니다. 내가 나를 모르면 나라는 인재를 소개할 수 없었을 것입니다. 본인의 단점을 정확히 파악하고, 솔직하게 이야기 할 수 있어야합니다. 제가 실제로 면접 당시 산업 지식에 대한 부족함을 지적 받았지만, 저는 솔직히 전공과목이 없었고, 인터넷을 통해 공부하다보니 조금 부족한 부분이 있다고 이야기하였고, 면접관님들은 좋게 봐주셨습니다.

Q12 해당 직무에 지원할 때 자소서 작성 팁이 있을까요?

A 해당 직무를 떠나서 많은 후배들의 자기소개서를 보면 안타까운 부분이 많습니다. 가장 심한 부분은 질문에 대한 답이 없습니다. 질문에서는 지원 동기를 물어보고 있는데 본인의 전공 경험을 이야기한다거나, 본인의 생각을 물어보는데 인터넷에서 보고 들은 정보만 서술하는 방식의 자기소개서가 대부분이었습니다. 자기소개서 작성 전에 질문에 대한 답을 간략하게 한 문장으로 작성해 보고 거기에 맞는 경험을 붙이는 식으로 작성하면 더 좋은 결과를 얻을 수 있을 것입니다.

두 번째는 지식 자랑의 향연이라는 점입니다. 회사에서는 지원자의 지식이 궁금한 게 아닙니다. 대부분의 자기소개서를 보면 눈문과 같습니다. 현직자인 제가 봐도 어려운 용어와 어려운 내용이 대부분입니다. 하지만 정작 본인의 이야기는 없는 게 대부분입니다. 초등학생도 읽기 쉽고 나를 어필하는 자기소개서가 100점짜리라고 생각합니다.

면접 역시 자기소개서와 같은 맥락으로 나 자신을 어필하는 게 중요합니다. 나를 회사에 맞춰서 소개하는 것이 아닌 나는 이런 사람인데 나는 이런 회사를 찾고 있다. 그런데 마침 여기가 이런 회사다 이런 느낌입니다.

저의 취업 준비를 도와주신 분은 면접에서 떨어진 저에게 이런 이야기를 해주셨습니다. "해당 회사에 억지로 맞춰서 합격해 봐야 본인만 힘들다 너무 낙담하지 말고 다음을 준비하자."

당시에는 이해하지 못했지만 막상 합격하고 회사생활을 하니 정말 공감되는 말이었고 조언이었습니다. 각 회사마다 원하는 인재상과 문화가 있습니다. 맞지 않는 옷을 입으면 불편하듯이, 나랑 맞는 회사를 찾아서 들어가는 게 정말 중요합니다. 꼭 명심하길 바랍니다.

A

1. 인성면접

면접의 가장 중요한 점은 본인을 파악하는 것입니다. 저는 암기에 약했습니다. 하지만 임기응변에는 강한 편이었습니다. 저는 1분 자기소개서 외에는 그 어떤 질문에 대한 답도 외워가지 않았습니다. 하지만 모의 면접을 통해서 다양한 질문에 답변할 수 있도록 나의 경험 정리와 가치관 정리가 명확하게 되어있었습니다. 면접 당시에는 어떤 질문이 나와도 자신 있을 정도였습니다. 다양한 질문은 받았지만 기억에 남는 질문 두 가지 정도 소개하고 싶습니다.

첫 번째는 "살면서 한 가장 큰 거짓말은 무엇입니까?"라는 질문입니다. 생각지도 못한 질문에 당황하였고 대체 어느 정도의 거짓말을 이야기하는 건지 그리고 내가 언제 거짓말을 했는지도 기억이 나지 않았지만, 나름 재치있게 고등학교 시절 부모님과의 갈등에서 있었던 거짓말을 이야기하게 되었습니다.

두 번째는 살면서 정직해서 손해 본 경험에 대한 질문이었습니다.

이렇듯 인성 면접에서는 정말 다양한 질문이 나올 수 있습니다. 모든 질문에 대비한다는 것은 불가능합니다. 하지만 나의 이야기 보따리를 확실하게 준비해가면 질문에 맞는 대답을 그때그때 꺼낼 수 있습니다.

2. 전공면접

전공면접은 솔직히 팁이 없습니다. 단기간에 준비한다고 준비할 수 있는 부분도 아니라고 생각합니다. 하지만 한 가지 팁이 있다면 어설프게 아는 지식이 아닌 온전히 나의 지식으로만 설명하자입니다. 모르는 부분은 솔직하게 인정하고 내가 확실하게 아는 부분만 설명하는 것입니다. 아는 척하다가 걸리는 것만큼 면접에서 마이너스 요소는 없습니다.

Product Engineer 직무의 중요 역량은 정확한 제품의 문제점 파악 및 Feedback을 통한 개선 활동입니다. 배터리 업계는 설계-극판-조립-화성/평가 크게 4가지로 구분됩니다. 그중에서도 화성/평가 업무는 우리가 설계한 셀이 잘 만들어졌는지, 성능은 어떤지 냉정하게 판단하고 다른 부서에 피드백을 주어야 하는 업무를 하고 있습니다. 그렇다 보니 다른 부서의 입김에 흔들리지 않고 오로지 데이터로 승부하는 엔지니어적 역량이 필요합니다. 실제 배터리에 관련된 내용이 아니더라도, 대학교에서 팀 과제나 학회에서 다른 사람들이 원하는 결과가 아니더라도 내가 데이터를 통해서 사실을 알려줬고 그 내용을 토대로 수정을 해서 이뤄낸 경험이 있다면, PE 직무와 연계하여 어필할 수 있다고 생각합니다.

앞에서 직무에 대한 많은 이야기를 해주셨는데, 머지않아 실제 업무를 수행하게 될 취업 준비생들이 적어도 이 정도는 꼭 미리 알고 왔으면 좋겠다! 하는 용어나 지식을 몇 가지 소개해주시겠어요?

A

1. 수율 & 유출불량률

수율은 높게 유출불량률은 낮게 하는 것이 모든 회사의 목표입니다. 실제 회사 목표에도 수율 OO%달성, 유출불량률 OO% 목표와 같이 사용됩니다.

2. DOE(Design Of Experiments)

우리나라말로 실험 계획법이라고 표현하며 실제 현업에서 정말 많이 쓰는 이야기입니다. 현업에서는 "이런 Run에는 어떤 DOE가 들어갔다", "해당 DOE는 효과가 있다/없다"와 같이 사용합니다.

예 이번 Run DOE는 총 5가지이며, XXX 모델에 전해액 변화에 따른 수명 변화를 보는 게 주목적입니다.

3. Ref(Reference)

참조라는 뜻으로 DOE와 비교되는 비교군, 표본이라는 뜻으로 많이 쓰입니다. 현업에서는 "Ref 대비 충전 특성이 좋다"와 같이 사용합니다.

예 이번 Run 결과 Ref 대비 수명 유지율 특성이 5% 정도 좋아진 것으로 확인됩니다.

4.EOL(End Of Life)

제품의 수명이 종료되는 시점을 이야기하며, 배터리로 치면 배터리의 성능이 끝나는 시점을 이야기합니다. 배터리 수명이 언제까지 유지되는지 표현할 때 많이 사용합니다.

예 이번 EOL 셀 해체 분석 시 Li 석출에 의한 열화가 확인되었습니다.

5. Propagation

번식이라는 뜻으로, 기존 폼팩터에서 파생 모델을 평가하는 것을 Propagation 평가라고 사용합니다.

예 김유인프로 XXX 모델의 파생 모델인 XXX-2이 특이점이 없는지 Propagation 평가를 진행해 보자.

💬 Topic 4. 현업 미리보기

Q15 회사 분위기는 어떤가요? 다니고 계신 회사를 자랑해주세요!

A   회사 분위기는 정말 자유롭습니다. 확실히 요즘 젊은 세대의 사람들이 많아지면서 더 자유로워진 것 같습니다. 출퇴근 역시 자유로운 편이고 업무 시간에 집중하여 본인의 일을 마무리하는 분위기입니다. 다만 코로나로 팀원 간의 소통이 너무 없어진 것이 아쉽지만 다들 현재 문화에 만족하고 적응하면서 지내고 있습니다.

Q16 해당 직무를 수행하면서 생각했던 것과 달랐던 점이나 힘들었던 일이 있으신가요?

A   모든 신입 사원이 겪는 경험이지만 처음에는 내가 할 수 있는 일이 너무 하찮은 일이어서 현타가 많이 왔던 것 같습니다. 드라마에서 보던 신입 사원의 멋진 모습이 아닌, 단순 업무 & 몸으로 하는 일만이 내가 할 수 있는 일이고 열정만 넘쳐서 사고만 치는 내가 너무 한심하다고 느낀 적도 많았습니다.

학교에서 배운 지식과 현업에서 사용하는 지식은 차이가 정말 심했고 용어마저 달랐습니다. 첫 회의에 들어갔을 때는 무슨 말인지 하나도 알아듣지 못했습니다. 영어, 약어가 너무 많아서 어려웠습니다.

하지만 조급해하지 말고 천천히 배우다 보면 어느새 옆 선배처럼 멋진 현직자가 될 수 있을 것입니다.

Q17 이제 막 취업한 신입사원들이나 취업을 준비하고 있는 학생들이 오해하고 있는, 해당 직무의 숨겨진 이야기가 있을까요?

A   배터리 개발 및 평가 업무라고 하면 원가를 예측하는 멋진 일이라고 생각하지만 생각보다 단순 반복의 업무도 많고 지루하게 느낄 수 있습니다. 긴 시간 동안 데이터를 비교하고 분석하면서 개발하는 셀이 양산에 문제 없이 넘어가게 하기 위해서는 참을성이 정말 많이 필요합니다. 엄청난 일을 하는 곳이라기보다는 꾸준한 일을 하는 곳이 배터리 개발 업무입니다.

Q18 해당 직무에 지원하게 된다면 미리 알아두면 좋은 정보가 있을까요?

A 첫번째로 2차전지 분야에 지원한다면 유튜브 채널 하나는 꼭 추천하고 싶습니다. 엔지니어 TV라는 채널인데, 전공자가 아니더라도 충분히 이해할 수 있게 각 공정에 대해 설명하고 있고 실제 현업에서 사용되는 용어와 내용이 많은 것 같습니다. 저도 처음에 해당 유튜브로 많이 공부하였습니다.

두 번째는 EV 시장의 선두 업체인 테슬라의 이슈 F/U입니다. 2차전지 회사에 사람들이 관심을 가지기 시작한 것은 테슬라라는 회사의 성공에서 시작되었습니다. 배터리 데이 이후 46 사이즈라는 새로운 폼펙터를 제시하였고, 표준을 만들어 갔습니다. 현업에서도 테슬라의 동향분석을 진행할 정도로 중요한 정보가 많다고 생각합니다. 실제로 테슬라 배터리 공장 영상이 나오면 각자 보고 새로운 정보가 있으면 공유하곤 합니다(공식 유튜브를 통해 공개된 정보). 저 역시도 항상 테슬라 정보를 F/U 하면서 트렌드에 뒤처지지 않도록 노력하고 있습니다.

Q19 해당 직무의 매력 Point 3가지는?

A 1. 다양한 부서와의 협업

고객에게 나가는 데이터, 셀의 불량 분석, 다양한 DOE에 대한 성능 평가를 진행하다 보면 정말 많은 부서와 연락하고 협업하게 됩니다. 가끔 어려움도 있지만, 다양한 부서의 의견을 듣고 소통하다 보면 정말 즐겁습니다.

2. 나의 데이터로 고객의 수주를 따낸다는 뿌듯함

3. 다양한 지식을 접할 기회가 많음

극판, 조립, 화성, 평가 이렇게 4단계로 이루어진다고 했을 때 평가 업무를 진행하다 보면 극판의 내용도, 조립, 화성의 내용도 모두 숙지하고 있어야 합니다. 깊게는 아니지만 정말 지식이 방대해지고 있음을 느낄 수 있고 멀티플레이어가 될 수 있습니다.

💬 Topic 5. 마무리

Q20 마지막으로 해당 직무를 준비하는 취업 준비생에게 하고 싶은 말씀 있으실까요?

A 어려운 시기에 열심히 도전하고 있는 것만으로 여러분들은 멋진 인생을 살고 있는 것입니다. 취업은 새로운 시작이지 종착점이 아닙니다. 내가 이 회사를 가고 싶은 이유를 다시 생각해 보고, 나를 다시 돌아보며 자신에게 맞는 회사에 가서 행복한 인생을 살았으면 좋겠습니다.

다들 좋은 결과 있기를 기원하겠습니다.

MEMO

Chapter

02

품질

저자 소개

튜브

산업공학과 학사 졸업

現 2차전지 대기업 품질 직무

💬 Topic 1. 자기소개

Q1 간단하게 자기소개 부탁드릴게요!

A 안녕하세요. 저는 2차전지를 생산하는 대기업에서 품질 직무로 근무하고 있는 튜 브입니다. 대학에서 산업공학을 전공한 후, 이 회사에 입사하게 되었습니다. 품질 직 무 중 제가 맡은 업무는 양산 제품 중 불량이 이후 공정 및 고객사에 유출되지 않도 록 하는 것입니다. 만약 고객사의 생산 공정이나 고객이 사용하던 중 불량이 발생한 다면 원인을 찾아보고 테스트를 하면서 재발하지 않도록 조치를 취합니다. 생산팀, 영업팀, CS팀 등 양산 공정 및 고객사를 관리하는 다양한 부서와 협업을 하고 있습 니다.

Q2 다양한 이공계 산업 중 현재 재직 중이신 산업에 관심을 가지신 이유가 있으실까요?

A 2차전지는 전기차, 스마트 모빌리티, 핸드폰 등에 사용됩니다. 다양한 분야에서 사 용되는 모습을 보며 2차전지는 사회에 꼭 필요한 기술이라고 생각하게 되었습니다. 또 개인적으로 저는 대학 생활 중 전기자동차, 스마트모빌리티, 통신 등 2차전지 업 체의 사업 영역과 관련된 전공 프로젝트를 많이 했고 신산업에 관심이 많았습니다. 프로젝트를 통해 자연스럽게 관련 정보를 접하면서 2차전지 회사의 성장성이 높을 것 같다는 생각을 했습니다. 이에 2차전지 산업에 지원하게 되었습니다.

Q3 현재 재직 중이신 산업에서 많은 직무 중 해당 직무를 선택하신 이유는 무엇인가요?

A 품질 직무를 선택한 가장 큰 이유는 전공인 산업공학과 관련성이 높기 때문입니다. 전공과 관련된 직무 일을 해야 전문성이 높아질 수 있을 것 같다는 생각이 들어서 전공 관련 직무를 알아봤습니다. 그래서 학부 재학 중 배운 것을 떠올려 보았는데, 전공 수업으로 제조업의 품질 관리 방식을 배운 적이 있습니다. 흥미롭게 들었던 수업이라서 품질 직무에 관심을 가졌습니다. 또 R&D, 개발 등 다른 직무에 비해 진입 장벽이 낮을 것 같고 채용 인원이 많은 편일 것 같아 선택하기도 했습니다. 그러나 입사하고 알아보니 이공계열 직무 중에서 많이 채용하는 편은 아니었습니다.

Q4 취업 준비를 하셨을 때 회사를 고르는 기준이나 현재 재직 중이신 회사에 지원하게 된 계기가 있으실까요?

A 취업 준비를 할 때 회사를 고르는 기준은 산업에 대한 관심도, 근무 지역, 내가 지원할 수 있는 직무가 해당 회사에서 얼마나 중요한 역할을 하고 있는지였습니다. 먼저 현재 재직 중인 회사는 제가 관심 있었던 전기차와 관련이 있었습니다. 또 2차 전지는 사람이 탑승하는 전기차에 들어가기 때문에 안전성이 중요하고 이에 품질 직무가 핵심적인 역할을 할 것이라고 생각했습니다. 그리고 제 고향에서 근무 지역까지 통근하는 거리도 적당했습니다.

Q5 재직 중이신 부서 내에서 직무가 다양하게 나누어져 있는데 현재 재직 중이신 직무에 대해 좀 더 자세하게 설명 부탁드리겠습니다!

A 2차전지 기업의 품질 부서는 개발품질, 양산품질, 고객품질 등으로 나눠져 있습니다. 먼저 개발품질 부서는 제품이 개발되는 과정에서 품질적인 문제가 없는지 검토

> 입사 후 별도의 부서 선택 과정 없이 팀에 배치됩니다. 다만 저는 면접 때 품질 직무 중 어떤 일을 하고 싶을지 질문을 받았는데, 그대로 반영되었습니다.

합니다. 양산품질 부서는 자사에서 양산되는 제품 중 불량이 고객사에 유출되지 않도록 합니다. 고객품질 부서는 고객사 및 고객에게 전달된 제품에 문제가 있을 경우 이에 대응하고 분석합니다. 고객사 생산공정 및 최종고객(2차전지 회사의 경우 핸드폰 사용자 등)에게 전달되었을 때 불량이 발생하는 것도 고객품질 부서에서 대응합니다. 그리고 협력사 품질 관리를 하는 부서도 있고 생산공정에 입고되는 각종 재료들의 품질 관리를 하는 부서도 있습니다. 물론 회사마다 부서 구분이 다릅니다. 회사의 규모에 따라 품질 부서가 한 팀만 존재하기도 합니다.

현재 재직 중인 양산품질 부서에 대해 좀 더 자세히 설명하겠습니다. 양산품질 부서는 불량 유출 방지를 목적으로 합니다. 이를 위해서는 불량 제품이 다음 공정 및 고객에게 넘어가는 것을 막아야 하고 만약 이미 넘어갔다면 이를 어떻게 예방할 수 있을지 대책을 세워야 합니다. 먼저 불량 제품이 다음 공정 및 고객에게 넘어가는 것을 막기 위해 검사 및 생산 데이터를 검토합니다. 물론 사람이 모든 데이터를 확인하면서 불량 여부를 판단하는 것은 아닙니다. 하지만 검사 장비가 품질적 문제가 있는 제품을 100% 걸러낸다고 확신할 수도 없습니다. 왜냐하면 검사 장비에 갑자기 오류가 생겼을 수도 있고 각종 공정 및 원재료가 변경되면서 불량 여부를 제대로 검사하지 못할 수도 있기 때문입니다. 그리고 품질적인 문제를 그동안 인지하지 못하여 검사하지 않는 경우도 있을 것입니다.

예를 들어 치킨을 튀길 때 맛(품질)에 영향을 미치는 요소가 기름 온도와 실내 온도인데, 실내 온도가 맛에 영향을 미치는지 인지하지 못하고 기름 온도만 검사하고 있을 수 있습니다. 이를 해결하려면 기름, 실내 온도 등 다양한 데이터를 확인하면서 실내 온도가 높아질 때 기름 온도에는 어떤 영향이 있는지, 그동안 불량(맛이 없는 치킨)이 있을 때 실내 온도는 어땠는지 확인을 해야 할 것입니다. 데이터를 검토하는 과정도 이와 비슷합니다. 과거 불량이 발생했을 때의 데이터를 확인하기도 하고 그래프를 그렸을 때 아웃라이어가 있다면 이를 확인하기도 합니다. 데이터 검토 후 새로운 공정을 추가해야 하거나 스펙을 바꿔야 한다고 판단된다면 유관 부서와 이를 논의합니다.

또한 다음 공정 및 고객에게 이미 넘어간 불량이 있다면, 왜 해당 불량이 유출된 것일지 파악해야 합니다. 유출 원인을 찾은 후, 원인을 제거하기 위한 방안을 세웁니다. 그리고 이 방안이 잘 지켜지고 있는지 모니터링합니다. 앞서 말했듯이 고객사에게 전달되었을 때 불량이 발생하는 경우에 대해서는 고객품질 부서가 관리하고 있기 때문에 고객품질 부서와의 협업이 필요합니다.

Q6 취업을 준비할 때 가장 먼저 접하게 되는 공식 정보는 채용공고입니다. 그런데 정작 채용공고가 간단하게 나와 있어서 궁금하거나 이해가 되지 않는 내용이 생기는 경우가 많은데, 현직자 입장에서 직접 같이 보면서 설명해 주실 수 있으실까요?

A

채용공고 품질

주요 업무	우대 사항
• 원재료 및 제품 검사에 대한 합격 여부 판단 • COA 및 SPC data를 이용한 제품에 대한 품질 관리 • 국내/해외 협력사 Audit • 이슈 발생 시 원인 분석 및 고객 대응 • 표면처리품 고객 품질대응 및 내부 품질관리 • 국내외 고객사 미팅 및 이슈 대응, 내부 품질 　프로세스 수립/개선	• 6sigma 자격 보유자 • 중국어 어학성적 보유자

[그림 2-1] 품질 직무 채용공고 (출처: LG화학)

위는 LG화학 신입 채용공고입니다. 제가 수행하는 업무와 가장 공통점이 많아 해당 공고를 바탕으로 설명하고자 합니다.

1. 원재료 및 제품 검사에 대한 합격 여부 판단

제품에 사용되는 원재료 및 완제품이 잘 생산되었는지 판단하기 위한 검사가 이루어집니다. 일반적으로 검사를 직접하지는 않겠지만 검사가 잘 이루어졌는지 모니터링하고 검사 중 특이사항이 있다면 조치를 합니다.

2. COA 및 SPC data를 이용한 제품에 대한 품질 관리

COA는 시험성적서, SPC는 통계적 공정관리를 의미합니다. 시험에 대한 결과(COA)를 확인한 후, 시험을 통과하지 못했다면 통과하기 위한 방안을 생각해 봅니다. 일부 제품만 통과하지 못했다면 균일한 품질의 제품을 생산할 수 있도록 해야할 것이고 모든 제품이 통과하지 못했다면 생산 시 특이사항을 검토해야 할 것입니다. 또 생산 공정 데이터 및 그래프(SPC)를 확인한 후, 이상이 있다면 균일한 품질의 제품을 생산할 수 있도록 조치를 취합니다.

3. 국내/해외 협력사 Audit

한 제품은 다양한 재료 및 부품 등으로 구성되며 그 각각을 생산하는 협력사가 국내/해외에 존재합니다. 하지만 단순히 협력사의 제품을 받는 것으로 그치지 않고 협력사의 생산 공정에 품질적 문제는 없는지 정기적으로 점검해야 합니다. 만약 해당 협력사에서 생산한 재료 및 부품에 문제가 있다면, 개선방안을 협력사와 논의한 뒤 개선사항이 잘 적용되고 있는지 점검하기도 합니다.

4. 이슈 발생 시 원인 분석 및 고객 대응

제품 생산 과정에서 불량이 발생하기도 하고 고객에게 제품이 전달된 뒤 불량이 발생하기도 합니다. 두 상황 모두 불량의 원인을 찾고 재발하지 않을 방안을 마련해야 합니다. 그리고 고객에게 제품이 전달된 후 불량이 발생했다면, 고객이 각종 보고서 및 검사 성적 등을 요구할 것이기 때문에 이에 대응하여 시험 진행, 자료 정리, 고객 문의 답변 등의 업무를 해야 합니다.

5. 표면처리품 고객 품질대응 및 내부 품질관리

주로 고객 품질대응이라고 하면 앞서 설명하였듯 고객에게 전달된 후 불량이 발생했을 시 원인 분석 및 대응을 하는 것을 말합니다. 그리고 내부 품질 관리라고 하면 생산 및 검사 데이터 모니터링, 생산 공정 점검, 불량품이 출하되지는 않는지 확인, 4M 요소 변경 시 변경 가능 여부 결정 등 품질 수준을 유지하기 위한 일련의 활동들을 통틀어 말합니다.

6. 국내외 고객사 미팅 및 이슈 대응, 내부 품질 프로세스 수립/개선

저희 회사에서 재료 및 부품을 납품하는 협력사 Audit을 하듯, 고객사도 저희 회사와 미팅을 하고 Audit을 합니다. 만약 이때 고객사가 생산 공정 개선, 스펙 변경 등의 요청을 한다면 이에 대응하여 새로운 프로세스를 수립하거나 개선합니다.

7. 우대사항

① 식스시그마 자격증

입사하는 지원자들이 실제로 많이 가지고 있는 자격증입니다. 다만 취득이 쉽고 교육도 길지 않다보니, 입사 시 크게 우대하는 것 같지는 않다고 생각했습니다. 저는 면접 때 식스시그마에 대한 질문은 받지 않았습니다. 그러나 품질 직무에 대한 관심도를 보여줄 수 있다고 생각하기 때문에 취득하는 것은 괜찮다고 생각합니다. 저는 자기소개서 입사 후 계획 문항에 현재 식스시그마 그린벨트 자격증을 취득했는데, 입사 후 블랙벨트 자격증까지 취득하겠다는 내용을 적었습니다. 그리고 많은 분들이 블랙벨트까지 취득하는 것이 유의미할지 궁금해신다고 들었습니다. 블랙벨트까지 취득하는 사람들이 소수이니 눈에 띌 것 같다고 생각합니다. 그러나 현직자 중 블랙벨트를 취득한 사람들은 품질 전문가들이다보니, 블랙벨트까지 따신다면 면접관들이 그만큼 품질 지식에 대한 기대를 많이 하고 계실 것 같습니다. 즉 블랙벨트까지 취득하는 것은 긍정적이지만, 취득하신다면 면접에서 그에 대한 기대를 충족시켜주셔야 할 것 같다는 생각이 듭니다.

② 영어 혹은 중국어 어학성적 보유자

고객품질 부서에서 특히 중시하는 우대사항입니다. 고객품질 부서는 글로벌 고객사와의 소통을 위해 어학 능력이 중요합니다. 고객사 회의를 하며 외국어 말하기, 듣기를 해야 하기 때문입니다. 그러나 그 외 품질부서(양산품질 및 개발품질)에서는 그런 업무가 없어 어학성적을 중시하지 않습니다.

A

출근 직전 (08:00~09:00)	오전 업무 (09:00~12:00)	점심 (12:00~13:00)	오후 업무 (13:00~18:00)
	• 메일 확인 • 불량 데이터 확인 • 팀 회의 참여		• 불량 시료 분석 • 부서 간 회의 참여 • 개인 프로젝트

1. 오전 업무

어제 퇴근 후부터 출근 전까지 받은 메일들을 확인합니다. 만약 다른 부서의 질문 및 요청사항이 있다면 관련하여 논의하고 회신합니다. 품질적인 검토를 원하는 메일들도 있기 때문에 때에 따라 생각보다 오랜 시간이 소요되기도 합니다. 품질적인 검토를 하려면 제품 및 생산 공정에 대한 깊은 이해가 필요해서 다른 팀원과 논의를 자주 합니다. 또 어제 생산한 제품에 대해 불량 데이터를 확인합니다. 큰 문제가 없었다면 다행이지만, 불량 원인을 찾지 못했거나 실물 확인이 필요한 불량 건이 있기도 합니다. 이렇게 추가 분석이 필요한 경우, 분석을 앞두고 어떤 테스트를 해야 할지, 어떤 점이 원인일 수 있을지 대략적으로 조사를 해 봅니다. 그리고 주로 오전 중에 팀 회의를 합니다. 팀원들 모두가 알고 있어야 할 일이면 모두 참석하고 그렇지 않다면 일부만 모입니다. 간단하게 특이사항을 공유합니다.

2. 오후 업무

불량 건에 대해 분석이 필요한 경우 주로 오후에 이를 확인합니다. 시료 확인 후 쉽게 불량 원인을 알 수 있는 경우도 있고 추가적인 시험을 해야 하는 경우도 있습니다. 그리고 유관 부서 간 회의에 참여하기도 하는데, 4M 회의, 각종 점검 대비 회의 등이 있습니다. 4M 회의에서는 유관부서가 모여 재료 변경 건 등에 대해 어떤 품질적 영향이 있을지 논의해봅니다. 각종 점검 대비 회의는 품질 부서 내부에서 진행하는데 생산공정 점검, 제품 점검 등의 정기적인 점검을 앞두고 점검 항목들을 다시 확인합니다. 또 개인 프로젝트를 수행합니다. 개인 프로젝트 주제는 천차만별입니다. 담당하는 제품의 품질을 개선하거나 품질 관련 프로세스를 개선하는 등의 프로젝트를 합니다.

Q8 연차가 쌓였을 때 연차별/직급별로 추후 어떤 일을 할 수 있나요?

A 회사 직급이 세부적으로 나누어져 있지 않아 대략적으로 연차를 나눠 적었습니다. 정확한 시기는 다를 수 있으니 참고 바랍니다.

1. 1~4년차

한 제품에는 다양한 모델이 있습니다. 저희 회사는 한 사람이 한 모델을 맡아 그 모델의 품질을 관리합니다. 예를 들어 치킨 담당 팀에 A사 양념치킨, A사 간장치킨, B사 양념치킨 담당자가 있습니다. 1~4년차는 주로 이 모델의 4M 변경사항을 검토하고 검사 및 생산 데이터 모니터링을 하며 정기적인 점검을 돕고 각종 이슈가 있다면

> 4M에 대해서는 뒤에 설명을 하겠습니다!

시험을 진행합니다. 부서 및 이슈에 따라 시험을 계획한 후 사내 및 사외에 시험을 요청하기만 하는 경우도 있고 매우 간단한 시험을 해야 한다면 직접 시험을 하는 경우도 있습니다. 이때 시험 계획에 대해서는 대부분 메뉴얼이 있어 주로 해당 메뉴얼을 따르면 됩니다. 만약 여러 시험들 중 어떤 시험을 진행해야 할지 파악하기 어려울 때에는 5~10년차 팀원들의 도움을 받습니다.

2. 5~10년차

1~4년차 팀원이 하는 업무를 공통적으로 수행합니다. 그리고 이에 더해 각종 프로젝트 수행 등을 맡습니다. 사실 1~4년차 팀원들도 프로젝트 수행을 하기는 하지만 5~10년차 팀원은 그보다 더 고도화된 프로젝트를 수행하고 1~4년차 팀원들의 프로젝트를 돕기도 합니다. 1~4년차 팀원들이 자신이 담당하고 있는 모델의 품질을 개선하기 위한 프로젝트를 수행한다면, 5~10년차 팀원들은 전 모델에 적용될 수 있는 품질 개선 프로젝트를 수행하는 것입니다. 아까 치킨을 예시로 들면, 1년차 팀원이 B사의 양념치킨 소스 맛을 평준화하기 위한 프로젝트를 한다면, 7년차 팀원은 B사의 모든 소스 맛을 한 번에 관리할 수 있는 체크리스트를 만들고 시스템화하는 프로젝트를 할 수 있습니다.

> 예를 들어, 소스 재료 계량을 했는지 또는 소스를 끓일 때 화력을 확인했는지 등

3. 11년차 이상

11년차 이상 팀원들은 각종 점검을 주도적으로 수행합니다. 모델의 품질 관리를 위해서는 생산 공정에 이상은 없는지, 제품에 이상은 없는지 등을 확인하는 점검을 해야 합니다. 이때 저연차 팀원들의 모델에 대한 점검을 수행할 때도 고연차 팀원들이 이 점검을 이끌어 갑니다. 또 이슈가 있을 때 의사결정을 하기도 합니다. 품질 직무의 업무는 프로세스 및 기준을 따라야 하지만, 시험 진행 여부, 생산 여부 등을 결정해야 할 때가 있습니다. 이때 노하우를 바탕으로 다양한 의사결정을 합니다.

Topic 3. 취업 준비

Q9 해당 직무를 수행하기 위해 필요한 인성 역량은 무엇이라고 생각하시나요?

A 품질 직무를 수행하기 위해 필요한 인성 역량은 논리력과 판단력이라고 생각합니다. 두 가지 역량이 중요한 이유는 품질 직무 수행 중 다른 부서와 협업을 많이 하기 때문입니다.

생산 공정에서 불량이 발생했을 때, 그 원인을 찾고 재발 방지 대책을 세우는 일을 예로 들어보겠습니다. 먼저 불량 발생 시 생산팀과(외부 업체에서 생산한다면 해당 업체의 생산팀, 자사에서 생산한다면 자사 생산팀) 논의하며 불량 원인을 분석해야 합니다. 분석 결과 제품에 문제가 없지만 설비에 문제가 있어 불량으로 잘못 판단한 것이라면, 설비팀에 설비 프로그램 개선 및 수리 요청을 해야 합니다. 만약 스펙에 문제가 있었다면 생산팀, 개발팀과 논의하며 스펙을 바꿔야 합니다. 만약 재료 또는 단품에 문제가 있다면 해당 재료 및 단품의 품질을 담당하는 팀에 분석 요청을 합니다. 이때 설비팀에 어떤 상황에서 문제가 생겼는지, 어떻게 변경을 요청하는지 설명을 해야 하기 때문에 논리력이 필요합니다. 스펙을 바꿔야 할 때에는 개발 및 기술팀에 왜 스펙을 바꿔야 하는지, 다른 대안은 없는지 등을 설명해야 합니다. 재료 또는 단품 품질을 담당하는 팀과 소통할 때에는 분석 요청을 명확히 해야 하기 때문에 논리력이 중요합니다. 정확한 상황 설명을 하지 못하거나 요청하는 이유를 불명확하게 전달한다면, 원하는 것과 다른 자료를 받을 수 있습니다. 여러 번 소통을 하면 번거로우니 한 번에 제대로 소통할 수 있는 논리력이 중요합니다.

또 불량 제품의 출하를 막고 스펙을 변경하는 등 유관부서와 관련된 결정을 할 일이 많기 때문에 판단력이 필요합니다. 여기서 말하는 판단력은 데이터 및 품질 시험 결과에 기반한 결정을 하는 것입니다. 객관적인 근거에 의한 판단을 하지 못하거나, 상반되는 의견을 모두 수용하려고 하면 유관 부서에게도 피해가 갈 수 있습니다. 저는 이와 같이 판단이 필요한 일이 있을 때, 여러 팀의 의견을 모두 수용하고자 했는데 쉽지 않아 난감했던 경험이 있습니다. 어떤 의견을 수용하고 어떤 의견을 수용하지 않아도 되는지 파악할 수 있어야 합니다.

물론 이 점은 제가 개인적으로 업무에서 느낀 역량에 대한 조언일 뿐 정답은 없습니다. 다른 부서와의 소통이 중요하니 외향적인 태도가 중요하다고 말하는 분도 있습니다.

288 • 이공계 취업은 렛유인 WWW.LETUIN.COM

A   품질 직무를 수행하기 위해 필요한 전공 역량을 크게 세 가지로 나누어 설명하겠습니다.

첫 번째로 저는 산업공학을 전공했는데, 산업공학에서 품질 직무와 직접적인 관련이 있는 과목들은 품질공학, 생산공정관리론 등입니다. 해당 과목에서 생산공정에 대해 알아볼 수 있기 때문에 추천합니다. 불량 발생 시 어떻게 데이터 분석을 해야 하는지도 해당 과목을 통해 알 수 있었습니다. 특히 생산공정에 대한 개념을 알고 있다면 생산팀과 소통할 때 훨씬 수월합니다. 생산팀의 업무에 대한 기본적인 이해가 있다면 그 부서의 입장에서도 생각해 볼 수 있기 때문입니다.

두 번째로 품질 직무와 직접적인 관련성은 떨어지지만, 도움을 받을 수 있는 과목으로는 통계학 입문, 데이터 분석, 데이터 분석 실습 등의 과목이 있습니다. 산업공학과를 졸업했다면 해당 과목들을 제일 많이 수강했을 것입니다. 품질부서는 불량 제품이 발생했을 시 방대한 생산 데이터들을 검토해야 하는데, 이때 그래프를 통해서 아웃라이어들을 확인하기 때문에 데이터 및 통계 과목이 도움이 됩니다. 또 공정능력에 대한 모니터링도 해야 하기 때문에 통계학적 개념을 알아야 합니다. 자사 및 협력사 시스템을 통해 계산되는 공정능력을 볼 수 있기도 하지만, 특정 시기의 공정능력을 확인하려면 직접 데이터를 받아서 데이터 분석 프로그램을 사용해야 할 것입니다. 이때 기본적인 통계학적 개념을 알고 있어야 빠르게 공정능력을 확인할 수 있습니다.

마지막으로, 품질 직무는 다방면의 지식이 필요한 직무입니다. 그래서 관심 있는 산업, 관심 있는 기술에 대한 과목을 수강해도 좋을 것 같습니다. 저처럼 2차전지를 생산하는 기업에 입사하고 싶다면, 화학 및 전기 관련 수업을 수강할 수 있고 반도체를 생산하는 기업에 입사하고 싶다면, 재료공학/신소재공학, 물리학 관련 수업을 수강할 수 있을 것 같습니다. 품질 직무는 불량에 대한 분석을 하기 때문에 품질에 대한 지식과 더불어 그 기반 기술에 대한 지식을 갖추고 있다면 도움이 될 수 있습니다. 제 동기들은 대부분 품질 직무와 직접적인 관련성이 있는 전공 수업을 수강하지는 않았고 회사의 사업 분야와 관련된 전공 과목을 위주로 수강했다고 합니다.

위에서 말씀해주신 인성/전공 역량 외에, 해당 직무 취업을 준비할 때 남들과는 다르게 준비하셨던 특별한 역량이 있으실까요?

A   사실 대학 입학 시부터 품질 직무 위주로 취업 준비를 해왔던 것은 아니었습니다. 그래서 자격증 공부를 했고 자기소개서의 설득력을 높이는 데에 집중했습니다. 먼저 GB 자격증을 취득했습니다. 인터넷 검색을 통해 품질 직무로 취업한 사람들이 GB 자격증을 많이 취득했다는 것을 보고 준비했습니다. GB 자격증은 여러 기관에서 취득할 수 있기 때문에 상대적으로 취득하기 쉽고 취득을 위한 교육도 자주 열리고 있어 진입 장벽이 낮다는 장점이 있습니다. GB 취득을 위한 교육을 들으면 품질에 대한 기본적인 이해도를 높일 수 있습니다. 특히 GB 교육 중 미니탭 프로그램 실습을 하는 과정도 있다고 하는데, 품질 직무에서도 미니탭을 사용한다는 연관성이 있습니다. 그러나 GB 자격증은 진입 장벽이 낮기 때문에 자기소개서에서 크게 강조할 만한 내용은 없었다는 단점도 있습니다.

그래서 그 후에는 품질경영기사 자격증 취득에 도전했습니다. 품질경영기사는 진입 장벽이 상대적으로 더 높지만 인지도도 높다는 장점이 있습니다. 그러나 저는 자기소개서 작성, 면접 준비 등과 병행하다 보니 충분한 시간을 내기 힘들었고 결국 1차 시험만 합격한 채로 현재 재직 중인 회사에 지원했습니다. 자기소개서 및 자격증 내역에 기재할 수는 없었지만, 시험 준비를 하며 품질 직무를 알아볼 수 있어 도움이 되었습니다. 통계 수업을 들었다면 취득하는 것은 수월할 것 같습니다.

마지막으로 학교에서 운영하는 멘토링 프로그램에 참여하면서 품질 직무 선배들과 이야기할 기회를 최대한 많이 만들었습니다. 품질 직무에서 어떤 용어를 쓰는지, 어떤 역량이 중요할지 알아보려고 했습니다. 그리고 자기소개서의 설득력을 높이기 위해서 제가 들었던 전공 수업이 품질 직무와 어떤 연관성이 있는지 알아보았습니다. 품질 관련 지식이 부족하고 자격증도 충분하지 않아서 제가 가지고 있는 전공 지식과 최대한 엮으려고 했습니다. 어떻게 엮었는지는 Q12에서 설명하겠습니다.

A 품질 직무에 지원할 때 자기소개서 작성 팁은 부족한 지식을 보완하는 것도 중요하지만, 내가 잘할 수 있는 것을 강조하는 것이 더 중요하다고 생각합니다. 왜냐하면 품질 직무는 다방면에 대한 지식이 필요하기 때문에 자신의 강점을 강조하는 방식으로 작성하더라도 승산이 있을 것이라고 생각합니다. 품질 직무는 제품 시험을 해야 하고 앞서 불량 제품에 대한 분석도 해야 합니다. 그래서 시험에 대한 지식, 불량 유형에 대한 지식(화학적 지식, 전기적 지식, 스펙에 대한 지식 등)이 모두 필요합니다. 이 때문에 자신이 품질 업무에 대한 지식이 부족하다고 느끼더라도 다른 강점으로 충분히 보완할 수 있을 것으로 생각합니다.

저의 경험을 예로 들자면, 저는 앞서 언급했듯이 품질 관련 전공 과목을 충분히 수강하지 못했고 품질경영기사 공부도 제대로 하지 못했습니다. 따라서 품질 업무에 대한 지식은 부족한 상태였습니다. 그래서 전공 과목을 통해 학습한 데이터 분석에 대한 이해도를 강점으로 어필했습니다. 산업공학도라면 데이터 분석 및 통계 관련 수업을 많이 수강했을 것입니다. 저는 전공 수업 중, 데이터 분석을 하면 불량의 원인이 무엇인지에 대해 알 수 있다고 배웠습니다. 그래서 그 점을 언급하면서 제가 어떤 데이터 분석 방법론을 배웠는지, 그 방법론이 현업에서 어떻게 쓰일 수 있을지에 대한 제 생각을 적었습니다. 이때 데이터 분석 관련 전공과목, 데이터 분석 자격증, 분석 프로젝트 등을 경험으로 작성했습니다.

면접 또한 마찬가지로 품질 업무보다는 자기소개서에 작성한 데이터 분석 관련 개념을 다시 공부하는 식으로 준비했습니다. 실제 면접에서도 자기소개서나 학과 전공 수업에 대한 질문을 받았습니다. 인성적인 면에 대해서는 책임감이 있고 새로운 지식에 대한 학습 의지가 있다는 점을 강조했습니다. 먼저 품질 직무로서 불량 가능성을 꼼꼼히 검토하고 불량에 대해 적극적으로 개선하는 면이 책임감과 관련 있다고 생각했습니다. 그리고 새로운 지식에 대한 학습 의지가 있어야 품질 직무 전문성이 적은 단점을 극복할 수 있을 것으로 생각했습니다. 완벽한 준비 방법은 아니겠지만, 품질 직무만을 준비한 지원자가 아니더라도 승산이 있다는 것을 알려 주고자 적었습니다.

Q13 해당 직무에 지원할 때 면접 팁이 있을까요? 면접에서 가장 기억에 남는 질문은 무엇이었나요?

A 인성 면접과 전공 면접 2가지로 나누어 면접 당시의 경험을 들어 설명하겠습니다. 먼저 인성 면접에 대해 설명하겠습니다. 인성 면접에 대해서는 모든 직무에 해당되는 진부한 조언일 수 있겠지만, 열심히 답변하려는 노력이 중요한 것 같습니다. 제가 면접을 봤을 때 가장 기억에 남는 질문은 영어로 답변을 해 보라는 것이었습니다. 면접관님께서 제게 대학생활 중 특정 활동에 참여한 이유를 물어보셨고 저는 그것을 한국어로 답변했습니다. 그런데 이에 대해 영어로 다시 답변을 해 보라는 질문을 한 것입니다. 채용공고에서는 영어 면접이 있을 것이라는 안내가 없었기 때문에 당황했습니다. 그래서 사실 정확한 영어 단어를 사용하지 못했고 단어를 떠올리느라 몇 초간의 정적도 있었으며, 당황한 표정을 숨기지 못한 채로 답변했습니다. 답변을 마치자마자 면접관님께서 영어 능력을 보려고 한 것이 아니라, 갑작스러운 요구에도 열심히 답변하려는 태도를 보이는지를 확인하려고 한 것이라고 설명을 해 주셨습니다. 해당 답변에 열심히 답하는 모습이 인상적이었다고 칭찬을 받았습니다. 잘 답변한 것은 아니지만, 이런 노력하는 모습 덕에 합격할 수 있었던 것 같습니다.

다음으로 전공 면접에 대해 설명하겠습니다. 전공 면접을 볼 때는 자기소개서에 작성한 내용을 바탕으로 관련된 개념까지 간단하게나마 조사해 보는 것이 중요한 것 같습니다. 저는 지금 재직 중인 회사 면접을 2번 응시했고 두 번째 면접에서 합격했습니다. 첫 번째로 면접을 봤을 때 제가 자기소개서에 특정 그래프에 대해 작성했는데, 면접관님께서 다른 그래프 종류에 대해 설명해 보라는 질문을 하셨습니다(너무 당황해서 어떤 그래프였는지는 기억이 나지 않습니다.). 제가 자기소개서에 작성했던 그래프 종류는 아니라서 개인적으로 조사하지 않았고 답변을 하지 못했습니다. 자기소개서에 작성한 내용에 대해 지나치게 방대하게 알 필요는 없겠지만, 제 사례처럼 자기소개서에 작성한 개념의 변형에 대해서는 숙지하는 것을 추천합니다. 면접 불합격에 여러 이유가 있겠지만, 그 답변을 하지 못해서 자기소개서의 진실성에 대해 좋은 평가를 받지 못한 것 같습니다. 이에 두 번째 면접에 응시할 때에는 제가 잘 알고 있는 단어를 위주로 작성했습니다. 그래서 조금 더 자신감을 가질 수 있었고 풍부한 내용을 담은 답변을 할 수 있었습니다.

앞에서 직무에 대한 많은 이야기를 해 주셨는데, 머지않아 실제 업무를 수행하게 될 취업 준비생들이 적어도 이 정도는 꼭 미리 알고 왔으면 좋겠다! 하는 용어나 지식을 몇 가지 소개해 주시겠어요?

A 취업 준비생들이 알면 좋겠다고 생각하는 용어는 4M, CTQ, CTP, AQL, 파괴 및 비파괴 검사입니다. 왜 그렇게 생각하는지 아래에서 설명하겠습니다.

1. 4M

품질 업무를 수행할 때 많이 신경 써야 하는 과정이라서 선정했습니다. GB 자격증, 품질경영기사 자격증 취득을 위해 학습할 때 쉽게 볼 수 있는 단어입니다. 4M이란 각 작업자(Man), 설비(Machine), 재료(Material), 작업 방식(Method)을 의미합니다. 4M 요소들을 변경해야 할 때, 그 변경사항이 적합한지 알아보기 위해 시험을 하고 승인을 하여 변경사항을 제품에 적용하는 과정이 필요합니다. 예를 들어 2차전지 셀의 원재료가 변경된다면, 원재료 변경 시 생산에는 문제가 없는지, 품질 특성을 악화시키지 않는지 검토가 필요합니다. 이 검토를 위해서 품질부서는 변경된 셀로 시험을 해 봐야 합니다.

2. CTQ

품질팀, 생산팀에서 수시로 CTQ를 모니터링하고 있고 각종 점검을 할 때 주의 깊게 확인해야 하는 항목이라 선정했습니다. CTQ는 'Critical To Quality'의 약자로, 품질에 영향을 주는 핵심 인자를 의미합니다. 제품을 정기적으로 점검해야 할 때, CTQ 항목의 데이터 및 공정 능력치는 어떤지를 우선적으로 확인하고 있습니다. 그러나 특정 제품의 CTQ가 무엇인지는 회사 구성원이 아니면 알 수 없기 때문에 CTQ의 의미만 공부하고 가도 충분합니다.

3. CTP

위 CTQ 항목에 대한 설명과 거의 동일합니다. CTP는 'Critical To Process'의 약자로, 마찬가지로 품질에 영향을 주는 핵심 인자입니다. 차이점은 예를 들어 CTQ가 치킨의 바삭한 정도라고 한다면, CTP는 치킨을 튀기는 기름 종류, 기름의 온도 등 CTQ에 영향을 주는 인자라고 생각하면 됩니다.

4. AQL

제품에 대한 샘플링 검사를 할 때 검사 수량을 정해야 하는데, 이때 AQL 표를 바탕으로 하기 때문에 선정했습니다. AQL은 합격품질한계, 'Acceptance Quality Limit'의 약자입니다. 검사 수준 및 제품의 전체 수량 등을 알고 이 표를 보면 검사 수량을 확인할 수 있습니다. 표를 읽는 방법은 품질경영기사 자격증 공부를 통해 알 수 있습니다. AQL이 어떤 상황에서 쓰이는지 정도만 이해하고 가도 충분할 것 같습니다.

5. 파괴 및 비파괴검사

제품에 대한 검사를 했을 때, 그 제품의 성질 등에 영향을 주어 제품을 더 이상 사용하지 못하게 되면 파괴검사, 검사를 한 후에도 제품 품질 및 사용에 문제가 없다면 비파괴검사라고 합니다. 이 단어를 선정한 이유는 현업에서 쓰이기도 하고 샘플링과도 관련이 있기 때문입니다. 만약 파괴검사가 유용하더라도, 생산된 모든 제품을 그렇게 검사할 수는 없으니 파괴검사를 해야 할 경우 샘플링을 해야 합니다. 이때 AQL 표를 보면서 검사 수량을 정하는 것입니다.

💬 Topic 4. 현업 미리보기

Q15 회사 분위기는 어떤가요? 다니고 계신 회사를 자랑해주세요!

A   사실 입사 전에는 제조업에 대한 편견이 있었습니다. 딱딱한 분위기일 것 같다고 생각한 것입니다. 하지만 동기들이 다녔던 회사나 제 친구들의 회사와 비교해 보면 오히려 편안한 분위기라고 생각합니다.

먼저 저희 회사는 다른 회사에 비해 근태 관리가 자유로운 편이라고 생각합니다. 한 달 근무 시간을 채우면 나머지 시간은 휴무를 사용할 수 있습니다. 또 재택 근무 사용이 용이합니다. 많은 회사들이 이 두 가지 제도를 시행하고 있지만, 정작 제도 사용에 눈치를 보는 회사들도 종종 있다고 전해 들었습니다. 저희 회사는 두 가지 제도를 사용할 때 팀장님께서 눈치를 주지 않아서 좋았습니다.

또 전체적으로 팀원들끼리 도움을 주고받는 문화입니다. 평소 업무 관련 고민이 있을 때에 입사 6년차 팀 선배들에게도 편하게 말하고 있습니다. 고민되는 일이 있을 때 조언을 해 주고 혼자 출장을 가야 할 때도 같이 가 주는 선배들이 있어 많은 도움을 받고 있습니다. 저희 팀뿐만 아니라 유관 부서 및 같은 건물에서 근무하는 부서들도 대체로 팀 분위기가 좋은 편인 것 같습니다.

PART 03 취직자 인터뷰

Chapter 02 품질

A   품질 직무를 수행하면서 다른 부서와 갈등이 있을 때 가장 힘이 듭니다. 각 부서마다 목표와 역할이 다르다 보니 종종 갈등이 생기는 것 같습니다. 예를 들어 품질부서는 불량 제품의 유출을 막아야 합니다. 그래서 품질 기준에 맞지 않다면 제품을 출하하지 못하게 합니다. 그러나 영업팀은 고객사가 요청한 납기 일자를 준수해야 하기 때문에 제품 출하가 막히는 상황을 좋아하지 않습니다. 또 다른 사례로 품질부서는 품질 관리를 위해 공정의 다양한 요소들을 점검 및 개선하고자 합니다. 하지만 생산팀은 공정에 대한 개선사항이 증가할수록 관리해야 할 항목들이 많아지기 때문에 이를 번거로워 하기도 합니다.

     입사 전에는 품질 직무에 대한 오해가 있어서 품질팀이 출하를 막거나 공정 개선 요청을 하면 다른 부서에서 바로 받아들이는 줄 알았지만, 해당 부서의 목적(납기일 등)도 고려해야 하기 때문에 이 과정에서 많은 논의가 필요했습니다. 저도 유관 부서를 도와주고 싶지만 어쩔 수 없는 상황이라서 가장 힘이 들었습니다. 이럴 때는 객관적인 실험 데이터 등을 바탕으로 의견을 전달하면서 갈등 요소를 줄여야 합니다. 다른 부서에서도 쉽게 납득할 수 있어야 소통이 수월해지는 것 같습니다. 물론 다른 부서와 함께 일하는 것에 단점만 있지는 않습니다. 제가 힘들어할 때 다른 부서원분들이 위로나 격려를 해 주기도 해서 힘이 납니다.

     뿌듯했던 경험도 있습니다. 제가 맡고 있는 제품 생산 과정에서 한 공정이 조금 바뀌었던 적이 있습니다. 그때 품질부서는 품질에 어떤 영향을 미치는지 검토를 해야 합니다. 원래대로라면 시스템에서 볼 수 있는 데이터만 확인하면 되지만, 따로 요청해야 확인할 수 있는 데이터를 확인하며 추가로 검토를 했습니다. 팀 선배의 조언으로 여러 데이터를 확인했던 것입니다. 그런데 데이터에 이상치가 많이 보여 공정을 변경한 팀에 검토를 요청했습니다. 알고 보니 공정 변경 중 오류가 있었습니다. 그래서 오류를 개선하고자 다시 한번 공정이 변경되었던 경험이 있습니다. 품질에 영향을 줄 수 있던 일을 사전에 막을 수 있어서 뿌듯했습니다. 여러분도 품질 직무에서 근무한다면 이런 보람을 느낄 수 있을 것입니다.

해당 직무에 지원하게 된다면 미리 알아두면 좋은 정보가 있을까요?

A 저는 품질 직무 지원을 위해 지원하려는 회사의 경력직 채용공고, 렛유인, 네이버 카페 '품질과 QCD'를 참고하며 정보를 얻었습니다.

첫 번째로 회사의 경력직 채용공고는 채용 홈페이지 및 각종 구직 사이트에 검색하면 찾을 수 있습니다. 자기소개서에서 향후 계획을 작성할 때 참고할 수 있습니다. 향후 계획을 작성할 때 3년 후, 5년 후 어떤 일을 하고 싶은지 작성할 텐데 그때 3~5년차 경력직을 채용하는 공고를 확인한다면 그때 어떤 업무를 할지 대략적으로 알 수 있습니다. 그리고 제가 지원했던 회사들은 주로 경력직 채용공고가 신입 채용공고보다 더 자세했기 때문에 더 많은 정보를 얻을 수 있었고 채용공고에서 본 문구를 면접에서 언급했더니 칭찬을 받기도 했습니다.

두 번째로 렛유인 유튜브 채널 및 홈페이지에서 관련 동영상을 찾아봤습니다. 렛유인 도서라서 일부러 말하는 건 아닙니다. 2차전지 기업별 설명과 직무별 설명이 담긴 영상을 참고했습니다. 이는 지원동기를 쓸 때 도움이 되었습니다. 제가 앞서 '2차 전지는 사람이 탑승하는 전기차에 들어가기 때문에 안전성이 중요하고 이에 품질 직무가 핵심적인 역할을 할 것이라고 생각했다.'고 언급했는데, 사실 렛유인 동영상을 통해 설명을 듣고 생각한 지원동기입니다. 취업 준비생들이 필요로 하는 정보를 압축적으로 알 수 있어 도움이 되었습니다.

세 번째로 네이버 카페 '품질과 QCD'는 품질 직무 재직자들이 활동하는 곳인데, 품질 업무를 할 때 어떤 용어가 많이 쓰이는지, 어떤 업무를 하는지 알 수 있습니다. 자기소개서 작성을 할 때 특정 용어가 현업에서 실제로 사용되는 것인지 궁금할 텐데 그때 카페에 검색 해서 알아볼 수 있습니다.

Q18 이제 막 취업한 신입사원들이나 취업을 준비하고 있는 학생들이 오해하고 있는, 해당 직무의 숨겨진 이야기가 있을까요?

A 제가 취업을 준비할 때나, 막 입사를 했을 때를 생각해 보면 직무에 대해 오해하고 있는 점들이 많았습니다. 가장 큰 오해는 품질팀은 다른 부서에게 '갑질'을 하는 직무라는 것입니다. 입사 직후 직장인 커뮤니티에서 품질 부서에 대해 검색해본 적이 있습니다. '품질팀은 무조건 생산공정 투입/출하를 막기만 하고, 다른 팀에게 요청을 하기만 하는 곳'이라는 글들을 여러 건 볼 수 있었습니다. 불량 제품의 생산공정 투입 및 출하를 막는다는 점에서는 맞지만, 나머지는 사실과 다릅니다.

첫 번째로, 품질팀이 제품의 출하를 막고 아무런 조치를 취하지 않는다면 회사에 큰 손실을 가져오기 때문에 출하를 막기'만' 할 수는 없습니다. 저희 팀과 영업팀, 생산팀 등이 회의를 하면서 어떻게 불량 제품을 다음 공정에 투입할 수 있을지 논의하는 회의를 하기도 했습니다. 또 고객사의 스펙 및 요청사항을 바탕으로 생산 공정 투입 여부 및 출하 여부를 결정하는 것이기 때문에 온전히 품질팀의 결정만으로 이를 막는다고 볼 수도 없습니다. 이는 고객사 및 사내의 다양한 프로세스를 통해 결정됩니다. 따라서 불량 제품을 고객사가 상황을 파악한 후 생산 및 출하 승인을 하는 등의 허락이 필요합니다.

두 번째로, 다른 팀에게 요청을 하기만 하지는 않습니다. 품질 개선 업무를 위해서는 생산팀에게 요청을 할 것이 많습니다. 공정 점검 후 품질 기준에 맞지 않는 부분에 대해 개선 요청을 해야 하기 때문입니다. 하지만 반대로 생산팀이 품질 기준 완화를 위해 품질팀에 기준 재검토 요청을 하기도 합니다. 그리고 시험 업무에 대해서는 영업팀이 품질팀에게 요청하는 경우가 많습니다. 왜냐하면 고객사가 요구하는 각종 시험을 품질팀에서 진행하기 때문입니다. 시험을 진행하고 고객사에 보고하는 과정을 해야 할 때 영업팀의 요청에 맞춰야 합니다. 품질 직무는 여러 부서와의 양방향 소통이 필요합니다.

Q19 해당 직무의 매력 Point 3가지는?

A   품질 직무의 첫 번째 매력 포인트는 다방면의 지식을 쌓을 수 있다는 점입니다. 앞서 품질 직무는 다양한 지식을 활용한다고 언급했습니다. 불량 유형에 따라 전기적, 화학적 개념을 알 수 있습니다. 예를 들어 저는 입사 후 제품에 쓰이는 원재료, 공정의 특성, 설비에 쓰이는 프로그램 등에 대한 이해를 높일 수 있었습니다. 또 여러 부서와 협업하면서 다른 부서의 용어도 어깨너머로 알아볼 수 있습니다. 하지만 다방면의 지식을 쌓을 수 있다는 점이 매력인 만큼, 한 개념에 대해 깊게 공부하는 것을 좋아하는 분들은 선호하지 않을 수 있습니다.

    두 번째 매력 포인트는 프로세스와 기준을 따르는 업무를 한다는 점입니다. 자율성이 높은 업무를 좋아하는 분들은 선호하지 않겠지만, 정해진 대로 일을 수행하는 것을 좋아하는 분이라면 잘 맞을 것 같습니다. 프로세스를 따른다면 업무의 방향성을 알 수 있고 다른 부서에 의견을 낼 때도 명확한 근거를 제시할 수 있기 때문에 매력 포인트라고 생각했습니다. 프로세스를 따라야 하지만, 불량 유형이 다양하고 여러 테스트를 해야 하기 때문에 똑같은 일을 반복한다는 생각은 들지 않아 좋았습니다.

    세 번째 매력 포인트는 다양한 유관 부서와 협업한다는 점입니다. 이 점도 여러 사람들과 협업하는 것을 좋아하지 않는 분들에겐 맞지 않겠지만, 저는 다른 부서의 업무를 알 수 있고 프로젝트의 전체적인 흐름을 파악할 수 있어 장점이라고 생각합니다. 업무 외적으로는 같은 팀원에게 말하기 힘든 일이 있을 때 다른 팀원이 이야기를 들어주고 이해해 주는 경우도 있어서 좋았습니다.

💬 Topic 5. 마무리

Q20 마지막으로 해당 직무를 준비하는 취업 준비생에게 하고 싶은 말씀 있으시다면 말씀해 주세요!

A   저는 총 3학기 동안 취업 준비를 했습니다. 그때 자신감이 많이 떨어졌고 마음 편하게 놀기 힘들었던 것 같습니다. 현재 취업 준비를 하고 있는 분들도 불합격할 때마다 자신감이 떨어질 것 같습니다. 특히 다른 직무도 마찬가지겠지만, 품질 직무는 다방면의 지식을 필요로 하기 때문에 자신의 전문성에 대해 확신을 하기 힘든 직무라고 생각합니다. 그래서 채용 과정에서 직무 전문성에 대한 고민을 하며 혼란스러울 수 있을 것 같습니다. 하지만 노력한 만큼 직무에 대한 이해도가 높아지기 때문에 금방 좋은 결과를 얻을 수 있을 것입니다. 저는 면접 경험을 쌓으면서 면접에서 덜 긴장을 하게 되었고 어떤 회사가 어떤 역량을 중요시하는지도 알 수 있었습니다. 원하는 회사, 원하는 직무에 합격하기를 바랍니다.

혼자 찾기 어려운 이공계 취업정보,

매일 정오 12시에 카카오톡으로 알려드려요!

이공계
채용알리미
오픈채팅방
TALK

이공계 취준생만을 위한 엄선된 **채용정보**부터!
합격까지 쉽고 빠르게 갈 수 있는
고퀄리티 취업자료 & 정보 무제한 제공!

30,429명의 합격자를 배출한
10년간의 이공계생
합격노하우가 궁금하다면?

필요한 부분만 정확하고 완벽하게!

취업을 위한 '이공계 특화' 기업분석자료를 찾고 있다면?

이공계 취업특화!
취업기업
분석자료
꼭 필요한 정보만 '쏙쏙'

'이공계특화' 렛유인 취업기업분석 구성 공개!

· 기업개요/인재상 등 **기업파악 정보는 핵심만 '15장'**으로 정리
· 꼭 알아야 하는 핵심사업을 담은 **기업 심층분석** 수록
· 서류, 인적성, 면접까지 **채용 전형별 꿀팁** 공개
· SELF STUDY를 통해 **중요한 내용은 복습**할 수 있도록 구성

불필요한 내용은 모두 제거한
이공계 취업특화 기업분석자료로
취준기간을 단축하고 싶다면?